高等职业院校**信息技术基础**系列教

U0692333

计算机应用基础
Windows 7+Office 2016

Introduction to Computer

王林海 姜璐 / 主编

人民邮电出版社

北京

图书在版编目（ＣＩＰ）数据

计算机应用基础：Windows 7 + Office 2016 / 王
林海，姜璐主编. -- 北京：人民邮电出版社，2021.9
高等职业院校信息技术基础系列教材
ISBN 978-7-115-57022-2

Ⅰ. ①计… Ⅱ. ①王… ②姜… Ⅲ. ①Windows操作系
统—高等职业教育—教材②办公自动化—应用软件—高等
职业教育—教材 Ⅳ. ①TP316.7②TP317.1

中国版本图书馆CIP数据核字(2021)第148376号

内 容 提 要

本书采用模块化结构，以 Windows 7 和 Office 2016 为平台，介绍了计算机的相关基础知识和操作。全书共分为 6 个模块，分别为使用与维护计算机、配置与使用 Windows 7、操作与应用 Word 2016、操作与应用 Excel 2016、操作与应用 PowerPoint 2016、应用互联网与认知新一代信息技术。本书还设置了"操作"训练和工作"任务"，以充分发挥学习者的主观能动性和对知识的应用能力。此外，本书增加了部分思政教育元素，符合当下思政教学建设的要求。

本书可以作为普通高等院校、高等职业院校，以及高等专科院校计算机基础相关课程的教材，也可以作为计算机操作的培训教材及自学参考书。

◆ 主　编　王林海　姜　璐
　　责任编辑　初美呈
　　责任印制　王　郁　彭志环

◆ 人民邮电出版社出版发行　　北京市丰台区成寿寺路 11 号
　　邮编　100164　电子邮件　315@ptpress.com.cn
　　网址　https://www.ptpress.com.cn
　　固安县铭成印刷有限公司印刷

◆ 开本：787×1092　1/16
　　印张：17　　　　　　　　　2021 年 9 月第 1 版
　　字数：447 千字　　　　　　2025 年 1 月河北第 9 次印刷

定价：56.00 元

读者服务热线：(010)81055256　印装质量热线：(010)81055316
反盗版热线：(010)81055315
广告经营许可证：京东市监广登字 20170147 号

前言 PREFACE

为进一步明确"大学计算机基础"课程的教学目标，使学生不但能够系统掌握计算机基础知识，而且能够熟练完成文档编辑排版、数据处理和 PPT 制作等计算机基础操作，能运用所学知识解决实际问题，本书力求在教学内容选取、教学方法运用、教学环节设计、训练任务设置、教学资源配置等方面充分满足实际教学需求，并有所创新。本书具有以下特点。

（1）优选一种先进的教学模式组织教学

本书采用"任务驱动，理论实训一体"的教学模式，全书共设置了 73 项"操作"训练和 58 项工作"任务"，这些"操作""任务"都来自活动组织、教学管理、企业营销等方面的真实案例，具有较强的代表性。

（2）满足两种需求

"大学计算机基础"课程要求教师在教学过程中进行完整的知识梳理和系统的方法指导，进一步加强规范化、职业化的操作训练，以满足学生现实的考证需求和未来的就业需求。基于此需求现状，本书对任务驱动的教学模式进行了进一步的优化，将利用计算机技术解决学习、工作中的常见问题作为重点，强调"做中学、做中会"，以强化学生的实践能力。

（3）覆盖两类考试

全国计算机等级考试：一级 MS Office。

全国计算机技术与软件专业技术资格（水平）考试：信息处理技术员。

（4）实现三个目标

实现使学生熟练掌握计算机基础知识和基本技能的目标。

实现使学生按规定要求快速完成规定操作任务的目标。

实现使学生遇到疑难问题时能够想办法自行解决的目标。

（5）凸显四个亮点

本书注重方法和手段的创新，力求凸显"基本知识系统化、方法指导条理化、技能训练任务化、理论教学与实训指导一体化"的亮点，适用于任务驱动、案例教学、多媒体教学、网络教学等多种教学方法。本书适应教学组织的多样性需求，可以满足先知识讲解后上机操作、理论实训一体、"课程教学＋综合实训"等多种教学组织需求，保证课程教学在不同课时、不同教学条件下都能顺利进行。同时，本书还提供多样化的教学资源，为授课老师提供课程标准、电子教案、训练素材和习题，方便课程教学。

由于编者水平有限，书中难免存在疏漏和不足之处，敬请各位专家和读者批评指正。

编者

2021 年 6 月

目　录

模块 3

操作与应用 Word 2016 …… 63

模块1
使用与维护计算机

01

计算机是一种存储和处理数据的工具，如今已广泛应用于日常生活、教育文化、工农业生产、商贸流通、科学研究、军事技术、金融证券等各个领域。计算机技术的高速发展极大地推动了经济的增长乃至整个社会的进步。目前，计算机在政府机关、企事业单位、学校、商场、超市，以及银行的行政管理、人事管理、财务管理、生产管理、物资管理等诸多方面起着重要的作用，是实现办公自动化、提高工作效率必不可少的工具。

人们日常的工作和生活中所接触到的"电脑"是微型计算机的俗称，虽然它具有体积小、价格低、功能全和可靠性高等特点，但其稳定性和运算速度相对较低。

> **说明** 本书中所说的"计算机"如没有特别说明，都是指微型计算机。

1.1 认识计算机基础知识

计算机是一种能够按照事先存储的程序，自动、高速地进行大量数值运算和数据处理的智能电子装置。本节将回顾计算机的发展历程，了解计算机的应用领域和微型计算机的主要特点等。

1.1.1 认识计算机发展历程

1946 年 2 月 14 日，世界上第一台通用电子数字计算机"埃尼阿克"（Electronic Numerical Integrator And Calculator，ENIAC）在美国的宾夕法尼亚大学研制成功。"埃尼阿克"的诞生，是计算机发展史上的一座里程碑，是人类在发展计算技术的历程中到达的一个新的起点。"埃尼阿克"共使用了约 18800 个电子管、1500 个继电器，以及其他器件，重达 27 吨，占地近 167 平方米，是个地地道道的庞然大物。这台每小时耗电量为 150 千瓦时的计算机，运算速度为每秒 5000 次加法运算或者 400 次乘法运算，比当时机械式的继电器计算机快 1000 倍。

根据计算机所采用的主要电子元器件的不同，一般把计算机的发展历程分成 4 个阶段，习惯上称为"四代"。

1. 第一代：电子管计算机时代（从 1946 年到 20 世纪 50 年代后期）

这一代计算机的主要特点是采用电子管作为基础器件，主存储器为磁鼓，外存储器采用纸带、卡片和磁带等，体积庞大、运算速度慢、可靠性差、功耗大、维护困难，代表机型有 IBM 公司的 IBM650。

软件方面，一开始只能使用机器语言，20 世纪 50 年代中期出现了汇编语言。这一代计算机主要应用于科学计算和军事领域。

2．第二代：晶体管计算机时代（从 20 世纪 50 年代后期到 20 世纪 60 年代中期）

这一代计算机采用的主要器件由电子管逐步改为晶体管，缩小了体积，减小了功耗，减轻了重量，降低了价格，提高了速度，增强了可靠性，代表机型有 CDC 公司的大型计算机系统 CDC6600。

软件方面，这时已开始使用操作系统，出现了各种计算机高级语言（如 ALGOL 语言、FORTRAN 语言、COBOL 语言等），输入和输出方式有了很大改进。这一代计算机的应用已由科学计算扩展到数据处理及事务处理领域。

3．第三代：集成电路计算机时代（从 20 世纪 60 年代中期到 20 世纪 70 年代初期）

这一代计算机采用集成电路作为基本器件，功耗、体积、价格进一步下降，运算速度和可靠性相应提高，代表机型有 IBM 公司的 IBM360。

软件方面，操作系统得到发展与完善，诞生了多种高级语言。这一代计算机主要应用于科学计算、数据处理和过程控制等方面。

4．第四代：大规模和超大规模集成电路计算机时代（从 20 世纪 70 年代初至今）

20 世纪 70 年代初，半导体存储器一经问世，就迅速取代了磁芯存储器，并不断向大容量、高速度发展。1971 年，内含 2300 个晶体管的 Intel 4004 芯片问世，开启了现代计算机的时代，微型计算机得到迅速发展，并走进社会各个领域和平常家庭。

软件方面，操作系统不断发展和完善，各种高级语言和数据库管理系统进一步发展。这一代计算机已广泛应用于科学计算、数据处理、过程控制、计算机辅助系统，以及人工智能等各个方面。

1.1.2　认识计算机应用领域

计算机广泛应用于工作、科研、生活等各个领域，其应用领域可以概括为以下几个方面。

1．科学计算

科学计算又称数值计算，主要解决科学研究和工程技术中所提出的数学问题，如工程设计、天气预报、地震预测、火箭发射等。用计算机进行数值计算速度快、精度高，可以大大缩短计算周期，节省人力和物力。

2．数据处理

数据处理是目前计算机应用最广泛的领域之一。数据处理的特点是数据量大但计算并不复杂，其任务是对大量的数据进行分析和处理，如人口统计、工资管理、成本核算、档案管理、图书检索、库存管理等。

3．过程控制

过程控制也称实时控制，是指用计算机及时采集监测数据，并按最佳方法迅速地对控制对象进行自动控制和调节。计算机广泛应用于石油化工、电力、冶金、机械加工、通信等领域的生产过程控制，如数控机床、高炉炼钢、生产线自动控制等。

4．辅助设计

计算机辅助设计（Computer Aided Design，CAD）是工程设计人员借助计算机进行设计的一项专门技术，它不仅可以缩短设计周期，还提升了设计质量和设计过程的自动化程度。目前，计算机辅助设计已被广泛应用于机械设计、电路设计、建筑设计、服装设计等各个方面。

5．辅助教学

计算机辅助教学（Computer Aided Instruction，CAI）是利用计算机进行辅助教学的一项专门技术，它利用图、文、声、像等多媒体方式使教学过程形象化，使教学内容图文并茂，从而大大提升教学效果。它还可以利用计算机给学生提供多样化的教学方法和丰富的学习资料，通过人机交互的方式帮助学生自学、自测，使教学更加灵活和方便，有效激发学生的学习兴趣，有利于实现因材施教。

除了 CAD 和 CAI 之外，计算机还可以用于计算机辅助制造（Computer Aided Manufacturing，CAM）、计算机辅助测试（Computer Aided Testing，CAT）等方面。

6. 人工智能

人工智能（Artificial Intelligence，AI）主要研究如何利用计算机"模仿"人的智能，也就是使计算机具有"推理"的功能，例如，使计算机模拟医生看病或进行指纹识别等。

7. 网络通信

利用计算机网络，可以使不同地区的计算机实现资源共享，通过计算机网络，可以收发电子邮件、搜索资料、共享资源等。

1.1.3 认识微型计算机主要特点

微型计算机的主要特点如下。

1. 运算速度快

运算速度是指计算机每秒能执行的指令条数，常用单位是 MIPS（Million Instructions Per Second，单字长定点指令平均执行速度）。当今计算机系统的运算速度已达到每秒万亿次，微型计算机的运算速度也可达每秒亿次以上，使大量复杂的科学计算问题得以解决，如卫星轨道的计算、大型水坝的计算、24 小时天气预报的计算等。

2. 计算精确度高

科学技术的发展，特别是尖端科学技术的发展，需要高精度的计算。例如，计算机控制的导弹之所以能准确地击中预定的目标，与计算机的精确计算是分不开的。

3. 存储容量大

计算机中的存储器能够存储大量数据，且能进行数据处理和计算，并把结果保存起来，当需要时再准确无误地取出来。

4. 具有记忆和逻辑判断能力

随着计算机存储容量的不断增大，可存储、记忆的信息越来越多。计算机能够进行各种基本的逻辑判断，并且根据判断的结果自动决定下一步该做什么。

5. 有自动控制能力

计算机内部的操作是根据人们事先编写好的程序自动控制进行的。用户根据实际需要，事先设计好运行步骤与程序，计算机十分严格地按程序规定的步骤操作，整个过程不需人工干预。

1.1.4 认识计算机硬件系统的基本组成

计算机由运算器、控制器、存储器（包括内存储器和外存储器）、输入设备和输出设备 5 个基本部分组成，这 5 个基本部分也称计算机的五大部件。人们通常将运算器、控制器集成在一个大规模集成电路块上，称为中央处理器（Central Processing Unit，CPU）。微型计算机的中央处理器习惯上称为微处理器（Microprocessor），是微型计算机的核心。计算机硬件系统的基本组成如图 1-1 所示。

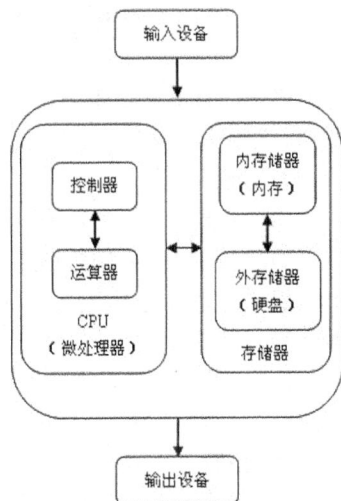

图 1-1 计算机硬件系统的基本组成

1. 控制器

控制器主要由指令寄存器、译码器、程序计数器和操作控制器等组成，控制器用来控制计算机各部件协调工作，使整个处理过程有条不紊地进行。它的基本功能就是从内存中取指令和执行指令，即控制器按程序计数器提供的指令地址从内存中取出该指令进行译码，然后根据该指令向有关部件发出控制命令，执行该指令。另外，控制器在工作过程中，还要接收各部件反馈回来的信息。

2. 运算器

运算器又称算术逻辑单元（Arithmetic and Logic Unit，ALU），是计算机对数据进行运算和处理的部件，它的主要功能是对二进制数进行加、减、乘、除等算术运算和与、或、非等基本逻辑运算，实现逻辑判断。运算器在控制器的控制下实现其功能，运算结果由控制器指挥送到内存储器中。

3. 存储器

存储器具有记忆功能，用来保存信息，如数据、指令和运算结果等。存储器可分为两种：内存储器与外存储器。

（1）内存储器

内存储器也称主存储器（简称内存或主存），它直接与 CPU 连接，存储容量较小，但存储速度快，用来存放当前运行程序的指令和数据，并直接与 CPU 交换信息。内存储器由许多存储单元组成，每个存储单元能存放一个二进制数，或一条由二进制编码表示的指令。

（2）外存储器

外存储器又称辅助存储器（简称外存或辅存），它是内存的扩充。外存储器存储容量大、价格低，但存储速度较慢，一般用来存放大量暂时不用的程序、数据和中间结果，需要时可成批地和内存储器进行信息交换。外存只能与内存交换信息，不能被计算机系统的其他部件直接访问。常用的外存有硬盘、移动硬盘、U 盘、光盘、软盘等。

4. 输入/输出设备

输入/输出设备简称 I/O（Input/Output）设备。用户通过输入设备将程序和数据输入计算机，通过输出设备将计算机处理的结果（如数字、字母、符号和图形）显示或打印出来。常用的输入设备有键盘、鼠标、扫描仪等，常用的输出设备有显示器、打印机、绘图仪等。

1.1.5　认识微型计算机硬件系统的基本组成

微型计算机（简称微机）的硬件系统是指计算机系统中可以看得见摸得着的物理装置，即机械器件、电子线路等设备。

1. 微处理器

微型计算机的中央处理器习惯上被称为微处理器（Microprocessor），它是微型计算机的核心，由运算器和控制器两部分组成。运算器（也称执行单元）是微型计算机的运算部件，控制器是微型计算机的指挥控制中心。大规模集成电路的出现，使得将微处理器的所有组成部分都集成在一块半导体芯片上成为可能。

评价微型计算机运算速度的指标是 CPU 的主频。主频是 CPU 的时钟频率，主频的单位是 MHz（兆赫兹）。主频越高，微型计算机的运算速度越快。

2. 主板

主板是整台计算机稳定运行的基础，它就好比人体的神经中枢，连接起计算机中的各种部件并使它们得以进行数据交换。CPU、内存、显卡，以及电源等都必须连接到主板上才能使用。

主板又称主机板（Mainboard）、系统板（System Board）或母板（Mother Board），它安装在机箱内，是微型计算机最基本也是最重要的部件之一。

3．内存储器

目前，微型计算机的内存由半导体器件构成。内存按功能可分为两种：只读存储器（Read-Only Memory，ROM）和随机（存取）存储器（Random Access Memory，RAM）。

ROM 的特点是存储的信息只能读出（取出），不能改写（存入），断电后信息不会丢失。ROM 一般用来存放专用的或固定的程序和数据。

RAM 的特点是存储的信息可以读出，也可以改写，因此又称读写存储器。读取时不损坏原有的存储内容，只有写入时才修改原来所存储的内容。断电后，存储的内容立即消失。

内存通常是以字节为单位编址的，一个字节由 8 个二进制位组成。

4．外存储器

外存储器（简称外存）又称辅助存储器。外存储器可分为硬盘存储器、U 盘、光盘存储器等多种类型。

（1）硬盘存储器

硬盘存储器习惯上又称为硬盘（Hard Disk）。硬盘是将一组高密度的磁性材料盘片与磁头、传动机构等部分进行密封组合的大容量存储器。硬盘通常内置于主机箱内，也可以加装硬盘盒作为移动硬盘使用，移动硬盘携带方便，通常使用 USB 接口和计算机相连。由于硬盘是内置在硬盘驱动器里的，因此一般就把硬盘和硬盘驱动器混为一谈了。平常所说的 C 盘、D 盘，与真正的硬盘不完全是一回事。一个真正的硬盘术语称为"物理硬盘"，可以将一个物理硬盘分区，分为 C 盘、D 盘、E 盘等若干个"逻辑硬盘"。

一个硬盘一般由多个盘片组成，盘片的每一面都有一个读写磁头。硬盘在使用时，要将盘片格式化成若干个磁道（称为柱面），再将每个磁道划分为若干个扇区。

硬盘的存储容量计算：存储容量＝磁头数×柱面数×扇区数×每扇区字节数（512B）。

硬盘的一个重要性能指标是存取速度。影响存取速度的因素有平均寻道时间、数据传输率、盘片的旋转速度和缓冲存储器容量等。一般来说，转速越高的硬盘寻道时间越短，而且数据传输率也越高。

（2）U 盘

U 盘具有存储容量大、携带方便、存储速度快、不需要驱动器等特点，能通过 USB 接口和计算机相连，即插即用、支持热插拔。

（3）光盘存储器

光盘（Optical Disk）存储器是一种利用激光技术将信息写入和读出的高密度存储媒体，能在光盘上进行信息读出或写入的装置称为光盘驱动器。

5．输入设备

（1）键盘

键盘（Keyboard）是用户与计算机进行交流的主要工具，是计算机最重要的输入设备之一，也是微型计算机必不可少的外部设备。

以目前常用的 104 键键盘为例，键盘通常由主键盘、小键盘、功能键 3 部分组成。主键盘包括字母键、数字键、符号键和控制键等，是实现数据输入的主要区域。小键盘上印有上档符（数字 0、1、2、3、4、5、6、7、8、9 及小数点）和相应的下档符（Ins、End、↓、PageDown、←、→、Home、↑、PageUp、Del）。功能键一般设置成常用命令的字符序列，即按某个键就是执行某条命令或完成某个功能，在不同的应用软件中，相同的功能键可以具有不同的功能。

（2）鼠标

鼠标（Mouse）又称鼠标器，也是微型计算机上的一种常用输入设备，用来控制显示屏上鼠标的指针位置。在软件的支持下，通过鼠标上的按键可以向计算机发出命令，或完成某种特殊的操作。

6. 输出设备

（1）显示器

显示器（Monitor）是微型计算机不可缺少的输出设备。用户可以通过显示器方便地观察输入和输出的信息。显示器单位面积的像素越多，分辨率越高，显示的字符或图形也就越清晰、细腻。一般显示器的分辨率在 800 像素×600 像素以上，如 1024 像素×768 像素、1280 像素×1024 像素等。

显示器按输出色彩可分为单色显示器和彩色显示器两大类，按显示器件可分为阴极射线管（CRT）显示器和液晶显示器（LCD），按显示器屏幕的对角线尺寸可分为 14 英寸（1 英寸≈2.54 厘米）、15 英寸、17 英寸和 21 英寸等几种。分辨率、彩色数目及屏幕尺寸是显示器的主要指标。显示器必须配置正确的适配器（显卡），才能构成完整的显示系统。

（2）打印机

打印机（Printer）是计算机产生硬复制输出的一种设备，用于将计算机处理的结果打印在相关介质上。打印机的种类很多，按工作原理可分为击打式打印机和非击打式打印机。目前微机系统中常用的针式打印机（又称点阵打印机）属于击打式打印机，喷墨打印机和激光打印机属于非击打式打印机。

针式打印机打印的字符和图形是以点阵的形式构成的。它的打印头由若干根打印针和驱动电磁铁组成，打印时使相应的针头接触色带击打纸面来完成。目前使用较多的是 24 针打印机。针式打印机的主要特点是价格便宜、使用方便，但打印速度较慢、噪声大。

喷墨打印机是直接将墨水喷到纸上来实现打印的。喷墨打印机具有价格低廉、打印效果较好等优势，较受用户欢迎，但喷墨打印机使用的纸张要求较高，墨盒消耗较快。

激光打印机是激光技术和电子照相技术的复合产物。激光打印机的技术源于复印机，但复印机的光源用的是灯光，而激光打印机用的是激光。由于激光光束能聚焦成很细的光点，因此激光打印机能输出分辨率很高且色彩很细腻的图形。激光打印机具有打印速度快、分辨率高、无噪声等优势，但价格稍高。

1.1.6　认识微型计算机软件系统的基本构成

软件是计算机系统必不可少的组成部分。微型计算机软件系统分为系统软件和应用软件两部分。系统软件一般包括操作系统、语言编译程序、数据库管理系统。应用软件是指计算机用户为某一特定应用而开发的软件，如文字处理软件、表格处理软件、绘图软件、财务软件、实时控制软件等。

1. 操作系统

操作系统（Operating System，OS）是最基本、最重要的系统软件，它负责管理计算机系统的全部软件资源和硬件资源，合理地组织计算机各部分协调工作，为用户提供操作界面。

2. 语言编译程序

人和计算机交流信息使用的语言称为计算机语言或程序设计语言，计算机语言通常分为机器语言、汇编语言和高级语言 3 类。

（1）机器语言

机器语言（Machine Language）是一种用二进制代码"0""1"形式表示的，能被计算机直接识别和执行的语言。用机器语言编写的程序，称为计算机机器语言程序。机器语言是一种低级语言，用机器语言编写的程序不便于记忆、阅读和书写，因此通常不用机器语言直接编写程序。

（2）汇编语言

汇编语言（Assembly Language）是一种用助记符表示的面向机器的程序设计语言。汇编语言的每条指令对应一条机器语言代码，不同类型的计算机系统一般有不同的汇编语言。用汇编语言编制的程序称为汇编语言程序，机器不能直接识别和执行，必须由"汇编程序"（或汇编系统）翻译成机器语言程序才能运行。这种"汇编程序"就是汇编语言的翻译程序。汇编语言适用于编写直接控制机器操作的底层程序，它与机器密切相关，不容易使用。

（3）高级语言

高级语言（High Level Language）是一种比较接近自然语言和数学表达式的计算机程序设计语言。用高级语言编写的程序称为"源程序"，计算机一般不能直接识别和执行。要把用高级语言编写的源程序翻译成机器指令，通常有编译和解释两种方式。编译方式是将源程序整个编译成目标程序，然后通过链接程序将目标程序链接成可执行程序。解释方式是将源程序逐句翻译，翻译一句执行一句，边翻译边执行，不产生目标程序，由计算机执行解释程序自动完成，如 BASIC 语言和 Perl 语言。常用的高级语言有 Visual Basic、FORTRAN、C/C++、C#、Java 等。

3. 数据库管理系统

数据库管理系统（Database Management System，DBMS）的作用是管理数据库。数据库管理系统是有效地进行数据存储、共享和处理的工具。目前，微型计算机系统常用的数据库管理系统有 SQL Server、Oracle、Sybase、DB2 等。如今，数据库管理系统主要用于档案管理、财务管理、图书资料管理、仓库管理、人事管理等数据处理领域。

4. 应用软件

（1）文字处理软件

文字处理软件主要用于对输入计算机的文字进行编辑，它能将输入的文字以多种字形、字体及格式打印出来。目前常用的文字处理软件有 Microsoft Word、WPS 等。

（2）表格处理软件

表格处理软件可以根据用户的要求处理各式各样的表格，并可将结果存盘或打印出来。目前常用的表格处理软件有 Microsoft Excel 等。

（3）实时控制软件

用于生产过程自动控制的计算机一般都是通过实时控制软件来实时控制的，这对计算机的运算速度要求不高，但对可靠性要求很高。用于控制的计算机，其输入信息往往是电压、温度、压力、流量等模拟量，将模拟量转换成数字量后计算机才能通过软件进行处理或计算。

1.1.7 认识计算机病毒及其防治措施

1. 计算机病毒的概念

根据《中华人民共和国计算机信息系统安全保护条例》，计算机病毒是指"编制或者在计算机程序中插入的破坏计算机功能或者毁坏数据，影响计算机使用，并能自我复制的一组计算机指令或者程序代码"。其旨在干扰计算机操作，记录、毁坏或删除数据，或者自行传播到其他计算机和整个互联网（Internet）。随着计算机及网络的发展，计算机病毒传播造成的恶劣后果越来越受到人们的关注。互联网上出现的很多新病毒与以往的计算机病毒相比，其破坏性更大、传播性更强，给用户和整个网络造成了极大的损失。计算机病毒的主要特征有传染性、潜伏性、破坏性、可触发性和衍生性。对计算机病毒的防治，应采取以"防"为主，以"治"为辅的方法，阻止病毒的侵入比病毒侵入后再查杀重要得多。

2. 计算机病毒的特征

计算机病毒一般具有如下特征。

（1）传染性

传染性是计算机病毒最基本的特征，是判断一段程序代码是否为计算机病毒的依据。计算机病毒可以通过各种渠道从已经被感染的计算机扩散到未被传染的计算机，使被传染的计算机工作失常甚至瘫痪，病毒程序一旦侵入计算机系统就开始寻找可以传染的程序或者磁介质，然后通过自我复制迅速传播。由于目前计算机网络日益发达，计算机病毒的传播更为迅速，破坏性更大。

（2）潜伏性

一个编制精巧的计算机病毒程序进入系统之后不会立即发作，它可以在几周甚至几年内隐藏在合法文件中，对其他文件进行传染而不被人发现，只有条件满足时才被激活，开始进行破坏性活动。潜伏性越好，它在系统中的时间就越长，传染范围就越大，危害也就越大。

（3）破坏性

计算机病毒不仅占用系统资源，还可以删除或者修改文件或数据，如加密磁盘中的一些数据，格式化磁盘，降低运行效率或者中断系统运行，甚至使整个计算机网络瘫痪，造成灾难性的后果。计算机病毒的破坏性直接体现了计算机病毒设计者的真正意图。

（4）可触发性

因某个事件或者数值的出现，诱使计算机病毒实施感染或进行攻击的特性称为可触发性。计算机病毒的触发机制用来控制感染和破坏动作的频率。计算机病毒具有预定的触发条件，这些条件可能是时间、日期、文件类型或者某些特定数据等。计算机病毒运行时，触发机制检查预定条件是否满足，如果满足，则启动感染或破坏动作；如果不满足，则继续潜伏。

（5）衍生性

计算机病毒的传染性和破坏性体现了设计者的目的和意图，其衍生性则体现了攻击的多样性。如果原始病毒被其他一些恶作剧者或者恶意攻击者所模仿，从而衍生出不同于原版本的新的计算机病毒（又称变种），这种衍生出的变种病毒造成的后果可能要比原版病毒严重很多。

除了以上特征外，计算机病毒还有其他的一些特点，如攻击的主动性、执行的非授权性、欺骗性、持久性、检测的不可预见性、对不同操作系统的针对性等。计算机病毒的这些特点，决定了计算机病毒难以被发现，难以被清除，危害持久。

3. 计算机病毒的分类

根据计算机病毒的特征，其分类方法有许多种。

（1）根据计算机病毒的破坏能力分类

①无害型：这类计算机病毒除了传染时减少磁盘的可用空间外，对系统没有其他影响。

②无危险型：这类计算机病毒只会减少内存、显示图像、发出声音等。

③危险型：这类计算机病毒在系统操作中会造成严重的错误。

④非常危险型：这类计算机病毒可以删除程序、破坏数据、消除系统内存区和操作系统中一些重要的信息。

这些病毒对系统造成的危害，并不完全是本身的算法中存在危险的调用，当它们传染时有时会引起无法预料的破坏。由计算机病毒引起其他程序产生的错误也会破坏文件。一些现在的无害型病毒将来也可能会对新版的 DOS、Windows 和其他操作系统造成破坏。

（2）根据计算机病毒特有的算法分类

①伴随型病毒：这一类计算机病毒是根据算法产生的.exe 文件的伴随体，具有同样的名字和不同的扩展名（.com），例如，xcopy.exe 的伴随体是 xcopy.com。伴随型病毒把自身写入.com 文件，并不改变.exe 文件，当加载文件时，伴随体优先被执行，再由伴随体加载执行原来的.exe 文件。

②蠕虫型病毒：这一类计算机病毒主要通过计算机网络进行传播，不改变文件和资料信息，利用网络从一台机器的内存传播到其他机器的内存、计算网络地址，将自身的病毒通过网络发送。这种计算机病毒一般除了内存外不占用其他的资源。

③变形病毒：这一类计算机病毒又被称为"幽灵病毒"。这类计算机病毒使用了一个复杂的算法，使自己每传播一次都具有不同的内容和长度。它们一般是由一段混有无关指令的解码算法和被变化过的计算机病毒体组成。

（3）根据计算机病毒的传染方式分类

①文件型病毒：文件型病毒是指能够感染文件、并能通过被感染的文件进行传染扩散的计算机病毒。这种病毒主要感染的文件为可执行文件（扩展名为.exe、.com 等）和文本文件（扩展名为.doc、.xls 等）。前者通过实施传染，后者则通过 Word 或 Excel 等软件在调用文档中的"宏"病毒指令时实施感染和破坏。有些文件被感染后，执行速度会减慢，甚至完全无法执行；有些文件被感染后，一旦执行就会遭到删除。感染了文件型病毒的文件被执行后，病毒通常会趁机对下一个文件进行感染。

②系统引导型病毒：这类计算机病毒隐藏在硬盘或软盘的引导区，当计算机从感染了系统引导型病毒的硬盘或者软盘启动，或者当计算机从受感染的磁盘中读取数据时，系统引导型病毒就会开始发作。一旦加载系统，启动时病毒就会将自己加载到内存中，然后就开始感染其他被执行的文件。早期出现的"大麻病毒""小球病毒"就属于此类。

③混合型病毒：混合型病毒综合了系统引导型和文件型病毒的特性，它的危害比系统引导型和文件型病毒更为严重。这种病毒不仅感染系统引导区，还感染文件，通过这两种方式来感染，更增大了病毒的传染性和存活率。不管以哪种方式传染，混合型病毒都会在开机或执行程序时感染其他的磁盘或文件，所以这种病毒也是最难杀灭的病毒之一。

④宏病毒：宏病毒是一种寄存于文档或模板的宏中的计算机病毒，主要利用 Word 提供的宏功能来将病毒带进带有宏的.doc 文档中，一旦打开这样的文档，宏病毒就会被激活，转移到计算机内存中，并驻留在 Normal 模板上。从此以后，所有自动保存的文档都会感染上这种宏病毒。如果网上其他用户打开了感染病毒的文档，宏病毒就会被传染到其他计算机上。宏病毒的传播速度很快，对系统和文件都可以造成破坏。

4．计算机病毒的危害

计算机病毒的危害可以分为对计算机网络系统的危害和对微型计算机系统的危害两方面。

（1）计算机病毒对网络系统的危害

计算机病毒对网络系统的危害如下。

①病毒程序通过"自我复制"传染正在运行其他程序的系统，并与正常运行的程序争夺系统的资源，使系统瘫痪。

②病毒程序可在发作时冲毁系统存储器中的大量数据，致使用户丢失数据，使系统蒙受巨大损失。

③病毒程序不仅侵害使用的计算机系统，而且通过网络侵害与之联网的其他计算机系统。

④病毒程序可导致计算机控制的空中交通指挥系统失灵，使卫星、导弹失控，使银行金融系统瘫痪，使自动生产线控制紊乱等。

（2）计算机病毒对微型计算机系统的危害

计算机病毒对微型计算机系统的危害如下。

①破坏磁盘的文件分配表或目录区，使用户磁盘上的信息丢失。

②删除软、硬盘上的可执行文件或覆盖文件。

③将非法数据写入 DOS 内存参数区，引起系统崩溃。

④修改或破坏文件和数据。

⑤影响内存常驻程序的正常运行。

⑥在磁盘上标记虚假的坏簇，从而破坏有关程序或数据。

⑦更改或重新写入磁盘的卷标号。

⑧对可执行文件反复传染复制，造成磁盘存储空间减少，并影响系统运行效率。

⑨对整个磁盘进行特定的格式化，破坏全盘的数据。

⑩使系统空挂，造成显示器、键盘被封锁的状态。

5. 防止计算机病毒入侵和传播的主要措施

防止计算机病毒入侵和传播的主要措施如下。

①谨慎使用公共和共享的软件，因为这种软件的使用者多而杂，它们携带计算机病毒的可能性较大。应尽量不使用外来移动存储设备，特别是在公用计算机上使用过的 U 盘。对外来移动存储设备要先查、杀病毒，确认无病毒后再使用。

②写保护所有的系统文件，提高病毒防范意识，应使用正版软件，不使用盗版软件和来历不明的软件。

③密切关注媒体发布的病毒信息，及时打好补丁，修复杀毒软件、操作系统和应用软件中的漏洞。

④除非是原始盘，否则绝不用来历不明的启动盘去引导硬盘。

⑤在计算机中安装正版杀毒软件，定期对引导系统进行查毒、杀毒，对杀毒软件及时进行升级。使用防火墙实时监控病毒，能抵抗大部分的病毒入侵。

⑥重要的数据、资料、分区表要进行备份，创建一张无毒的启动盘用于重新启动或安装系统。不要把用户数据或程序写到系统盘中。

⑦如果无法防止病毒入侵，至少应尽早发现病毒的入侵。如果能够在病毒产生危害之前发现和排除它，则可以使系统免受危害；如果能够在病毒广泛传播之前发现它，则可以使修复系统的任务较轻松和较容易。总之，病毒在系统中存在的时间越长，产生的危害就越大。

⑧计算机染上病毒后，应尽快予以清除，对付计算机病毒比较快捷和简便的方法就是使用优秀的杀毒软件进行查杀。几乎所有的杀毒软件都能事先备份正常的硬盘引导区，当硬盘被病毒感染时，先清除病毒再将引导区重新复制回硬盘，以保证硬盘能正确引导系统。

1.1.8 认识常用的计数制及其转换方法

常用的计数制有十进制、二进制、八进制和十六进制，一般在数字的后面用特定字母表示该数的进制，如 B 表示二进制、D 表示十进制（D 可省略）、O 表示八进制、H 表示十六进制。下面介绍这些常用的计数制及其相互之间的转换方法。

1. 计数制的基本概念

计数制也称数制，是指用一组固定的符号和统一的规则来表示数值的方法。人们在日常生活、工作中常用多种进制来描述事物，如 10 角为 1 元，即"逢 10 进 1"；7 天为 1 周，即"逢 7 进 1"；

12 个月为 1 年,即"逢 12 进 1";24 小时为 1 天,即"逢 24 进 1";60 分钟为 1 小时,即"逢 60 进 1",2 个为 1 双或 1 对,即"逢 2 进 1"等。

在计数制中有数位、基数和位权 3 个要素。数位是指数码在数中的位置。基数是指在某种计数制中,每个数位上所能使用的数码个数。如二进制数中,每个数位上可以使用的数码为 0 和 1 两个,即其基数为 2;十进制数中,每个数位上可以使用的数码为"0~9"10 个,即其基数为 10。在数制中有一个规则:如果是 N 进制数,那么必须是逢 N 进 1。

对于多位数,每个数位上的数码所代表数值的大小都等于该数位上的数码乘以一个固定的数值,这个固定数值称为该位的位权。例如,二进制整数部分第 1 位的位权为 2^0,第 2 位的位权为 2^1,第 3 位的位权为 2^2;十进制中,小数点左边第 1 位的位权为 10^0,第 2 位的位权为 10^1,第 3 位的位权为 10^2,小数点右边第 1 位的位权为 10^{-1},第 2 位的位权为 10^{-2}。一般情况下,对于 N 进制数,整数部分第 i 位的位权为 N^{i-1},而小数部分第 j 位的位权为 N^{-j}。

(1)十进制(十进位计数制)

人们习惯使用的十进制数由 0、1、2、3、4、5、6、7、8、9 共 10 个不同的数字组成,每一个数字处在十进制数中不同的位置时,它所代表的实际数值是不一样的。例如"1011"可表示成 $1 \times 1000 + 0 \times 100 + 1 \times 10 + 1 \times 1 = 1 \times 10^3 + 0 \times 10^2 + 1 \times 10^1 + 1 \times 10^0$,式中每个数字的位置不同,所代表的数值也不同,这就是人们常说的个位、十位、百位、千位。十进制的基数为 10,逢 10 进 1。

(2)二进制(二进位计数制)

二进制数和十进制数一样,也是一种计数制,但它的基数是 2。数中 0 和 1 的位置不同,所代表的数值也不同。例如,二进制数 1101 表示十进制数 13,如下所示。

$$(1101)_2 = 1 \times 2^3 + 1 \times 2^2 + 0 \times 2^1 + 1 \times 2^0 = 8 + 4 + 0 + 1 = (13)_{10}$$

一个二进制数具有两个基本特点:有两个不同的数字,即 0 和 1;逢 2 进 1。

(3)八进制(八进位计数制)

八进制有 8 个不同的数码符号 0、1、2、3、4、5、6、7,其基数为 8,逢 8 进 1,例如,八进制数 1011 表示十进制数 521,如下所示。

$$(1011)_8 = 1 \times 8^3 + 0 \times 8^2 + 1 \times 8^1 + 1 \times 8^0 = (521)_{10}$$

(4)十六进制(十六进位计数制)

十六进制有 16 个不同的数码符号 0、1、2、3、4、5、6、7、8、9、A、B、C、D、E、F,其基数为 16,逢 16 进 1,例如,十六进制数 1011 表示十进制数 4113,如下所示。

$$(1011)_{16} = 1 \times 16^3 + 0 \times 16^2 + 1 \times 16^1 + 1 \times 16^0 = (4113)_{10}$$

2. 不同进制数之间的转换方法

用计算机处理十进制数时,必须先把它转化成二进制数才能被计算机处理。同理,计算结果应将二进制数转换成人们习惯的十进制数。4 位二进制数与其他进制数的对照如表 1-1 所示。

表 1-1 4 位二进制数与其他进制数的对照

二进制数	十进制数	八进制数	十六进制数
0000	0	0	0
0001	1	1	1
0010	2	2	2
0011	3	3	3
0100	4	4	4

二进制数	十进制数	八进制数	十六进制数
0101	5	5	5
0110	6	6	6
0111	7	7	7
1000	8	10	8
1001	9	11	9
1010	10	12	A
1011	11	13	B
1100	12	14	C
1101	13	15	D
1110	14	16	E
1111	15	17	F

（1）十进制整数转换成二进制整数

十进制整数转换为二进制整数的方法如下。

把被转换的十进制整数反复地除以 2，直到商为 0，所得的余数（从末位读起）就是这个数的二进制表示。简单地说，就是"除以 2 取余法"。

掌握了十进制整数转换成二进制整数的方法以后，学习十进制整数转换成八进制整数或十六进制整数就很容易了。十进制整数转换成八进制整数的方法是"除以 8 取余法"，十进制整数转换成十六进制整数的方法是"除以 16 取余法"。

（2）十进制小数转换成二进制小数

十进制小数转换成二进制小数是将十进制小数连续乘以 2，选取进位整数，直到满足精度要求为止。简单地说，就是"乘 2 取整法"。

十进制小数转换成八进制小数的方法是"乘 8 取整法"，十进制小数转换成十六进制小数的方法是"乘 16 取整法"。

（3）二进制数转换成十进制数

把二进制数转换为十进制数的方法是将二进制数按位权展开求和。

同理，非十进制数转换成十进制数的方法是把各个非十进制数按位权展开求和。如把二进制数（或八进制数、十六进制数）写成 2（或 8、16）的各次幂之和的形式，然后计算其结果。

（4）二进制数转换成八进制数

二进制数与八进制数之间的转换十分简捷、方便，由于二进制数和八进制数之间存在特殊关系，即 $8^1=2^3$，八进制数的每一位对应二进制数的 3 位。具体转换方法是，将二进制数从小数点开始，整数部分从右向左 3 位一组，小数部分从左向右 3 位一组，不足 3 位用 0 补足（整数部分左侧补 0，小数部分右侧补 0）。

（5）八进制数转换成二进制数

把八进制数转换成二进制数的方法是，以小数点为界，向左或向右每一位八进制数，用相应的 3 位二进制数替代，然后将其连在一起。

（6）二进制数转换成十六进制数

二进制数的每 4 位，刚好对应十六进制数的 1 位（$16^1=2^4$）。二进制数转换成十六进制数的转换方法是，将二进制数从小数点开始，整数部分从右向左 4 位一组，小数部分从左向右 4 位一组，不足 4 位用 0 补足（整数部分左侧补 0，小数部分右侧补 0），每组对应转换为 1 位十六进制数。

（7）十六进制数转换成二进制数

把十六进制数转换成二进制数的方法是，以小数点为界，向左或向右将每 1 位十六进制数转换为 4 位二进制数，然后将其连在一起。

1.1.9 认识计算机中数据的表示方法与常见的信息编码

1. 认识计算机中数据的表示方法

计算机中表示的数分成整数和实数两大类。在计算机内部，数据是以二进制的形式存储和运算的。数的正负用字节的最高位来表示，定义为符号位，用"0"表示正数，用"1"表示负数。

（1）整数的表示方法

计算机中的整数一般用定点数表示，定点数指小数点在数中有固定的位置。整数又可分为无符号整数（不带符号的整数）和有符号整数（带符号的整数）。无符号整数中，所有二进制位全部用来表示数的大小；有符号整数则用最高位表示数的正负号，其他位表示数的大小。如果用 1 个字节表示 1 个无符号整数，其取值范围是 0～255（即 2^8-1）。如果用 1 个字节表示 1 个有符号整数，其取值范围为 -128～+127（即 -2^7～2^7-1）。如果用 1 个字节表示 1 个有符号整数，则能表示的最大正整数为 01111111（最高位为符号位），即最大值为 127，若数值 >|127|，则会"溢出"。计算机中的地址常用无符号整数表示。

（2）实数的表示方法

实数一般用浮点数表示，因为它的小数点位置不固定，所以称为浮点数。它是既有整数又有小数的数，纯小数可以看作实数的特例，如 57.625、-1984.045、0.00456 都是实数。

以上 3 个数又可以表示如下。

$$57.625 = 10^2 \times 0.57625$$
$$-1984.045 = 10^4 \times (-0.1984045)$$
$$0.00456 = 10^{-2} \times 0.456$$

其中，指数部分用来指出实数中小数点的位置，括号内是一个纯小数。二进制的实数表示也是如此。

在计算机中，一个浮点数由指数（阶码）和尾数两部分组成。阶码用来指示尾数中的小数点应当向左或向右移动的位数；尾数表示数值的有效数字，其小数点约定在数符和尾数之间。在浮点数中，数符和阶符各占一位，阶码的值随浮点数数值的大小而定，尾数的位数则依浮点数的精度要求而定。

2. 认识常见的信息编码

信息编码是采用少量的基本符号，选用一定的组合原则来表示大量复杂多样数据的技术。计算机是数据处理的工具，任何信息必须转换成二进制数据后才能由计算机进行处理、存储和传输。

（1）BCD 码（二-十进制编码）

BCD（Binary Coded Decimal）码是用若干个二进制数表示 1 个十进制数的编码。BCD 码有多种编码方法，常用的是 8421 码。表 1-2 所示为十进制数 0～19 的 8421 编码表。

表 1-2　十进制数 0～19 的 8421 编码表

十进制数	8421 码	十进制数	8421 码
0	0000	10	00010000
1	0001	11	00010001
2	0010	12	00010010
3	0011	13	00010011
4	0100	14	00010100
5	0101	15	00010101
6	0110	16	00010110
7	0111	17	00010111
8	1000	18	00011000
9	1001	19	00011001

　　8421 码是将十进制数码 0～9 中的每个数分别用 4 位二进制编码表示，从左至右每一位对应阶码尾数数符，阶符的数是 8、4、2、1，这种编码方法比较直观、简便。对于多位数，只需将它的每一位数字按表 1-2 中所列的对应关系用 8421 码直接列出即可。例如，将十进制数转换成 8421 码，如下所示。

　　　　（1209.56）$_{10}$ =（0001 0010 0000 1001.0101 0110）$_{BCD}$

　　8421 码与二进制数之间的转换不是直接的，要先将 8421 码表示的数转换成十进制数，再将十进制数转换成二进制数，如下所示。

　　　　（1001 0010 0011.0101）$_{BCD}$ =（923.5）$_{10}$ =（1110011011.1）$_2$

　　（2）ASCII

　　计算机中，对非数值的文字和其他符号进行处理时，要对文字和符号进行数字化处理，即用二进制编码来表示文字和符号。字符编码（Character Code）用二进制编码来表示字母、数字，以及专门的符号。

　　目前计算机中普遍采用的是美国信息交换标准代码（American Standard Code for Information Interchange，ASCII）。ASCII 有 7 位版本和 8 位版本两种，国际上通用的是 7 位版本，7 位版本的 ASCII 有 128 个元素，只需用 7 个二进制位（2^7 = 128）表示。其中控制字符 34 个，阿拉伯数字 10 个，大、小写英文字母 52 个，各种标点符号和运算符号 32 个。在计算机中实际用 8 位表示一个字符，最高位为"0"。例如，数字 0 的 ASCII 为 48，大写英文字母 A 的 ASCII 为 65，空格的 ASCII 为 32 等。如果 ASCII 用十六进制数表示，则数字 0 的 ASCII 为 30H、字母 A 的 ASCII 为 41H。

　　（3）汉字编码

　　汉字也是字符，与西文字符相比，汉字数量大、字形复杂、同音字多，这就给汉字在计算机内部的存储、传输、交换、输入、输出等带来了一系列的问题。为了能直接使用西文标准键盘输入汉字，必须为汉字设计相应的编码，以适应计算机处理汉字的需要。

　　①国标汉字字符集

　　为了规范汉字信息的表示形式，便于汉字信息的交流，1980 年，原国家标准总局颁布了《信息交换用汉字编码字符集·基本集》，其代号为 GB2312—80，简称国标汉字字符集，是国家规定的用于汉字信息处理的代码依据。在国标码的字符集中共收录了 6763 个常用汉字和 682 个非汉字字符（图形、符号）：其中一级汉字 3755 个，以汉语拼音的顺序排列；二级汉字 3008 个，以偏旁部首的顺序进行排列。

②区位码

GB2312—80 规定，所有的国标汉字与符号组成一个 94×94 的方阵。在此方阵中，每一行称为一个"区"（区号为 01～94），每一列称为一个"位"（位号为 01～94）。该方阵组成了一个有 94 个区、每个区内有 94 个位的汉字字符编码表，每一汉字或符号在编码表中都有一个由区号和位号组成的唯一的 4 位位置编码，称为该字符的区位码。使用区位码方法输入汉字时，必须先在表中找出汉字对应的代码。区位码的优点是无重码，而且与内部编码的转换方便。

汉字字符编码表也称为汉字字符区位码表，简称为区位码表。区位码表共有 94 区和 94 位，区和位的编号分别为 01～94。因此，区位码表的总容纳量为 94×94＝8836 个编码单位。

在区位码表中，第 1 区至第 9 区为字符，第 16 区至第 55 区为一级汉字，第 56 区至第 87 区为二级汉字，第 10 区至第 15 区和第 88 区至第 94 区为空区，分别保留给扩展汉字和扩展字符时使用。

汉字的区位码由每个汉字在区位码表中的区号和位号共两个字节组成，即汉字的区位码由以下两个字节组成。

$$区位码高字节＝区号$$
$$区位码低字节＝位号$$

区号和位号的有效范围为十进制的 1 至 94，十六进制的 1 至 5E，二进制的 00000001 至 01011110。

③国标码

汉字的国标码与区位码之间有着密切的联系，汉字的国标码也是由两个字节组成的，分别称为国标码低字节和国标码高字节。在 ASCII 中有 94 个可打印字符（21H～7EH），为了与 ASCII 对应，给区位码的区号和位号都分别加上十进制的 32（即十六进制的 20H）从而得到国标码。国标码与区位码之间的关系如下。

$$国标码高字节＝区位码高字节+20H$$
$$国标码低字节＝区位码低字节+20H$$

例如，汉字"中"的区位码十进制为 5448，十六进制为 3630，使用 3630H 表示如下。

$$国标码高字节＝区位码高字节+20H＝36H+20H＝56H$$
$$国标码低字节＝区位码低字节+20H＝30H+20H＝50H$$

即汉字"中"的国标码为 5650H，二进制表示为 01010110 01010000。

④机内码

汉字的机内码是计算机系统内部对汉字进行存储、处理、传输时统一使用的代码，又称为汉字内码。由于汉字数量多，一般用两个字节来存放汉字的机内码。在计算机内，汉字字符必须与英文字符区别开，以免造成混乱。英文字符的机内码是用一个字节来存放 ASCII，一个 ASCII 占一个字节的低 7 位，最高位为"0"。为了达到与英文字符兼容的目的，汉字的机内码不得与标准 ASCII 冲突。因此，在汉字真正被存储到计算机的存储器里时使用的汉字机内码采用变形的国标码，即将国标码的两个字节的最高位均置为"1"，相当于在国标码的高字节和低字节均加上十进制的 128（十六进制的 80H 或二进制的 10000000）。

国标码与区位码之间的关系如下。

$$机内码高字节＝国标码高字节+80H$$
$$机内码低字节＝国标码低字节+80H$$

例如，汉字"中"的国标码为十六进制的 5650H，即二进制的 01010110 01010000。

$$机内码高字节＝国标码高字节+80H＝56H+80H＝D6$$

$$机内码低字节 = 国标码低字节+80H = 50H+80H = D0$$

即汉字"中"的机内码为 D6D0H，即二进制的 11010110 11010000。

比较汉字"中"的国标码和机内码可以发现，其国标码的两个字节的最高位为"0"，机内码的两个字节的最高位为"1"。

汉字的区位码、国标码、机内码之间的对应关系如下。

$$国标码 = 区位码+2020H$$
$$机内码 = 国标码+8080H$$
$$机内码 = 区位码+A0A0H$$

例如，汉字"啊"的区位码以十进制表示为 1601，以十六进制表示为 1001H，则国标码为 3021H，机内码为 B0A1H。

⑤汉字的字形码

每一个汉字的字形都必须预先存放在计算机内，如国标汉字字符集所有字符的形状描述信息集合在一起，称为字形信息库，简称字库。字库通常分为点阵字库和矢量字库。目前组成汉字字形大多用点阵方式，即用点阵表示汉字字形码。根据汉字输出精度的要求，有不同密度点阵。汉字字形点阵有 16×16 点阵、24×24 点阵、32×32 点阵、64×64 点阵等。汉字字形点阵中每个点的信息用一位二进制码来表示，"1"表示对应位置处是黑点，"0"表示对应位置处是空白。字形点阵的信息量很大，所占存储空间也很大，如 16×16 点阵，每个汉字就要占 32 个字节（16×16÷8=32）；24×24 点阵的字形码需要用 72 个字节（24×24÷8=72），因此字形点阵只能用来构成"字库"，而不能用来替代机内码用于机内存储。字库存储了每个汉字的字形点阵代码，不同的字体（如宋体、仿宋、楷体、黑体等）对应着不同的字库。在输出汉字时，计算机要先到字库中去找到它的字形描述信息，再把字形送去输出。

1.1.10 认识多媒体技术

多媒体技术是指利用计算机对文字、数据、图形、图像、动画、声音等多种媒体信息进行综合处理和管理，使用户可以通过多种感官与计算机进行实时信息交互的技术，又称计算机多媒体技术。

多媒体技术除信息载体的多样化以外，还具有以下的关键特性。

1. 集成性

采用了数字信号，可以综合处理文字、声音、图形、动画、图像、视频等多种信息，并将这些不同类型的信息有机地结合在一起。

2. 交互性

信息以超媒体结构进行组织，可以方便地实现人机交互。换言之，用户可以按照自己的思维习惯和意愿主动地选择和接收信息，拟定观看内容的路径。

3. 智能性

提供了易于操作、十分友好的界面，使与计算机的交互更直观、更方便、更亲切、更人性化。

4. 易扩展性

可方便地与各种外部设备挂接，实现数据交换、监视控制等多种功能。此外，采用数字化信息有效地解决了数据在处理传输过程中的失真问题。

1.1.11 认识信息素养

"信息素养（Information Literacy）"的本质是全球信息化需要人们具备的一种基本能力。

1. 信息素养的定义

信息素养这一概念是美国信息产业协会主席保罗·泽考斯基于 1974 年在美国提出的。简单的定义来自 1989 年美国图书协会（American Library Association，ALA），它包括文化素养、信息意识和信息技能 3 个层面。一个有信息素养的人，能够判断什么时候需要信息，并且懂得如何去获取信息，以及如何去评价和有效利用所需的信息。

（1）信息素养是一种基本能力

信息素养涉及信息的意识、信息的能力和信息的应用，是一种对信息社会的适应能力。

（2）信息素养是一种综合能力

信息素养涉及各方面的知识，是一种特殊的、涵盖面很广的能力，它包含人文、技术、经济、法律等诸多方面，和许多学科有着紧密的联系。信息技术支持信息素养，强调对技术的理解、认识和使用技能。而信息素养的重点是内容、传播、分析，包括信息检索评价，涉及更广的方面。它是一种了解、搜集、评估和利用信息的知识结构，既需要通过熟练的信息技术，也需要通过完善的调查方法、鉴别和推理来完成。信息素养是一种信息能力，信息技术是它的一种工具。

2. 信息素养的内容

信息素养是一个内容丰富的概念。它不仅包括利用信息工具和信息资源的能力，还包括选择、获取、识别信息，加工、处理、传递信息，以及创造信息的能力。

信息素养包括关于信息和信息技术的基本知识和基本技能，运用信息技术进行学习、合作、交流和解决问题的能力，以及信息的意识和社会伦理道德问题。具体而言，信息素养包含以下 5 个方面的内容。

①热爱生活，有获取新信息的意愿，能够主动地从生活实践中不断地查找、探究新信息。

②具有基本的科学和文化常识，能够较为自如地对获得的信息进行辨别和分析，并正确地加以评估。

③可灵活地支配信息，较好地掌握选择信息、拒绝信息的技能。

④能够有效地利用信息，表达个人的思想和观念，并乐意与他人分享不同的见解或资讯。

⑤无论面对何种情境，能够充满自信地运用各类信息解决问题，有较强的创新意识和进取精神。

信息素养包含 4 个要素：信息意识、信息知识、信息能力、信息道德。这 4 个要素共同构成一个不可分割的统一整体，其中信息意识是先导，信息知识是基础，信息能力是核心，信息道德是保证。

3. 信息素养的特点

信息素养有以下特点。

（1）信息素养具有知识性

知识是信息素养的重要内容。信息素养的知识性体现在互相承接的两个方面：要把无序的信息经过整理转化成为能够理解的有序的知识，还要把知识变为智能从而作用于人类社会。

知识对人的信息素养的影响，取决于知识的广度、深度和对知识的运用能力。知识的广度能够提高人们对信息的敏感程度，有利于人们从纷杂杂乱的信息中建立有机的联系；深厚的知识功底能够提高人们对信息的筛选和跟踪能力，有利于人们从浩瀚的信息中采集到真正有用的信息；对知识的运用能力能够提高人们对信息的改造能力，信息只有成为知识后，它的传播才会更加有效。

（2）信息素养具有普及性

对每一个人来说，在信息社会中具备信息素养都属于一种基本素质。生活在现代社会，人们的日常生活和工作学习都离不开信息技术，人们要经常接触各种各样的信息系统，如在线修读课程、银行存款、网上查找资料、网上通信等，人们遇到问题时也经常想到利用信息技术去寻求答案和帮助。

（3）信息素养具有操作性

操作性是人们在处理和运用信息时，在技术、诀窍、方法和能力等方面所表现出来的素养。信息素养的所有内容最终必然表现在人们利用信息技术、操作信息系统上。

在评判一个人的信息素养时，实际操作能力的权值要比其他方面高一些。也就是说，不是看人们如何说，而要看他们怎样做。那些只能够空泛地谈论信息技术，以及简单地使用信息系统的人，不能被认为具有较高的信息素养。

【任务 1-1】区分计算机与微型计算机

【任务描述】
区分计算机与微型计算机。

【任务实施】

计算机	微型计算机
计算机是一种能够按照事先存储的程序，自动、高速进行大量数值运算和数据处理的智能电子装置，是一种存储和处理数据的工具。 按照计算机规模，并考虑其运算速度、存储能力等因素，将计算机分为： ①巨型计算机； ②大型计算机； ③小型计算机； ④微型计算机。	微型计算机是以微处理器为基础，由大规模集成电路组成的体积较小的电子计算机，也就是人们日常工作和生活中常用的计算机。它是实现办公自动化、提高工作效率必不可少的工具。 微型计算机简称微型机、微机。 微型计算机的俗称如下： ①个人计算机或 PC 机（Personal Computer）； ②微电脑，或简称电脑。

【任务 1-2】区分计算机的硬件系统与软件系统

【任务描述】
区分计算机的硬件系统与软件系统。

【任务实施】
完整的计算机系统包括硬件系统和软件系统两大部分，人们平时讲到的"计算机"一词，都是指含有硬件系统和软件系统的计算机。

硬件系统	软件系统
硬件系统是指看得到、摸得着的物理设备，即由机械、电子器件构成的具有输入、存储、计算、控制和输出功能的实物部件。 硬件系统主要由主机和外部设备组成，主机从外观上看是一个整体，是由多个独立部分组合而成的，这些部件安装在主机内部，它们相互配合完成主机的工作。	软件系统广义上是指系统中的程序，以及开发、使用和维护程序所需的所有文档的集合，用来管理和控制硬件设备。 软件系统分为系统软件和应用软件两部分。系统软件是支持应用软件开发和运行的系统。应用软件是指计算机用户为某一特定应用而开发的软件。

硬件系统：
- 主机
  - 主板与 CPU
  - 内存与硬盘
  - 显卡与声卡
  - 电源与散热器
- 外部设备
  - 键盘与鼠标
  - 显示器与打印机
  - 音箱与摄像头

软件系统：
- 系统软件
  - 操作系统
  - 语言编译程序
  - 数据库管理系统
- 应用软件
  - 办公软件
  - 学习软件
  - 管理软件
  - 娱乐软件

【任务 1-3】认识微型计算机硬件系统的外观与组成

【任务描述】

认识微型计算机硬件系统的外观与组成。

【任务实施】

计算机硬件系统的外观与组成

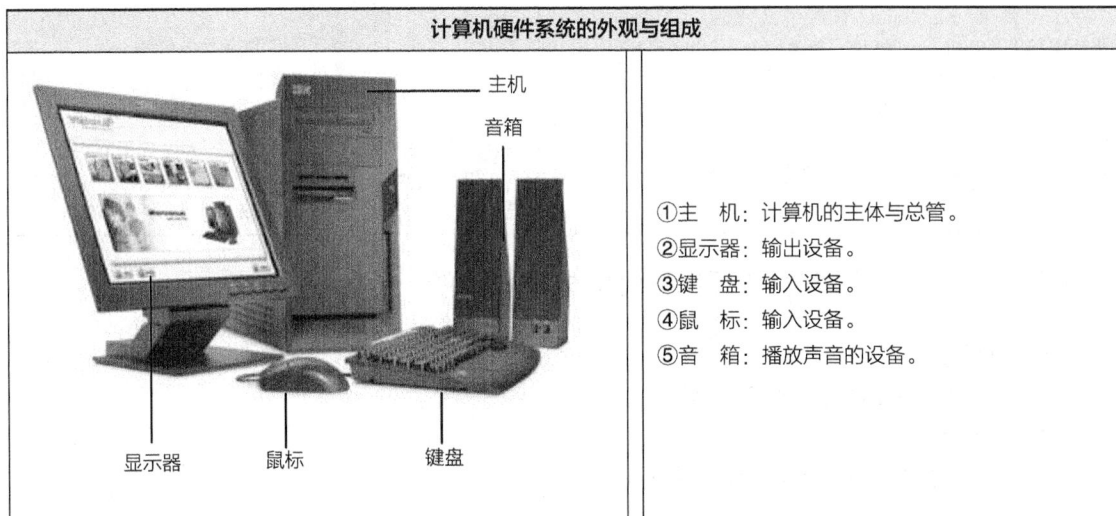

主机
音箱
显示器　鼠标　键盘

①主　机：计算机的主体与总管。
②显示器：输出设备。
③键　盘：输入设备。
④鼠　标：输入设备。
⑤音　箱：播放声音的设备。

【任务 1-4】认识微型计算机类型

【任务描述】

观察各式各样的计算机，认识不同的微型计算机类型。

【任务实施】

日常工作、学习和生活中所使用的微型计算机，根据用途和性能的不同，可以分为台式机、笔记本电脑、平板电脑、一体机等多种类型。

台式机	笔记本电脑

台式机分为主机和外围设备两大部分。外围设备主要包括显示器、键盘、鼠标、音箱、摄像头、打印机、扫描仪等。台式机的主要优点是用途广、价格低、耐用、升级性能好。	笔记本电脑（Notebook Computer）又称手提计算机或膝上型计算机，是一种小型、可携带的个人计算机。笔记本电脑把主机和外围设备集成在一起，其主要优点是体积小、重量轻、携带方便。

续表

平板电脑	一体机
平板电脑（Tablet Personal Computer，Tablet PC），是一种小型、携带方便的个人计算机。平板电脑以触摸屏作为基本的输入设备，允许用户通过触控来进行作业，而不是使用传统的键盘或鼠标。平板电脑是一种无需翻盖、没有键盘、小到足以放入口袋中，且功能完整的个人计算机。	一体机（All-In-One，AIO）把主机集成到显示器中，与台式机相比有着连线少、体积小、集成度更高的优势。一体机可以说是笔记本电脑和台式机融合的一种新产品，可以同时用来看电视、上网、办公，并且互不干扰。

【任务 1-5】认识微型计算机硬件的外观与功能

【任务描述】

认识微型计算机硬件的外观与功能。

【任务实施】

微型计算机硬件的外观与功能如下所示。

主机	显示器
主机是计算机的主体部分，在主机箱中有主板、CPU、内存、硬盘、显卡、声卡、网卡、电源、散热器等硬件设备。机箱将各个设备封装起来，同时对主机内部的重要设备起到保护作用。	显示器（Monitor）用于方便地观察输入和输出的信息。其单位面积可显示的像素越多，分辨率越高，显示的字符或图形也就越清晰、细腻。
键盘	**鼠标**
键盘（Keyboard）是用户与计算机进行交流的主要工具，是计算机最重要的输入设备之一，也是微型计算机必不可少的外部设备。键盘通常由主键盘、小键盘、功能键 3 部分组成，主键盘包括字母键、数字键、符号键和控制键等。	鼠标（Mouse）又称为鼠标器，是一种常用的输入设备，是控制屏幕上鼠标指针位置的一种设备。在软件的支持下，可以通过鼠标上的按键，向计算机发出命令，或完成某种特殊的操作。

续表

打印机	音箱
打印机（Printer）是计算机产生硬复制输出的一种设备，用于将计算机处理的结果打印在相关介质上。打印机的种类很多，按工作原理可分为击打式打印机和非击打式打印机。常用的针式打印机（又称点阵打印机）属于击打式打印机，喷墨打印机和激光打印机属于非击打式打印机。	音箱指将音频信号变换为声音的一种设备，音箱箱体或低音炮箱体内自带功率放大器，对音频信号进行放大处理后由音箱本身放出声音。音箱是多媒体计算机的重要组成部分，音箱的性能高低对一个计算机音响系统的放音质量起着关键作用。
摄像头	扫描仪
摄像头（Camera）又称为"电脑相机""电脑眼"等，是一种视频输入设备，广泛应用于视频会议、远程医疗、实时监控等方面。人们通过摄像头可以在网络中进行有影像、有声音的交谈和沟通。	扫描仪（Scanner）是捕获图像并将之转换成计算机可以显示、编辑、存储和输出的信息的数字化输入设备，具有比键盘和鼠标更强的功能，可将图片、照片及各类文稿资料输入计算机。

【任务 1-6】认识微型计算机的工作原理

【任务描述】

以计算"6+4"为例说明微型计算机的工作原理。

【任务实施】

下面以计算"6+4"为例说明微型计算机的工作原理。

如果进行心算，其计算过程描述如下。

①将数字"6"通过眼睛存入"大脑"。

②将运算符"+"通过眼睛存入"大脑"。

③将数字"4"通过眼睛存入"大脑"。

④大脑完成"6+4"的计算，将最终结果"10"暂存入"大脑"。

⑤将最终计算结果"10"通过"嘴"说出来，通过"手"写在纸上。

整个计算过程可简述为"数据存储"→"数据运算"→"结果输出" 3 个阶段。在这个计算过程中，"眼睛"起到"输入"的作用，"嘴""手"起到"输出"的作用，"大脑"完成"记忆数据""数据运算"的工作，并在整个计算过程中"控制"着"眼睛""手"的工作。

如果编写程序，由计算机完成"6+4"的运算，则其运算步骤如下。

①通过键盘输入"6""+""4"。

②控制器命令将输入的数据"6""+""4"存入存储器。

③存储器中的数据进入运算器。

④运算器进行"6+4"的运算。

⑤运算器将运算结果"10"存回存储器。

⑥控制器发出输出指令。

⑦存储器将结果"10"输出到显示设备上。

现代微型计算机系统结构有了很大的变化，但其工作原理基本沿用了冯·诺依曼的思想，习惯上称之为冯·诺依曼机。

冯·诺依曼机的基本特点如下。

①计算机由运算器、控制器、存储器、输入设备和输出设备5部分组成。

②采用存储程序的方式，将程序和数据放在存储器中，指令和数据一样可以送到运算器运算，即由指令组成的程序是可以修改的。

③数据以二进制代码表示。

④指令由操作码和地址码组成。

⑤指令在存储器中按执行顺序存放，由指令计数器指明要执行的指令所在的单元地址，一般按顺序递增，但可根据运算结果或外界条件而改变。

微型计算机的工作原理示意图如图1-2所示，其工作原理的核心就是存储程序和程序控制。计算机通过输入设备输入原始数据和程序，并将其存储在存储器中，通过输出设备输出计算结果；控制器对输入、输出、存储和运算等操作进行统一指挥与协调；运算器在控制器的控制下实现算术运算和逻辑运算，并将运算结果送到内存储器中；存储器用于保存数据、指令和运算结果等信息，可分为内存储器和外存储器。

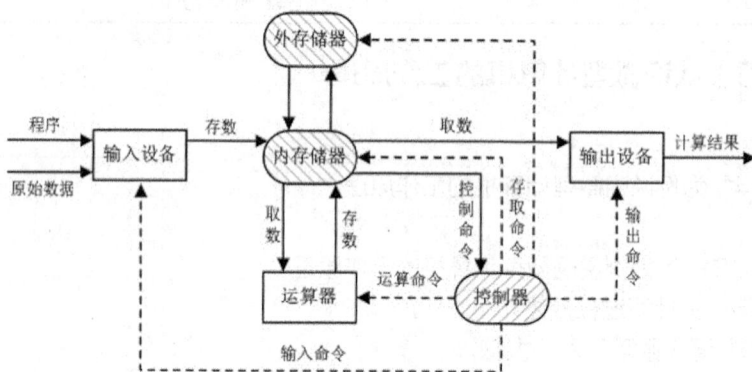

图1-2　微型计算机的工作原理示意图

【任务1-7】认识计算机系统的主要性能指标

【任务描述】

①某公司的笔记本电脑生产车间有多条组装笔记本电脑的生产线，如果生产线每天有效装配时间为6小时，生产线的节拍为平均每分钟装配一台笔记本电脑（即生产线的生产周期为一分钟），那么一条生产线每天的装配数量为360台；如果有两条生产线同时开工，那么每天可以装配笔记本电脑720台。参照笔记本电脑装配流水线的指标，认识字长、主频和运算速度等计算机系统的主要性能指标。

②笔记本电脑装配车间的转运仓库只能存放 1000 台笔记本电脑，笔记本电脑专用仓库可以存放 1000000 台笔记本电脑，其存放容量是转运仓库的 1000 倍。参照仓库的存放容量认识计算机存储器的存储容量。

【任务实施】

这里将计算机系统的主要性能指标与生产线的指标进行类比，便于读者理解计算机系统主要性能指标的含义和作用。

1. 主频

计算机的主频可以与生产线的节拍类比，生产线节拍越快，则单位时间内装配的产品越多；计算机的主频越高，则单位时间内能够处理的数据越多。

计算机的 CPU 执行每条指令是通过若干步微操作来完成的，这些操作是按时钟周期节拍来行动的。时钟周期的长短反映了计算机的运算速度。时钟周期的倒数即为时钟频率，时钟周期越短，也就是时钟频率越高，计算机的运算速度越快。

主频指计算机的时钟频率，通常以 MHz、GHz 为单位。时钟频率越高（时钟周期越短），表明 CPU 运算速度越快。

2. 字和字长

计算机的字长可以与生产线的开工条数类比，生产线的开工条数越多，则单位时间内装配的产品越多；计算机的字长越大，则单位时间内处理数据的能力越强。

计算机处理数据时，一次可以存取、传输、处理的数据长度称为一个"字"（Word），每个字中包含的二进制位数通常称为字长。一个字可以是一个字节，也可以是多个字节，它是计算机进行数据处理和运算的单位，是计算机性能的重要指标。常用的字长有 8 位、16 位、32 位、64 位等。如某一类计算机的字由 8 个字节组成，则字的长度为 64 位，相应的计算机称为 64 位机。

在计算机中，一般使用若干二进制位表示一个数据或一条指令。CPU 能够直接处理的二进制数据位数称为字长，字长体现了一条指令所能处理数据的能力，是 CPU 性能高低的一个重要标志。如 32 位机，一次运算可处理 32 位的二进制数据，可并行传输 32 位二进制数据。一般字长越大，CPU 可以同时处理的数据位数越多，计算精度越高，处理能力越强。

3. 运算速度

计算机的运算速度可以与生产线的装配速度类比，每台笔记本电脑的装配时间越短，同时开工的生产线条数越多，则单位时间内装配的产品数量越多。同样，计算机的字长越长，主频越高，则单位时间内处理数据的能力也就越强，即运算速度越快。

计算机的运算速度是衡量计算机性能的一项重要指标，它取决于指令执行时间。运算速度指计算机每秒钟所能执行的指令条数，一般以 MIPS（百万条指令/秒）为单位。

4. 存储容量

存储器的存储容量可以与仓库的存放容量类比，存储容量越大，表示存储能力越强。存储器的存储容量反映计算机记忆数据的能力，存储器的存储容量越大，计算机记忆的数据越多，计算机的存储能力也就越强。

存储容量指存储器中能够存储数据的总字节数，以字节为基本单位，常用单位有 MB、GB、TB 等。每个字节都有自己的编号，称为"地址"。如要访问存储器中的某个数据，就必须知道它的地址，然后按地址存入或取出数据。

为了度量数据存储容量，将 8 位二进制码（8bit）称为一个字节（Byte，简写为 B），字节是计算机中数据处理和存储容量的基本单位。1024 个字节称为 1 千字节，即 1KB（Kilobyte）；1024KB

称为 1 兆字节，即 1MB（Megabyte）；1024MB 称为 1 吉字节，即 1GB（Gigabyte）；1024GB
称为 1 太字节，即 1TB（Terabyte）。

存储容量基本单位之间的换算关系如下。

1B=8bit （1 个英文字符占用 1B，1 个汉字占用 2B）

1KB=1024B=2^{10}B

1MB=1024KB=2^{20}B

1GB=1024MB=2^{30}B

1TB=1024GB=2^{40}B

【任务 1-8】实施不同进制的数制转换

【任务描述】

①将十进制整数$(25)_{10}$转换成二进制整数。

②将十进制小数$(0.6875)_{10}$转换成二进制小数。

③将二进制数$(10110011.101)_2$转换成十进制数。

④将二进制数$(10110101110.11011)_2$转换成八进制数。

⑤将八进制数$(6237.431)_8$转换成二进制数。

⑥将二进制数$(101001010111.110110101)_2$和$(100101101011111)_2$转换成十六进制数。

⑦将十六进制数$(3AB.11)_{16}$转换成二进制数。

【任务实施】

1．十进制整数转换成二进制整数

将十进制整数$(25)_{10}$转换成二进制整数的方法如下。

余数

```
2 | 25
  2 | 12      1   二进制整数低位
    2 | 6     0
      2 | 3   0
        2 | 1 1
            0 1   二进制整数高位
```

于是，$(25)_{10} = (11001)_2$

将十进制整数 25 反复除以 2，直到商为 0，所得的余数（从末位读起）就是这个数的二进制
表示。

2．十进制小数转换成二进制小数

将十进制小数$(0.6875)_{10}$转换成二进制小数的方法如下。

```
0.6875
 ×）2
─────────────
1.3750        整数 = 1
0.3750
 ×）2
─────────────
0.7500        整数 = 0
```

$\times)\ 2$
_____
1.5000   整数 = 1

0.5000
$\times)\ 2$
_____
1.0000   整数 = 1

将十进制小数 0.6875 连续乘以 2，把每次所进位的整数按从上往下的顺序写出。

于是，$(0.6875)_{10} = (0.1011)_2$。

3．二进制数转换成十进制数

将二进制数$(10110011.101)_2$转换成十进制数的方法如下。

1×2^7 代表十进制数 128

0×2^6 代表十进制数 0

1×2^5 代表十进制数 32

1×2^4 代表十进制数 16

0×2^3 代表十进制数 0

0×2^2 代表十进制数 0

1×2^1 代表十进制数 2

1×2^0 代表十进制数 1

1×2^{-1} 代表十进制数 0.5

0×2^{-2} 代表十进制数 0

1×2^{-3} 代表十进制数 0.125

于是，$(10110011.101)_2 = 128 + 32 + 16 + 2 + 1 + 0.5 + 0.125 = (179.625)_{10}$。

4．二进制数转换成八进制数

将二进制数$(10110101110.11011)_2$转换成八进制数的方法如下。

010 110 101 110 ． 110 110

↓   ↓   ↓   ↓   ↓   ↓

2   6   5   6   ．   6   6

于是，$(10110101110.11011)_2 = (2656.66)_8$。

5．八进制数转换成二进制数

将八进制数$(6237.431)_8$转换成二进制数的方法如下。

6   2   3   7 ． 4   3   1

↓   ↓   ↓   ↓   ↓   ↓   ↓

110 010 011 111 ． 100 011 001

于是，$(6237.431)_8 = (110010011111.100011001)_2$。

6．二进制数转换成十六进制数

①将二进制数$(101001010111.110110101)_2$转换成十六进制数的方法如下。

1010 0101 0111 ． 1101 1010 1000

↓   ↓   ↓   ↓   ↓   ↓

A   5   7   ．   D   A   8

于是，$(101001010111.110110101)_2 = (A57.DA8)_{16}$。

②将二进制数$(100101101011111)_2$转换成十六进制数的方法如下。

0100 1011 0101 1111

↓　　↓　　↓　　↓

4　　B　　5　　F

于是，$(100101101011111)_2 = (4B5F)_{16}$。

7. 十六进制数转换成二进制数

将十六进制数$(3AB.11)_{16}$转换成二进制数的方法如下。

3　　A　　B　.1　　1

↓　　↓　　↓　　↓　　↓

0011 1010 1011 . 0001 0001

于是，$(3AB.11)_{16} = (1110101011.00010001)_2$。

1.2 正确使用计算机

计算机在人们的生活和工作中变得越来越重要，同时，计算机出现故障的种类也越来越多样，次数也越来越多。计算机系统主要由硬件系统和软件系统组成，不论是哪一个方面出现故障，都可能影响其正常工作。为了保证计算机能够正常运行，使用者必须正确使用计算机，减小故障率。

【任务 1-9】按正确顺序开机与关机

【任务描述】
①按正确的顺序开机。
②使用合适的方法重启计算机。
③按正确的顺序关机。

【任务实施】

1. 正确开机

开机是指给计算机接通电源，和其他常用家用电器的开机方法区别不大。计算机开机必须记住正确的顺序，即先打开显示器及其他外设电源，然后按下主机的"Power"按钮（即电源按钮），打开主机电源，等待计算机进行自检，自检完成后登录操作系统。

2. 重新启动计算机

计算机在使用过程中，在安装某些软件或硬件后，可能会需要重新启动。一般情况下，可以按照以下步骤重新启动计算机：在 Windows 7 桌面上单击任务栏中的"开始"按钮，在弹出的"开始"菜单中的"关闭"级联菜单中选择"重新启动"命令即可。

在使用计算机的过程中，影响其工作稳定性的因素很多，如果由于某种原因发生"死机"状况，可以按照以下方法重新启动计算机。

①在进入 Windows 操作系统之前，同时按住键盘上的"Ctrl"键、"Alt"键和"Delete"键，然后选择"重启"命令，计算机则会重新启动，这也称为热启动。

②在进入 Windows 操作系统之后，或热启动不成功的情况下，直接在主机箱上按下"Reset"按钮（即复位按钮）让计算机重新启动，也称硬启动，但有些主机箱上没有设置"Reset"按钮。

③如果前两种方法都没有让计算机重新启动，则可以按住主机箱上的"Power"按钮 5 秒以上，先关闭电源，等待约 10 秒以后，再启动计算机。

注意　开机、关机之间要等待一段时间，千万不要反复按开关，一般关机后需要等待 10 秒再
开机。

3．正确关机

使用计算机结束后，要及时关闭计算机，单击"开始"按钮，在弹出的"开始"菜单中选择"关机"命令，计算机就可以自动关机并切断电源。最后关闭显示器及其他外设的电源即可。

【任务 1-10】熟悉基本操作规范与正确使用计算机

【任务描述】

熟悉基本操作规范，正确使用计算机。

【任务实施】

使用计算机的基本操作规范如下。

①为计算机提供合适的工作环境。计算机的工作环境温度一般为 5℃～35℃，相对湿度一般为 20%～80%。

②正常开、关机。开机时先开显示器、打印机等外围设备，最后开主机；关机顺序正好相反，应先关主机电源，后关显示器、打印机等外围设备的电源。

③不能在计算机正常工作时搬动计算机，此时搬动计算机可能会损坏硬盘盘面，搬动计算机时应先关机；也不要频繁开、关计算机，两次开机时间至少间隔 10 秒。

④硬盘指示灯亮时，表示正对硬盘进行读/写操作，此时不要关闭电源，突然停电容易划伤磁盘及光盘，有时也会损坏磁头。

⑤除支持热插拔的 USB 接口设备外，不要在计算机工作时带电插拔各种接口设备和电缆线，否则容易烧毁接口卡或造成集成块损坏。不要用手摸主板上的集成电路和芯片，因为人体产生的静电会损坏芯片。

⑥显示器不要靠近强磁场，尽量避免强光直接照射到屏幕上，应保持屏幕的洁净，擦屏幕时应使用干燥、洁净的软布。

⑦不要用力拉鼠标线、键盘线或电源线等线缆。

⑧计算机专用电源插座上严禁使用其他电器，以避免接触不良或插头松动。

⑨显示器不要开得太亮，最好设置屏幕保护程序。

⑩注意防尘、防水、防静电，保持计算机的密封性和使用环境的清洁卫生。注意通风散热，要特别关注 CPU 风扇、主板风扇是否正常转动。

⑪使用计算机时养成良好的道德行为规范。随着计算机应用的日益普及，计算机犯罪对社会造成的危害也越来越严重。为了维护计算机系统的安全、保护知识产权、防止计算机病毒、打击计算机犯罪，在使用计算机时，应严格遵守国家有关法律法规，养成良好的道德行为规范。不利用计算机网络窃取国家机密，盗取他人密码，传播、复制色情内容等；不利用计算机所提供的方便，对他人进行人身攻击、诽谤和诬陷；不破坏别人的计算机系统资源；不制造和传播计算机病毒；不窃取别人的软件资源；不使用盗版软件。

1.3　维护与保养计算机

对于兼容机应先将购置的配件组装成计算机，然后按正确方法安装操作系统，如安装 Windows 7、Windows 10 等操作系统。由于教材篇幅的限制，本章不介绍计算机的组装步骤与操作系统的安装过程，如读者需要自行组装计算机和安装操作系统，请参考相关书籍完成。

【任务 1-11】维护与保养 CPU

【任务描述】

CPU 作为计算机的心脏，肩负着繁重的数据处理工作。从打开计算机一直到关闭，CPU 会一刻不停地运作，一旦不小心将 CPU 烧毁或损坏，整台计算机也就瘫痪了。因此对 CPU 的维护和保养显得尤为重要。

①维护与保养 CPU 应重点解决的问题有哪些？

②如何维护与保养 CPU？

【任务实施】

1. 维护与保养 CPU 应重点解决的问题

目前，为防止 CPU 烧毁，主流的处理器都具备过热保护功能，当 CPU 温度过高时会自动关闭计算机或降频。这一功能大大地降低了 CPU 故障的发生率，如果长时间让 CPU 工作在高温的环境下，将大大缩短 CPU 的使用寿命。

（1）要重点解决散热问题	（2）要选择合适的散热器
要保证计算机稳定运行，首先要解决散热问题。高温不仅是 CPU 的主要杀手，对于所有电子产品而言，工作时产生的高温如果无法快速降低，都将直接影响其使用寿命。CPU 在工作时产生的热量是相当可怕的，特别是一些高主频的 CPU 在工作时产生的热量更是高得惊人。因此，要使 CPU 更好地为人们服务，做好散热必不可少。CPU 的正常工作温度为 35℃～65℃，具体根据不同的 CPU 和不同的主频而定，因此要为 CPU 选择一款好的散热器。这不仅要求散热风扇质量足够好，而且要求产品的散热片材质好。 另外，还要保障机箱内外的空气流通顺畅，保证能够将机箱内部产生的热量及时带出去。散热工作做好了，可以减少一部分不明原因的死机。	通常情况下，盒装处理器所带的散热器大都能够满足此款产品散热的要求，但如果需要超频，就需要为 CPU 选择一款散热性能更好的散热器。如果 CPU 足够用，建议不要对其进行超频。另外，可以通过测速测温软件来实时监测 CPU 的温度与风扇的转速，以保证随时了解散热器的工作状态及 CPU 的温度。 为了解决 CPU 散热问题，选择一款好的散热器是十分重要的。不过在选择散热器的时候，也要根据自己计算机的实际情况，购买合适的散热器。不要一味地追求散热，而购买一些既大又重的"豪华"产品。这些产品虽然好用，但自身具有相当的重量，长时间使用不仅会造成散热器与 CPU 无法紧密接触，还容易将 CPU 脆弱的外壳压碎。
（3）要做好减压和避震工作	（4）要勤除灰尘和用好硅脂
在做好散热工作的同时，还要做好对 CPU 的减压与避震工作。在安装散热器时，要注意用力均匀，扣具的压力要适中，扣具安装必须正确。另外，现在风扇的转速可达 6000 转/分，这时就出现了共振的问题，长期如此，会造成 CPU 与散热器之间无法紧密结合、CPU 与 CPU 插座接触不良，解决的办法就是选择正规厂家出产的、转速适当的散热风扇。	灰尘要勤清除，不能让其积聚在 CPU 的表面，以免造成短路烧毁 CPU。硅脂在使用时涂薄薄一层就可以，过量的硅脂有可能会渗到 CPU 表面或插槽中，造成毁坏。硅脂在使用一段时间后会干燥，这时可以除净后再重新涂上。平时在保养 CPU 时要注意身体上的静电，特别在秋冬季节，可以先洗手或双手接触一会儿金属水管之类的导体，以保证安全。

2. 维护与保养 CPU

CPU 是计算机主机的核心所在，其性能直接影响着整机性能的发挥。经常对 CPU 进行维护和保养，可以使其保持良好的性能。维护与保养 CPU 主要包括给 CPU 更换硅脂、清洁 CPU 散热片和风扇等方面。在对 CPU 实施保养操作以前，应该注意释放人体所带静电，释放静电可以采用手接触地面或水管等金属物的方法。

（1）拆卸 CPU 风扇和散热器	（2）均匀涂抹硅脂
从主板上将 CPU 风扇电源拔下。 找到松开 CPU 散热器的开关，将散热器从 CPU 上取下。	准备好用于散热用的硅脂，将它均匀涂抹在散热器和 CPU 之间。硅脂可以较好地将 CPU 热量传递给散热器。

续表

（3）清除 CPU 风扇和散热器灰尘	（4）重新安装风扇和散热器
CPU 在使用了一段时间后，CPU 风扇和散热器上的灰尘会阻碍散热器散热性能的发挥，应定期对 CPU 风扇和散热器进行除尘工作。如果 CPU 使用时间不长，散热器不必单独清洁，用毛刷除尘即可。如果 CPU 使用时间较长，散热器和风扇上灰尘较多，一般需单独取下进行除尘。	将风扇和散热器取下，使用毛刷清除风扇叶片上的灰尘，最后把风扇安装到散热器上。检查 CPU 上的硅脂是否涂匀，并将散热器重新固定到 CPU 上即可。除尘完毕还可以为 CPU 的散热风扇加一些润滑油，这样可以使风扇运转得更顺畅，提高散热性能。

【任务 1-12】维护与保养硬盘

【任务描述】

计算机主机上的硬盘中往往存放着大量重要数据，如果硬盘出现故障，里面的数据就会丢失，带来不可估量的损失。所以，硬盘的保养和维护非常重要。

下面介绍如何维护与保养硬盘。

【任务实施】

（1）硬盘周围环境温度保持适宜	（2）注意防潮
由于硬盘内部的电机高速运转，再加上硬盘是密封的，如果周围环境温度太高，热量散不出，就会导致硬盘产生故障。而温度太低，又会影响硬盘的读写效果。因此，硬盘工作的温度要适宜，最好在 20℃～30℃。	如果计算机在使用过程中环境过于潮湿，会使硬盘绝缘电阻下降，造成计算机在使用过程中运行不稳定，严重时会使电子元件损坏或使某些部件不能正常工作。
（3）注意防静电	（4）注意防震动和撞击
硬盘中的集成电路对静电特别敏感，容易受静电感应而被击穿损坏，因此要注意防静电。由于人体常带静电，在安装或拆卸硬盘时，应注意不要用手触摸电路板或焊点。	如果在硬盘读写过程中发生较大的震动或撞击，可能会造成硬盘磁头和磁片撞击，导致硬盘产生坏道，造成硬盘数据丢失或硬盘损坏。
（5）注意防磁场干扰	（6）定期进行磁盘碎片整理
硬盘通过对盘片表面的磁层进行磁化来记录数据信息，如果硬盘靠近强磁场，有可能会导致所记录的数据遭受破坏。因此必须注意防磁，以免丢失数据。	要定期对磁盘进行碎片整理，避免因磁盘文件碎片的重复放置或垃圾文件过多而浪费硬盘空间，影响计算机运算速度。但磁盘碎片整理不宜过于频繁。
（7）定期备份数据	（8）预防硬盘感染计算机病毒
由于硬盘中保存了很多重要数据，因此要对硬盘中的数据进行定期备份。	要预防计算机病毒对硬盘的侵害，发现病毒要立即清除，以防止病毒损坏计算机硬盘。
（9）尽量少格式化硬盘	（10）避免强制关机
频繁格式化硬盘不但会导致硬盘上的全部数据丢失，而且会缩短硬盘的使用寿命。	如果硬盘工作时突然关闭电源，可能会因硬盘磁头和磁盘头剧烈摩擦导致硬盘损坏。

【任务 1-13】维护与保养显示器

【任务描述】

对于经常与计算机打交道的人来说，显示器就像是计算机的"脸"，如果每天面对的是一个色彩柔和、清新亮丽的"笑脸"，在它身边工作一定特别有劲头，工作效率也会提高。目前常用的显示器是液晶显示器，因为液晶显示器具有可视面积大、画质精细、节能等优点。但液晶显示器的屏幕十分脆弱，要经常进行维护与保养。

下面介绍如何维护与保养液晶显示器。

【任务实施】

（1）避免显示器内部元件烧坏	（2）注意防潮
如果长时间不用，一定要关闭显示器，或者降低显示器的亮度，避免内部元件老化或烧坏。	如果长时间不用显示器，可以定期让其通电工作一段时间，让显示器工作时产生的热量将潮气蒸发掉。
（3）避免冲击显示屏	（4）养成良好的工作习惯
液晶显示器屏幕十分脆弱，剧烈的移动或者震动有可能损坏显示屏，因此要避免强烈的冲击和震动，不要对液晶显示器表面施加压力。	不良的工作习惯也会损害液晶显示器的"健康"。例如，一边工作，一边喝着茶、咖啡或者牛奶，可能造成液体飞溅而危及显示器。
（5）保持干燥的工作环境	（6）定时清洁显示屏
液晶显示器应在一个相对干燥的环境中工作，特别是不能让潮气进入显示器的内部。建议准备一些干燥剂，保持显示器周围环境的干燥；或者准备一块干净的软布，随时擦拭以保持显示屏的干燥。如果水分已经进入液晶显示器内部，就需要将显示器放置到干燥的地方，让水分慢慢地蒸发掉，此时千万不要贸然打开电源，否则显示器的液晶电极会被腐蚀掉。	由于灰尘等不洁物质，液晶显示器的显示屏上经常会出现一些难看的污迹，因此要定时清洁显示屏。如果发现显示屏上面有污渍，正确的清理方法是用沾有少许清洁剂的软布轻轻地把污渍擦去，擦拭时力度要轻，否则显示器屏幕会因此而短路损坏。清洁显示屏还要保持适当的频率，过于频繁地清洁显示屏也是不对的，那样同样会对显示屏造成一些不良影响。

【任务 1-14】保养笔记本电脑

【任务描述】

①熟悉使用笔记本电脑的注意事项。

②了解笔记本电脑部件的保养方法。

【任务实施】

1．熟悉使用笔记本电脑的注意事项

①不要将液体滴洒到笔记本电脑上。	⑥不要把笔记本电脑与尖锐物品放置在一起。
②不要让液晶屏接触不洁物。	⑦不要堵塞笔记本电脑散热口。
③不要强行用力插拔硬件。	⑧不要在非授权的机构修理笔记本电脑。
④不要让液晶屏正面或背面承受压力。	⑨不要在温度过高或过低的环境中使用笔记本电脑。
⑤不要让笔记本电脑承受突然的震动或强烈撞击。	⑩应妥善备份驱动程序。

2．了解笔记本电脑部件的保养方法

（1）笔记本电脑外壳的保养方法	（2）笔记本电脑硬盘的保养方法
①防止笔记本电脑外壳磨损和划伤。 ②清洁笔记本电脑外壳的污渍。 笔记本电脑外壳很容易聚集指纹、灰尘等污渍，可以采用不同的手段来清理这些污渍，普通污渍使用柔软纸巾加少量清水清洁即可；指纹、汗渍、饮料痕迹、圆珠笔痕迹可以用专用清洁剂进行清洁。	①尽量在平稳的状况下使用笔记本电脑，避免在容易晃动的地点操作。 ②开关机过程是硬盘最脆弱的时候，此时硬盘轴承转速尚未稳定，若产生震动，则容易造成坏轨。建议关机后等待10 秒左右再移动笔记本电脑。 ③平均每月进行一次磁盘扫描及碎片整理，以增进磁盘存取效率。
（3）液晶显示屏的保养方法	（4）笔记本电脑电池的保养方法
①不要用力盖上显示屏上盖或者放置任何异物在键盘及显示屏之间，避免上盖因重压而导致内部组件损坏。 ②长时间不使用笔记本电脑时，可使用键盘上的功能键暂时将液晶显示屏电源关闭，除了省电外，也可延长屏幕寿命。 ③不要用指甲及尖锐的物品碰触屏幕表面，以免刮伤屏幕。	①减少电池的使用。 ②不在电源供电情况下使用电池。笔记本电脑在使用交流电工作时，尽量将电池取下，这样可以避免电池频繁放电和充电。 ③新电池需要激活操作，提高电池带电能力。

续表

（3）液晶显示屏的保养方法	（4）笔记本电脑电池的保养方法
④液晶显示屏表面会因静电而吸附灰尘，建议购买液晶显示屏专用擦拭布来清洁屏幕，不要用手指擦拭以免留下指纹，并请轻轻擦拭。 ⑤不要使用化学清洁剂擦拭屏幕。	④使用放电方法改善电池记忆能力，建议平均 3 个月进行一次电池电力校正的操作。 ⑤室温（20℃～30℃）为电池最适宜的工作温度，温度过高或过低将缩短电池的使用时间。
（5）笔记本电脑键盘的保养方法	（6）笔记本电脑触控板的保养方法
①键盘上积聚大量灰尘时，可用小毛刷来清洁缝隙，或是使用掌上型吸尘器来清除键盘上的灰尘。 ②清洁键盘表面时，可用软布蘸取少许清洁剂，在关机的情况下轻轻擦拭键盘表面。 ③尽量不要留长指甲，以免长期操作刮坏键盘。	①使用触控板时应保持双手清洁，以免发生鼠标指针乱跑现象。 ②不小心弄脏触控板表面时，可用干布蘸少许水轻轻擦拭触控板表面，请勿使用粗糙布等物品擦拭表面。 ③触控板是感应式精密电子组件，请勿使用尖锐物品在触控板上书写，亦不可重压使用，以免造成损坏。

【习题】

1. 下列设备不属于 CPU 组成部分的是（　　）。
   A. 运算器　　　　B. 控制器　　　　C. 缓存　　　　D. 内存储器

2. PC 是指（　　）。
   A. 计算机　　　　B. 微型计算机　　C. 个人计算机　　D. 笔记本电脑

3. CPU 的中文含义是（　　）。
   A. 主机　　　　　B. 逻辑部件　　　C. 中央处理器　　D. 控制器

4. 下列设备中，属于微型计算机系统默认的必不可少的输出设备的是（　　）。
   A. 打印机　　　　B. 键盘　　　　　C. 显示器　　　　D. 鼠标

5. 以下设备中，只能作为输出设备的是（　　）。
   A. 键盘　　　　　B. 打印机　　　　C. 鼠标　　　　　D. 光驱

6. 防止 U 盘感染计算机病毒的一种有效的办法是（　　）。
   A. 对 U 盘加上写保护　　　　　　　B. 使 U 盘远离磁场
   C. 定期对 U 盘格式化　　　　　　　D. 不与已感染计算机病毒的 U 盘放置在一起

7. 某单位的财务管理软件属于（　　）。
   A. 工具软件　　　B. 系统软件　　　C. 编辑软件　　　D. 应用软件

8. 计算机中的 CPU 由（　　）。
   A. 内存储器和外存储器组成　　　　B. 微处理器和内存储器组成
   C. 运算器和控制器组成　　　　　　D. 运算器和寄存器组成

9. 计算机硬件系统中核心的部件是（　　）。
   A. 存储器　　　　　　　　　　　　B. 输入/输出设备
   C. CPU　　　　　　　　　　　　　D. UPS

10. 一个完整的微型计算机系统由（　　）组成。
    A. 硬件系统和软件系统　　　　　　B. 主机和显示器
    C. 主机、显示器和音箱　　　　　　D. 硬件系统和操作系统

模块2
配置与使用Windows 7

02

操作系统控制着计算机硬件的工作，管理着计算机系统的各种资源，并为系统中各个程序的正常运行提供服务。Windows 7 广泛应用于家庭及商业环境中的台式机、笔记本电脑、平板电脑等设备，与以往版本的 Windows 操作系统相比，它在性能、易用性和安全性等方面都有了明显的提升，为用户计算机的安全、高效运行提供了保障。

Windows 7 是微软公司于 2009 年正式发布的操作系统，其核心版本号为 Windows NT 6.1，与 Windows Server 2008 R2 使用了相同的内核。Windows 7 是一种多任务的图形界面操作系统，它集 Windows 前期版本的优秀性能于一体，系统响应速度更快，简化了桌面操作方式，具有友好的用户界面、强大的搜索功能和更好的设备管理模式。Windows 7 将明亮、鲜艳的外观与简单易用的设计有机结合，不但使用更加成熟的技术，而且桌面风格清新、明快，给用户以良好的视觉享受。

> **说明** 本模块所有操作的截图都在 Windows 7 旗舰版中完成，如果使用 Windows 7 的其他版本，如 Windows 7 家庭普通版，有些界面可能会有所不同。

2.1 认识操作系统

操作系统控制和管理着整个计算机系统的硬件和软件资源，并合理地组织调度计算机工作和资源分配，以提供给用户和其他软件方便的接口和环境。它是计算机系统中最基本的系统软件。

2.1.1 操作系统的基本概念

操作系统（Operation System，OS）是管理计算机硬件与软件资源的计算机程序，同时也是计算机系统的内核和基石。操作系统需要处理如管理与配置内存、决定系统资源供需的优先次序、控制输入设备与输出设备、操作网络与管理文件系统等基本事务。操作系统也提供了一个用户与系统交互的界面。

在计算机中，操作系统是其最基本、也是最重要的基础性系统软件。从计算机用户的角度来说，计算机操作系统体现为其提供的各项服务；从程序员的角度来说，其主要是指用户登录的界面或者接口；从设计人员的角度来说，就是指各式各样的模块和单元之间的联系。事实上，全新操作系统的设计和改良的关键工作就是对体系结构的设计。经过几十年的发展，计算机操作系统已经由一开始的简单控制循环体发展成为复杂的分布式操作系统，再加上计算机用户需求的多样化，计算机操作系统已经成为既复杂又庞大的计算机系统软件之一。

2.1.2 操作系统的作用与功能

操作系统是配置在计算机硬件上的第一层软件，是对硬件系统的首次扩充，其作用主要包括控制和管理计算机的全部硬件和软件资源，合理组织内部各部件协调工作和调度资源合理分配，为用户和其他软件提供方便的接口和环境。

　　计算机的操作系统对于计算机是十分重要的，首先，从使用者的角度来说，操作系统可以对计算机系统的各项资源板块开展调度工作，其中包括软/硬件设备、数据信息等，运用计算机操作系统可以减轻人工资源分配的工作强度，使用者对于计算的操作干预程度减小，计算机的智能化工作效率就可以得到很大的提升。其次，在资源管理方面，如果由多个用户共同管理一个计算机系统，那么可能就会有冲突和矛盾存在于两个使用者的信息共享当中。为了更加合理地分配计算机的各个资源板块，协调计算机系统的各个组成部分，就需要充分发挥计算机操作系统的职能，对各个资源板块的使用效率和使用程度进行优化调整，使各个用户的需求都能够得到满足。最后，操作系统在计算机程序的辅助下，可以抽象处理计算系统资源提供的各项基础职能，以可视化的手段来向使用者展示操作系统功能，降低计算机的使用难度。

电子活页 2-1

操作系统的作用
与功能

> **提示** 扫描二维码，熟悉电子活页中的内容。了解操作系统的作用与功能。

2.1.3　操作系统分类

　　计算机的操作系统可以根据不同的用途分为不同的类型。根据操作系统的功能及作业处理方式可以分为实时系统、分时系统、批处理系统、通用操作系统、网络操作系统、分布式操作系统、嵌入式操作系统等，这些不同类型操作系统的说明见电子活页。

电子活页 2-2

操作系统分类

　　根据操作系统支持的用户数和任务，可以分为单用户单任务操作系统、单用户多任务操作系统、多用户多任务操作系统。这种分类下的操作系统很容易区分，是根据操作系统能被多少个用户使用及每次能运行多少程序来进行区分的。

　　PC 机中运行的操作系统主要分为 Windows、UNIX、Linux、mac OS，手机中运行的操作系统主要分为 Android、iOS。

2.1.4　Windows 操作系统常用术语

电子活页 2-3

Windows 操作系
统常用术语

　　扫描二维码，熟悉电子活页中的内容。熟悉计算机窗口、硬盘分区和盘符、库、文件夹和文件、路径、磁盘格式化等 Windows 操作系统的常用术语。

2.2　Windows 7 基本操作

电子活页 2-4

启动与退出
Windows 7

　　Windows 7 基本操作主要包括启动与退出 Windows、鼠标基本操作、键盘基本操作、桌面基本操作、任务栏基本操作、"开始"菜单基本操作、"资源管理器"窗口基本操作、"资源管理器"窗口菜单基本操作、对话框基本操作、获取帮助信息、"控制面板"窗口基本操作等多项。

2.2.1 启动与退出 Windows 7

【操作 2-1】启动与退出 Windows 7

扫描二维码，熟悉电子活页中的内容。完成启动 Windows 7、认识 Windows 7 的桌面元素、注销 Windows 7、退出 Windows 7 等操作。

2.2.2 鼠标基本操作

电子活页 2-5

鼠标基本操作

键盘和鼠标是最常用的输入设备，在图形方式下，鼠标比键盘操作更方便。

【操作 2-2】鼠标基本操作

扫描二维码，熟悉电子活页中的内容。启动 Windows 7，在 Windows 7 桌面针对"回收站"完成移动鼠标指针、单击鼠标左键、单击鼠标右键、双击鼠标左键、拖曳鼠标等操作。

2.2.3 键盘基本操作

键盘主要用于输入文字和字符，也可以代替鼠标完成某些操作。

①按"Print Screen"键，复制整个屏幕内容。

如果要将屏幕上显示的内容保存下来，可以按"Print Screen"键将整个屏幕画面复制到剪贴板中，或者按"Alt+Print Screen"组合键将屏幕当前窗口画面复制到剪贴板中，然后从剪贴板中粘贴到目标文件中即可。

> **说明** 剪贴板是 Windows 操作系统中的内存缓冲区，用于各种应用程序、文档之间的数据传输，利用剪贴板可以实现文件或数据的复制和移动、保存屏幕信息等操作。

②首先在任务栏的快捷操作区单击 按钮打开"计算机"窗口，然后双击桌面的"回收站"图标打开"回收站"窗口，再按"Alt+Tab"组合键实现两个窗口之间的切换。

2.2.4 桌面基本操作

电子活页 2-6

桌面基本操作

【操作 2-3】桌面基本操作

扫描二维码，熟悉电子活页中的内容。启动 Windows 7，在 Windows 7 桌面完成排列桌面图标、在桌面上创建快捷方式、利用桌面图标运行程序、删除桌面图标等操作。

2.2.5 任务栏基本操作

在 Windows 7 操作系统中，打开的应用程序和文件夹或文件，在任务栏都有对应的按钮，并且按钮上显示已打开程序的图标。

【操作 2-4】任务栏基本操作

电子活页 2-7

任务栏基本操作

扫描二维码，熟悉电子活页中的内容。启动 Windows 7，认识 Windows 7 任务栏的基本组成，并在 Windows 7 桌面完成使用任务栏切换应用程序、调整任务栏的大小和位置、调整任务栏中显示的内容、将常用程序锁定到任务栏、通过任务栏的通知区域打开图标和查看相关信息、通过任务栏显示桌面等操作。

2.2.6 "开始"菜单基本操作

【操作 2-5】"开始"菜单基本操作

电子活页 2-8

"开始"菜单基本操作

扫描二维码，熟悉电子活页中的内容。启动 Windows 7，在 Windows 7 桌面完成打开"开始"菜单、关闭"开始"菜单等操作，并认识"开始"菜单的组成及功用。

2.2.7 "资源管理器"窗口基本操作

窗口是运行 Windows 应用程序时，系统为用户在桌面上开辟的一个矩形工作区域。

1. 窗口的基本组成

打开图 2-1 所示的"库"窗口和图 2-2 所示的"记事本"窗口。

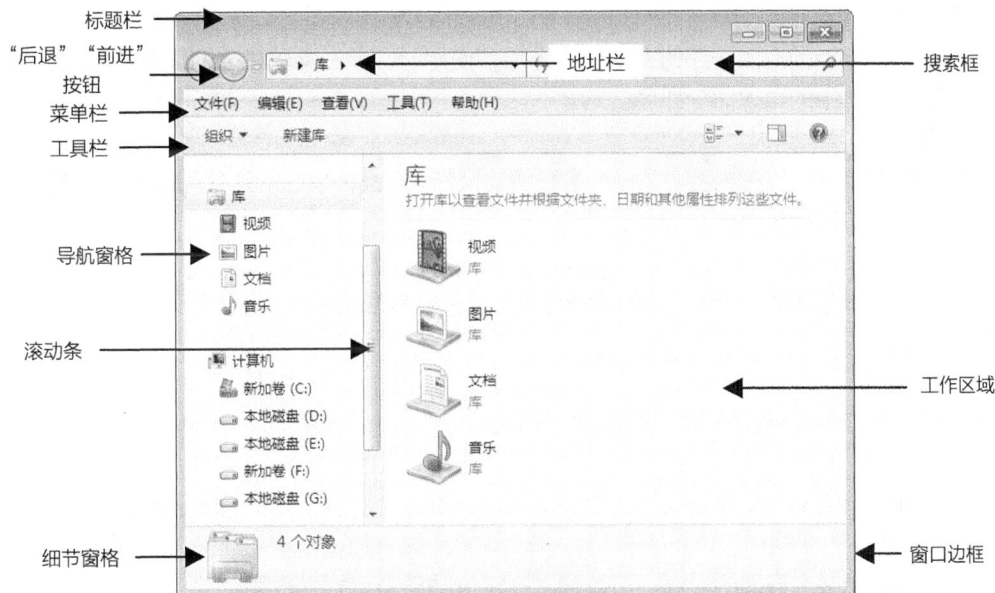

图 2-1 "库"窗口

Windows 的各种窗口组成元素大同小异，一般的应用程序窗口由标题栏、"后退""前进"按钮、地址栏、搜索框、菜单栏、工具栏、导航窗格、工作区域、细节窗格、滚动条、窗口边框等部分组成。

（1）标题栏

以图 2-2 所示的"记事本"窗口为例，标题栏通常位于窗口的顶端，从左至右分别是控制菜单图标、窗口标题、"最小化"按钮 ▬ 、"最大化"按钮 □ （或者"还原"按钮 ▭ ）、"关闭"按钮 ✕ 。单击控制菜单图标，弹出图 2-3 所示的控制菜单，选择其中的菜单选项可以完成对窗口的最大化、最小化、还原、移动、改变大小和关闭等操作。

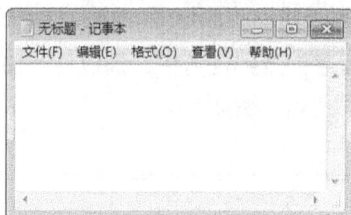

图 2-2 "记事本"窗口

图 2-3 控制菜单

（2）"后退""前进"按钮

"后退""前进"按钮用于快速访问上一个和下一个浏览的位置。单击"前进"按钮右侧的小箭头，可以显示浏览列表，以便快速定位。

（3）地址栏

显示了当前访问位置的完整路径，路径中的每个文件夹节点都会显示为按钮。单击按钮即可快速跳转到对应的文件夹。在每个文件夹按钮的右侧，还有一个箭头按钮，单击该按钮可以列出该按钮位置下的所有文件夹。

（4）搜索框

在搜索框中输入关键字后，即可在当前位置使用关键字进行搜索。

（5）菜单栏

菜单栏用于提供当前应用程序的各种操作选项，使用时，单击菜单栏上的菜单选项，会弹出下拉菜单，然后选择其中的菜单命令即可。

（6）工具栏

用于自动感知当前位置的内容，并提供最贴切的操作，以图标按钮的形式列出若干个常用命令，使用时单击按钮即可执行相关的命令。

（7）导航窗格

导航窗格以树形结构列出了一些常见位置，根据不同位置的类型，显示了多个节点，每个子节点可以展开或折叠。

（8）工作区域

工作区域是窗口中显示或处理工作对象的区域。

（9）细节窗格

在工作区域中单击某个文件或文件夹后，细节窗格中就会显示该对象的属性信息。

（10）滚动条

当窗口无法显示整个界面的时候，可以通过拖曳滚动条显示剩余界面。

（11）窗口边框

窗口边框即窗口的边界线，用以调整窗口的大小。

2. 窗口基本操作

窗口是用户进行工作的重要区域，用户必须熟悉窗口的基本操作。

电子活页 2-9

窗口基本操作

【操作 2-6】窗口基本操作

扫描二维码，熟悉电子活页中的内容。启动 Windows 7，完成打开窗口、移动窗口、调整窗口大小、最小化窗口、最大化窗口、还原窗口、切换窗口、关闭窗口等操作。

2.2.8 "资源管理器"窗口菜单基本操作

菜单是 Windows 7 操作系统中命令的集合，常见的菜单有下拉菜单、控制菜单、快捷菜单等多种形式。菜单栏中的各个菜单包含多个不同的命令，可以完成相应的功能，有效地利用各种菜单，可以提高工作效率。

在任务栏的快捷操作区单击 按钮打开"计算机"窗口，然后查看该窗口的"文件"菜单和"查看"菜单的下拉菜单。

1. Windows 7 的菜单类型

（1）下拉菜单

在窗口单击某个菜单即可打开相应的下拉菜单，图 2-4 所示为"计算机"窗口的"文件"下拉菜单。

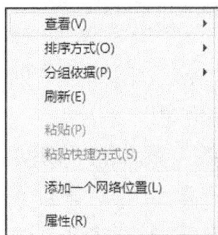

> **提示** 使用键盘也可以打开下拉菜单，按"Alt"键或"F10"键，菜单变为突出显示，使用"→"或"←"键可以切换突出显示的菜单，按"↑"或"↓"键即可打开相应菜单的下拉菜单，有些应用程序窗口，按"Enter"键也可以打开相应菜单的下拉菜单。按"Alt+字母（菜单右侧括号中的字母）"组合键，则可以打开对应菜单的下拉菜单。

（2）快捷菜单

在操作对象上单击鼠标右键，可以在窗口中或桌面上弹出与操作对象相关的快捷菜单。例如，在"计算机"窗口空白处单击鼠标右键，会弹出"计算机"窗口的快捷菜单，如图 2-5 所示。

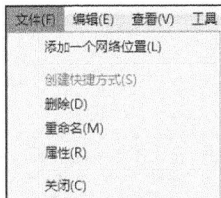

图 2-4 "计算机"窗口的"文件"下拉菜单

图 2-5 "计算机"窗口的快捷菜单

（3）控制菜单

控制菜单位于窗口的左上角，单击控制菜单图标，可以打开控制菜单。

2. Windows 7 菜单基本操作

电子活页 2-10

Windows 7 菜单
基本操作

【操作 2-7】Windows 7 菜单基本操作

扫描二维码，熟悉电子活页中的内容。启动 Windows 7，完成打开下拉菜单、打开快捷菜单、执行菜单命令、关闭菜单等操作。

3. Windows 7 菜单的约定

①下拉菜单的分隔线。下拉菜单中使用"————"对菜单命令进行分组。

②菜单命令左侧带有选中标记"√"，表示该命令当前处于选中状态。

③菜单命令左侧带有选中标记"●"，表示一组选项中只能单选。

④菜单命令右侧带有省略标记"..."，表示选择该命令会打开相应的对话框。

⑤菜单命令右侧带有三角形标记"▶"，表示该菜单项有级联菜单。图 2-6 所示为"计算机"窗口中"查看"菜单的下拉菜单，其中"转至"菜单项就包含下级子菜单。

⑥菜单项的文字呈现灰色，如 复制(C) Ctrl+C ，表示该菜单命令当前不可用。

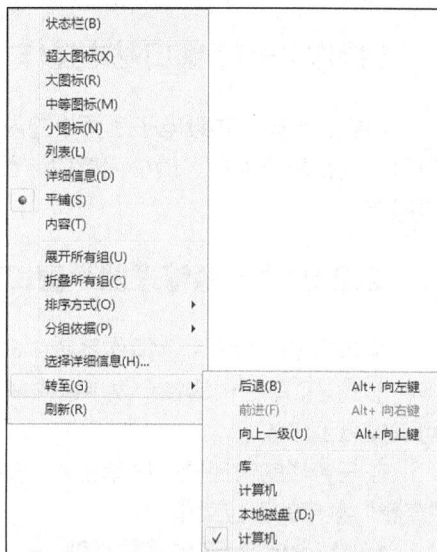

图 2-6 "查看"菜单的下拉菜单

2.2.9 对话框基本操作

对话框是用于显示系统信息和输入数据的窗口，是用户与系统交流信息的场所。对话框的位置可以移动，但大小一般固定，不能改变，也没有菜单栏。

电子活页 2-11

对话框基本操作

【操作 2-8】对话框基本操作

扫描二维码，熟悉电子活页中的内容。启动 Windows 7，完成打开"文件服务与输入语言"对话框、在 Word 窗口打开"字体"对话框等操作，并认识对话框的基本组成。

2.2.10 获取帮助信息

在使用 Windows 7 的过程中如果遇到问题，可以采用以下方法获取帮助信息。

1. 使用"开始"菜单的"帮助和支持"菜单项

选择"开始"菜单的"帮助和支持"菜单项，打开"Windows 帮助和支持"窗口，在该窗口的搜索文本框中输入"任务栏"关键字，然后单击"搜索"按钮，搜索有关"任务栏"的结果，如图 2-7 所示。

2. 使用应用程序的"帮助"菜单

应用程序的"帮助"菜单提供了多个帮助选项，可以根据实际需要选择合适的方法，获取所需要的帮助信息。

3. 使用"F1"功能键

在打开的窗口中按功能键"F1"，可以提供当前窗口的

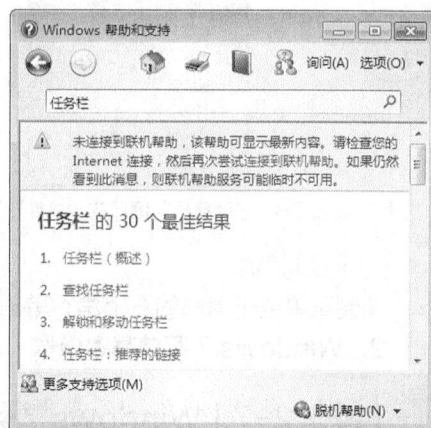

图 2-7 搜索有关"任务栏"的结果

帮助信息。使用时，会在屏幕上弹出对话框，按对话框提示进行相关操作即可获取帮助信息。

2.2.11 "控制面板"窗口基本操作

电子活页 2-12

"控制面板"窗口
基本操作

【操作 2-9】"控制面板"窗口的基本操作

控制面板是配置系统环境的工具。扫描二维码，熟悉电子活页中的内容。启动 Windows 7，完成打开"控制面板"窗口、改变"控制面板"窗口的查看方式等操作。

2.3 配置 Windows 7 系统环境

在 Windows 7 中，用户可以根据实际需要配置系统环境，如设置显示属性、设置键盘和鼠标属性、设置日期和时间属性、设置输入法属性、设置网络属性等。可以通过"控制面板"窗口对系统环境进行必要的配置。

【操作 2-10】定制与优化桌面外观

"桌面"是用户和计算机进行交流的界面，Windows 7 桌面有着更加漂亮的画面、更加个性化的设置和更为强大的管理功能。可以根据需要在桌面存放经常用到的应用程序和文件夹图标，并添加各种快捷图标，使用时双击图标即可快速启动相应的程序或打开文件。

电子活页 2-13

定制与优化桌面
外观

Windows 7 提供了强大的自定义显示属性功能，用户可以根据自己的喜好和需求对系统的显示属性进行个性化的设置，使桌面外观更加轻松，更显个性。

扫描二维码，熟悉电子活页中的内容。在 Windows 7 中完成设置主题、添加与更改桌面图标、设置桌面背景等操作。

电子活页 2-14

设置个性化任务栏

【操作 2-11】设置个性化任务栏

扫描二维码，熟悉电子活页中的内容。在 Windows 7 中完成锁定与解锁任务栏、隐藏或显示任务栏、将任务栏中的程序图标设置为小图标、更改任务栏在屏幕中的位置、更改任务栏按钮的合并方式、合理设置任务栏通知区域等操作。

【操作 2-12】设置个性化"开始"菜单

电子活页 2-15

设置个性化
"开始"菜单

扫描二维码，熟悉电子活页中的内容。在 Windows 7 中完成使用和设置"开始"菜单中的跳转列表、设置"开始"菜单中打开的程序和跳转列表、自定义"开始"菜单的右窗格、调整最近打开程序的数目、将"运行""最近使用的项目"菜单项添加到"开始"菜单中等操作。

【操作 2-13】设置显示器外观

电子活页 2-16

设置显示器外观

扫描二维码，熟悉电子活页中的内容。在 Windows 7 中完成调整屏幕分辨率、设置屏幕刷新频率和颜色质量、设置屏幕保护等操作。

电子活页 2-17

设置窗口颜色和外观

【操作 2-14】设置窗口颜色和外观

Windows 的外观包括窗口、对话框、按钮的外观样式、颜色、字体等方面。用户可以根据自己的喜好自定义 Windows 的外观。

扫描二维码，熟悉电子活页中的内容。在 Windows 7 中完成设置"Aero 主题"的窗口颜色和外观、设置"基本和高对比度主题"的窗口颜色和外观等操作。

电子活页 2-18

设置网络连接属性

【操作 2-15】设置网络连接属性

扫描二维码，熟悉电子活页中的内容。在 Windows 7 中完成网络连接属性的设置。

电子活页 2-19

为 Windows 7 设置默认程序

【操作 2-16】为 Windows 7 设置默认程序

Windows 7 已经自带了很多程序，可以满足用户的普通需要，如绘图可以使用"画图"程序。通过设置默认程序的属性，能够对这些选项进行调整。

扫描二维码，熟悉电子活页中的内容。完成打开"默认程序"窗口、为 Windows 7 设置默认程序、更改"自动播放"设置等操作。

电子活页 2-20

添加与删除 Windows 7 的功能

【操作 2-17】添加与删除 Windows 7 的功能

扫描二维码，熟悉电子活页中的内容。完成添加与删除 Windows 7 的功能的操作。

【操作 2-18】设置计算机系统属性

扫描二维码，熟悉电子活页中的内容。在 Windows 7 中完成查看有关计算机的基本信息、设置虚拟内存等操作。

电子活页 2-21

设置计算机系统属性

虚拟内存是物理磁盘上的部分硬盘空间，用于模拟内存、优化系统性能。虚拟内存以文件形式存放在硬盘驱动器上，也称为"页面文件"，用于存放不能装入物理内存的程序和数据。默认情况下，Windows 7 可以自动分配管理虚拟内存，根据实际内存的使用情况，动态调整虚拟内存的大小。

提示 设置虚拟内存的基本原则如下。
①将虚拟内存值设置为物理内存的 2.5 倍。
②设置虚拟内存之前进行磁盘检查和磁盘碎片整理。
③将虚拟内存从系统分区移动到其他分区。
④将虚拟内存的初始大小和最大值设置为相同。

2.4　管理文件夹和文件

操作系统的重要作用之一就是管理计算机中的各种资源，Windows 7 提供了多种管理资源的工具，利用这些工具可以很好地管理计算机中的各种软/硬件系统资源。

在 Windows 7 中，管理系统资源的主要工具是"计算机""库"窗口，系统资源主要包括磁盘（驱动器）、文件夹、文件，以及其他系统资源。文件夹和文件都存储在计算机的磁盘中。文件夹是系统组织和管理文件的一种形式，是为方便查找、维护和存储文件而设置的，可以将文件分类存放在不同的文件夹中，在文件夹中可以存放各种类型的文件和子文件夹。文件是赋予了名称并存储在磁盘上的数据的集合，它可以是用户创建的文档、图片、声音、动画等，也可以是可执行的应用程序。

电子活页 2-22

浏览文件夹和文件

【操作 2-19】浏览文件夹和文件

扫描二维码，熟悉电子活页中的内容。在 Windows 7 中完成打开"计算机"窗口，查看文件夹和文件的多种显示形式，体验文件夹和文件的多种排列方式，展开和折叠文件夹，选择文件夹和文件，打开文件夹、文件或应用程序等操作。

微课视频

【任务 2-1】新建文件夹和文件

【任务描述】

①在计算机的 D 盘的根目录中新建一个文件夹"网上资源"，在该文件夹中分别建立 3 个子文件夹"文本""图片""动画"。

②在已创建的文件夹"文本"中创建一个文本文档"网址.txt"。

③将文件夹"动画"重命名为"Flash 动画"，将文件"网址.txt"重命名为"工具软件下载的网址.txt"。

【任务 2-1】新建文件夹和文件

【任务实施】

1. 新建文件夹

使用窗口的菜单命令新建文件夹。

打开"计算机"窗口，选定新建文件夹所在的 D 盘，在"文件"菜单中选择"新建"级联菜单下的"文件夹"命令，如图 2-8 所示。

系统创建一个默认名称为"新建文件夹"的文件夹，输入文件夹的名称"网上资源"，按"Enter"键，也可以在窗口空白处单击，这样一个新文件夹便创建完成了。

在"计算机"窗口中，打开新建文件夹"网上资源"，在"计算机"窗口工作区域的空白处单击鼠标右键，在弹出的快捷菜单中选择"新建"菜单项，在其级联菜单中选择"文件夹"命令，系统自动创建一个文件夹，输入名称"文本"，然后按"Enter"键即可。

以类似方法在文件夹"网上资源"中创建另外两个子文件夹"图片""动画"。

2. 新建文件

使用窗口的菜单命令和快捷菜单命令都可以新建各种类型的文件，窗口的菜单命令如图 2-8 所示，可以创建 Word 文档、Excel 工作表、文本文档等。这里介绍使用快捷菜单命令新建文件的方法。

在"计算机"窗口或桌面的空白处单击鼠标右键，在弹出的快捷菜单中选择"新建"级联菜单，

在其子菜单中选择"文本文档"命令，如图 2-9 所示。系统创建一个文本文档，输入新文件的名称"网址"，然后按"Enter"键或者在窗口空白处单击，这样一个新文件便创建完成了。

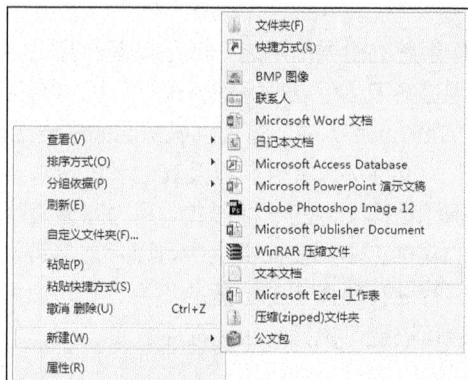

图 2-8　选择菜单命令　　　　　　图 2-9　在快捷菜单中选择"文本文档"命令

创建完成多个文件夹和一个文本文档，如图 2-10 所示。

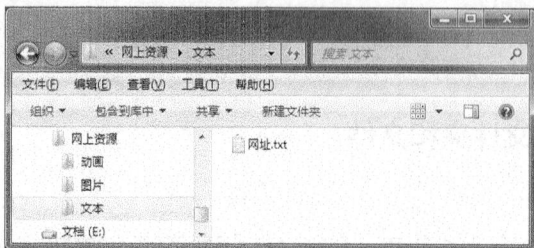

图 2-10　创建完成多个文件夹和一个文本文档

3. 重命名文件夹和文件

（1）使用快捷菜单命令重命名"动画"文件夹

在"计算机"窗口或者桌面中，在待重命名的"动画"文件夹上单击鼠标右键，在弹出的快捷菜单中选择"重命名"命令，然后输入新的名称"Flash 动画"，按"Enter"键即可。

（2）使用窗口菜单或工具栏命令重命名"网址"文件

在窗口中，选中待重命名的文件"网址.txt"，然后选择"文件"菜单中的"重命名"命令或者选择工具栏中"组织"下拉菜单中的"重命名"命令，再输入新的名称"工具软件下载的网址"，按"Enter"键即可。

提示　除上述两种操作方法外，还可以使用鼠标重命名文件夹和文件。在窗口中单击选中待重命名的文件夹或文件，然后再次单击选定的文件夹或文件，在原有名称处显示文本框和光标，在文本框中输入新的名称，按"Enter"键即可。

微课视频

【任务 2-2】复制与移动文件夹和文件

【任务 2-2】复制与
移动文件夹和文件

【任务 2-2】复制与移动文件夹和文件

【任务描述】

①将图片"九寨沟.jpg""香格里拉.jpg"从文件夹"备用资源"中复制到文件

夹"网上资源"的子文件夹"图片"中。

②将 Flash 动画"01.swf""02.swf"从文件夹"备用资源"中移动到文件夹"网上资源"的子文件夹"Flash 动画"中。

【任务实施】

1. 复制文件夹和文件

复制文件夹和文件是指将选中的文件夹和文件从一个位置复制到另外一个位置。复制完成后，文件夹和文件会在原先的位置和新的位置同时存在。

（1）使用快捷菜单命令复制图片"九寨沟"

选中文件夹"备用资源"中的图片文件"九寨沟"，单击鼠标右键，在弹出的快捷菜单中选择"复制"命令；然后在目标文件夹"图片"的空白处单击鼠标右键，在弹出的快捷菜单中选择"粘贴"命令，如图 2-11 所示，即可将文件复制到新位置。

（2）使用"复制项目"对话框复制图片"香格里拉"

在"计算机"窗口中，选中文件夹"备用资源"中的图片文件"香格里拉"，然后选择"编辑"菜单中的"复制到文件夹"命令。弹出图 2-12 所示的"复制项目"对话框，在该对话框中选择目标文件夹"图片"，单击"复制"按钮即可。

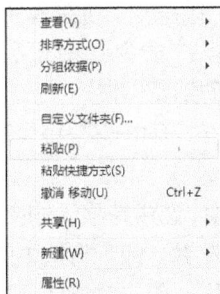

图 2-11　选择快捷菜单中的"粘贴"命令

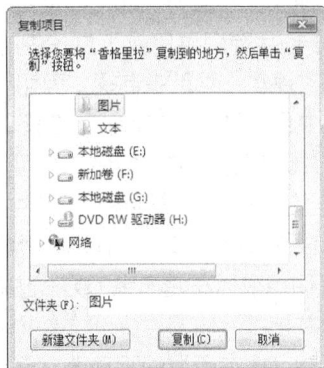

图 2-12　"复制项目"对话框

提示　在"复制项目"对话框中，要查看任何子文件夹，都可以单击图标▷展开文件夹。如果要将原文件复制到一个新建的文件夹，先选择目标位置，然后单击"新建文件夹"按钮新建一个文件夹即可。

除上述两种操作方法外，还可以使用下列方法复制文件夹和文件。

【方法 1】使用窗口菜单或工具栏命令复制。选中要复制的文件夹或文件，在"编辑"菜单中选择"复制"命令，如图 2-13 所示。或者在工具栏中的"组织"下拉菜单中选择"复制"命令，然后选中目标磁盘或文件夹，在"编辑"菜单中选择"粘贴"命令或者在工具栏中的"组织"下拉菜单中选择"粘贴"命令，即可将选中的文件夹或文件复制到新位置。

【方法 2】使用快捷键进行复制。选中待复制的文件夹或文件，按"Ctrl+C"组合键复制，然后选定目标磁盘或文件夹，按"Ctrl+V"组合键粘贴。

【方法 3】使用鼠标左键拖曳的方式进行复制。在同一个驱动器中，选中待复制的文件夹或文件，按住"Ctrl"键，同时按住鼠标左键并拖曳，将

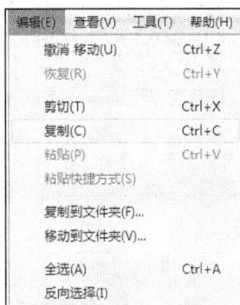

图 2-13　选择"编辑"菜单中的"复制"命令

文件夹或文件拖曳到目标位置后松开鼠标左键和"Ctrl"键，即可将选中的文件夹或文件复制到新位置。在不同的驱动器之间复制时，单击并按住鼠标左键，将文件夹或文件拖曳到目标位置即可。

【方法 4】使用鼠标右键拖曳的方式进行复制。选中要复制的文件夹或文件，按住鼠标右键并拖曳，将文件夹或文件拖曳到目标位置后松开鼠标右键，在弹出的快捷菜单中选择"复制到当前位置"命令，即可将选中的文件夹或文件复制到目标位置。

2. 移动文件夹和文件

移动文件夹和文件是指将选中的文件夹和文件从一个位置移动到另外一个位置。移动操作完成后，文件夹和文件从原先的位置消失，出现在新的位置。

（1）使用快捷菜单"剪切""粘贴"命令移动"01.swf"

在"计算机"窗口中，选中文件夹"备用资源"中的 Flash 动画"01.swf"，单击鼠标右键，在弹出的快捷菜单中选择"剪切"命令；然后在目标文件夹"Flash 动画"的空白处单击鼠标右键，在弹出的快捷菜单中选择"粘贴"命令，即可将选中的文件夹或文件移动到新位置。

（2）使用"移动项目"对话框移动"02.swf"

在"计算机"窗口中，选中要移动的文件"02.swf"，然后选择"编辑"菜单中的"移动到文件夹"命令，弹出"移动项目"对话框，在该对话框中选择目标文件夹"Flash 动画"，接着单击"移动"按钮即可。

除上述两种操作方法外，还可以使用下列方法移动文件夹和文件。

【方法 1】使用窗口菜单或工具栏中的"剪切""粘贴"命令进行移动。选中要移动的文件夹或文件，在窗口"编辑"菜单中选择"剪切"命令或者在工具栏中的"组织"下拉菜单中选择"剪切"命令；然后选中目标磁盘或文件夹，在窗口"编辑"菜单中选择"粘贴"命令或者在工具栏中的"组织"下拉菜单中选择"粘贴"命令，即可将选中的文件夹或文件移动到新位置。

【方法 2】使用快捷键进行移动。选中待复制的文件夹或文件，按"Ctrl+X"组合键剪切，然后选定目标磁盘或文件夹，按"Ctrl+V"组合键粘贴。

【方法 3】使用鼠标左键拖曳的方式进行移动。在同一个驱动器中，选中待移动的文件夹或文件，按住鼠标左键并拖曳，将文件夹或文件拖曳到目标位置后松开鼠标左键，即可将选中的文件夹或文件移动到新位置。要在不同的驱动器之间移动，按住"Shift"键的同时单击并按住鼠标左键，将文件夹或文件拖曳到目标位置即可。

【方法 4】使用鼠标右键拖曳的方式进行移动。选中要移动的文件夹或文件，按住鼠标右键并拖曳，将文件夹或文件拖曳到目标位置后松开鼠标右键，在弹出的快捷菜单中选择"移动到当前位置"命令，即可将选中的文件夹或文件移动到目标位置。

微课视频

【任务 2-3】删除文件夹和文件与使用"回收站"

【任务 2-3】删除文件夹和文件与使用"回收站"

【任务描述】

①将"图片"文件夹中的图片文件"九寨沟"删除，要求存放在回收站中。
②将桌面快捷方式"计算器"删除，要求存放在回收站中。
③将"Flash 动画"文件夹中的 Flash 动画"02.swf"永久删除，不存放在回收站中。

【任务实施】

1. 删除文件夹和文件

删除文件夹和文件是指将不需要的文件夹和文件从磁盘中删除，删除方式分为一般删除和永久删除两种。一般删除的文件夹和文件并没有从磁盘中真正删除，它们存放在磁盘的特定区域，即回收站中，在需要的时候可以恢复，而永久删除的文件夹和文件是真正从磁盘中删除了，通常不能予以恢复。

（1）一般删除

①使用窗口菜单或工具栏命令删除图片"九寨沟"。在"计算机"窗口中，选中"图片"文件夹中待删除的文件"九寨沟"，然后选择"文件"菜单中的"删除"命令或者在工具栏"组织"的下拉菜单中选择"删除"命令。弹出图 2-14 所示的确认删除的对话框，在该对话框中单击"是"按钮，删除操作即完成。

②使用快捷菜单命令删除桌面快捷方式"计算器"。在 Windows 7 桌面待删除的快捷方式"计算器"上单击鼠标右键，在弹出的快捷菜单中选择"删除"命令。

除上述两种操作方法外，还可以使用下列方法进行一般删除。

【方法 1】使用"Delete"键删除。选中待删除的文件夹或文件，按"Delete"键。

【方法 2】使用鼠标拖曳。可以将待删除的文件夹或文件拖曳到桌面"回收站"图标上。

使用以上方法删除文件夹或文件时，都会弹出图 2-14 所示的确认删除的对话框。

（2）永久删除

选中待删除的文件"02.swf"，按住"Shift"键的同时，选择"删除"命令或者按"Delete"键，弹出图 2-15 所示的确认永久删除的对话框。在该对话框中单击"是"按钮，该文件将被永久删除，而不会保存在回收站中。

图 2-14　确认删除的对话框

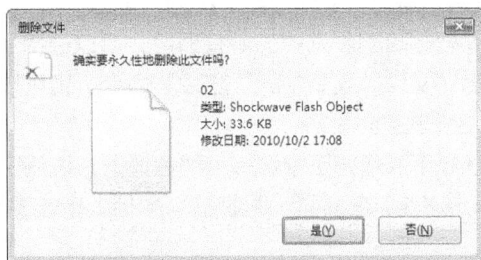

图 2-15　确认永久删除的对话框

2. 使用回收站

回收站是保存被删除文件夹和文件的中转站，从硬盘中删除文件夹、文件、快捷方式等项目时，系统会将其放入回收站中，这些项目仍然占用硬盘空间并可以被恢复到原来的位置。回收站中的项目在被用户永久删除之前可以被保留，但回收站空间不够时，Windows 操作系统将自动清除回收站中的空间以存放最近删除的项目。

> **注意**　以下情况被删除的项目不会存放到回收站中，也不能被还原。
> ①从 U 盘、软盘中删除的项目。
> ②从网络中删除的项目。
> ③按住"Shift"键删除的项目。
> ④超过回收站存储容量的项目。

（1）还原回收站中的项目

在桌面上双击"回收站"图标，打开图 2-16 所示的"回收站"窗口。

①要还原回收站中的某个项目，可以在该项目上单击鼠标右键，在弹出的快捷菜单中选择"还原"命令；也可以先单击选中该项目，再单击工具栏中的"还原此项目"按钮，还原的项目将恢复到原来的位置。如果被还原项目原本所在的文件夹已删除，则将在原来的位置重新创建被删除的文件夹，然后在此文件夹中还原文件。

图 2-16　"回收站"窗口

②要还原回收站中多个项目，可以按住"Ctrl"键的同时单击要还原的每个项目，然后选择"回收站"窗口"文件"菜单中的"还原"命令。

③还原回收站中的所有项目，可以直接单击"回收站"窗口工具栏的"还原所有项目"按钮，也可以选择"回收站"窗口"编辑"菜单中的"全选"命令，或者按"Ctrl+A"组合键进行全选操作，然后选择"文件"菜单中的"还原"命令。

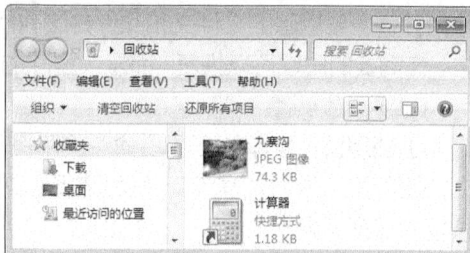

（2）删除回收站中的项目

删除回收站中的项目就意味着将项目从计算机中永久地删除，这些项目将不能被还原。

①要删除回收站中的某个项目，可以在该项目上单击鼠标右键，在弹出的快捷菜单中选择"删除"命令。

②要删除回收站中的多个项目，可以按住"Ctrl"键的同时单击要删除的每个项目，然后选择"回收站"窗口"文件"菜单中的"删除"命令。

③要删除回收站中的所有项目，可以选择"回收站"窗口"编辑"菜单中的"全选"命令，然后选择"文件"菜单中的"删除"命令，也可以使用清空回收站的方法。

（3）清空回收站

从以下操作方法中选择一种合适的方法清空回收站。

【方法1】在桌面"回收站"图标上单击鼠标右键，在弹出的快捷菜单中选择"清空回收站"命令。

【方法2】打开"回收站"窗口，然后选择"文件"菜单或快捷菜单中的"清空回收站"命令或者单击工具栏的"清空回收站"按钮。

微课视频

【任务2-4】搜索文件夹和文件

【任务2-4】搜索文件夹和文件

【任务 2-4】搜索文件夹和文件

【任务描述】

①使用"开始"菜单中的"搜索"文本框搜索与"磁盘清理"相关的选项。
②使用"库"窗口在"图片库"中搜索.jpg格式的图片文件。
③使用"计算机"窗口在文件夹"网上资源"中搜索.jpg格式的图片文件。

【任务实施】

Windows 7 提供了多种搜索文件夹和文件的方法，在不同的情况下可以选用不同的方法。

1. 使用"开始"菜单中的"搜索"文本框搜索文件夹和文件

使用"开始"菜单中的"搜索"文本框，可以查找存储在计算机磁盘中的文件、文件夹、程序和电子邮件等。

单击"开始"按钮，在"搜索"文本框中输入关键字"磁盘清理"，与所输入文本相匹配的选项将出现在"开始"菜单搜索框的上方，如图 2-17 所示。使用"开始"菜单中的"搜索"文本框搜索时，搜索结果仅显示已建立索引的文件。

2. 在"库"窗口中使用"搜索"文本框搜索文件夹和文件

①打开"库"窗口。在"开始"菜单上单击鼠标右键，在弹出的快捷菜单中选择"打开 Windows 资源管理器"命令，打开"库"窗口，如图 2-18 所示。

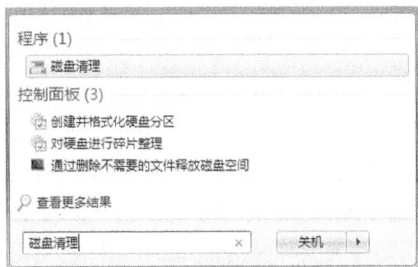

图 2-17 使用"开始"菜单中的
"搜索"文本框搜索
图 2-18 "库"窗口

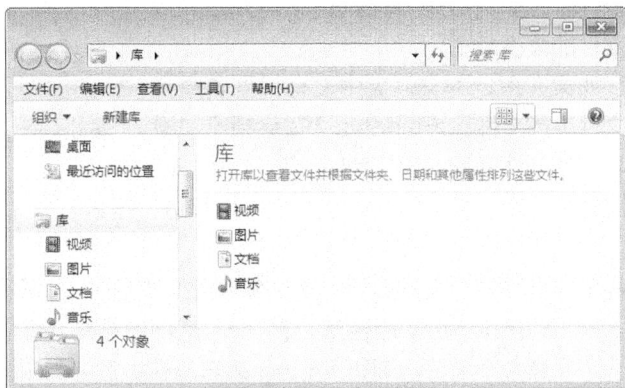

②定位到要搜索的位置。选择库中的"图片"文件夹，然后单击"搜索"文本框，在搜索筛选器中选择"类型"筛选器，如图 2-19 所示。

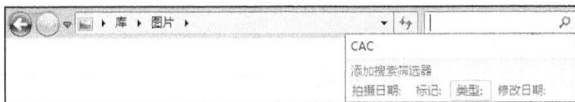

图 2-19 选择"类型"筛选器

③搜索符合指定条件的对象。系统自动弹出"图片"类型列表，选择".jpg"类型即可，如图 2-20 所示。在"图片库"中搜索.jpg 格式图片的结果如图 2-21 所示。

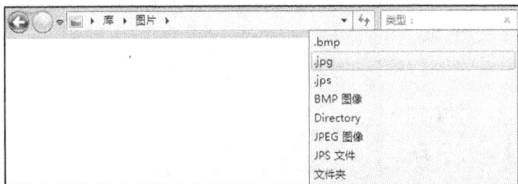

图 2-20 选择".jpg"类型
图 2-21 在"图片库"中搜索.jpg 格式图片的结果

3. 在"计算机"窗口指定的文件夹中搜索文件夹和文件

①打开"计算机"窗口，并定位到指定的文件夹，这里为"网上资源"。

②在窗口右上角的"搜索"文本框中输入要查找的文件的名称或关键字，这里输入"*.jpg"，

47

搜索结果如图 2-22 所示。

单击"搜索"文本框可以显示"修改日期""大小"搜索筛选器。选择"修改日期"筛选器，可以设置要查找文件夹或文件的日期或日期范围；选择"大小"筛选器，可以指定要查找文件的大小范围。

如果在指定的文件夹中没有找到要查找的文件夹或文件，Windows 7 就会提示"没有与搜索条件匹配的项"。此时，可以选择"库""计算机""自定义""Internet"之一继续进行搜索。

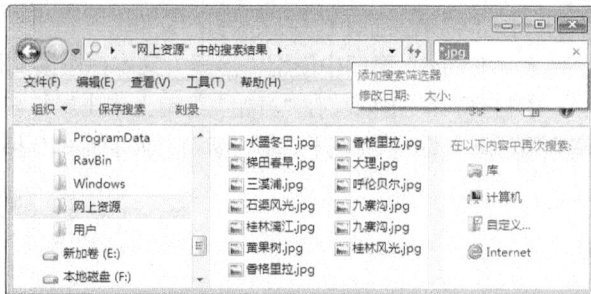

图 2-22　在文件夹"网上资源"中搜索.jpg 格式图片的结果

> **提示**　当需要对某一类文件夹或文件进行搜索时，可以使用通配符来表示文件名中不同的字符。Windows 7 中使用"?""*"两种通配符，其中"?"表示任意一个字符，"*"表示任意多个字符。例如，*.jpg 表示所有扩展名为.jpg 的图片文件，x?y.*表示文件名由 3 个字符组成（其中第 1 个字符为 x，第 3 个字符为 y，第 2 个字符为任意一个字符）、扩展名为任意字符（可以是.jpg、.docx、.bmp、.txt 等）的一批文件。

【任务 2-5】设置文件夹选项

【任务描述】

①打开"文件夹选项"对话框，在"常规"选项卡中，设置"显示所有文件夹""自动扩展到当前文件夹"。

②在"文件夹选项"对话框的"查看"选项卡中设置"显示隐藏的文件、文件夹和驱动器"，且显示已知文件类型的扩展名。

③在"文件夹选项"对话框的"搜索"选项卡中设置"始终搜索文件名和内容"，且在搜索没有索引的位置时包括 ZIP、CAB 等类型的压缩文件。

【任务实施】

1. 打开"文件夹选项"对话框

从以下操作方法中选择一种合适的方法打开"文件夹选项"对话框。

【方法 1】在"计算机"窗口中，选择"工具"菜单中的"文件夹选项"命令，可以打开图 2-23 所示的"文件夹选项"对话框。

【方法 2】在"控制面板"窗口中，将"查看方式"切换为"小图标"，然后双击"文件夹选项"选项，即可打开图 2-23 所示的"文件夹选项"对话框。

2. 设置文件夹的常规属性

"常规"选项卡主要用于设置文件夹的常规属性，如图 2-23 所示。

"常规"选项卡的"浏览文件夹"区域用来设置文件夹的浏览方

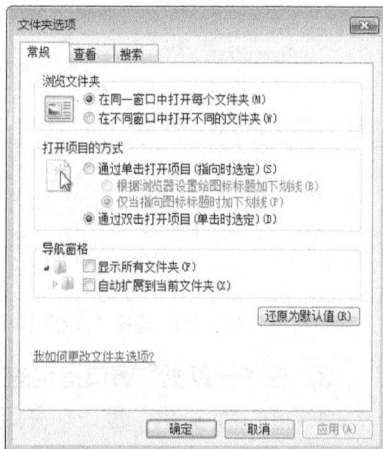

图 2-23　"文件夹选项"对话框

式，设置在打开多个文件夹时是在同一窗口中打开还是在不同窗口中打开。选择"在同一窗口中打开每个文件夹"单选按钮时，在"计算机"窗口中每打开一个文件夹，只会出现一个窗口来显示当前打开的文件夹；选择"在不同窗口中打开不同的文件夹"单选按钮时，在"计算机"窗口中每打开一个文件，就会出现一个相应的窗口，打开多少个文件夹，就会出现多少个窗口。

"常规"选项卡的"打开项目的方式"区域用来设置文件夹的打开方式，可以设置文件夹是通过单击打开还是双击打开。如果文件夹通过单击打开，则指向时会选中；如果通过双击打开，则单击时选中。如果选择"通过单击打开项目（指向时选定）"单选按钮，则"根据浏览器设置给图标标题加下划线""仅当指向图标标题时加下划线"单选按钮就为可用状态，可根据需要进行选择。单击"还原为默认值"按钮，可以恢复系统默认的设置。

在"常规"选项卡的"导航窗格"区域中勾选"显示所有文件夹""自动扩展到当前文件夹"两个复选框，单击"确定"按钮，使设置生效并关闭该对话框。

3. 设置文件夹的查看属性

在"文件夹选项"对话框中切换到"查看"选项卡，该选项卡用于设置文件夹的显示方式。

"查看"选项卡的"文件夹视图"区域包括"应用到文件夹""重置文件夹"两个按钮。单击"应用到文件夹"按钮，可使文件夹应用当前文件夹的视图设置；单击"重置文件夹"按钮，可还原为默认视图设置。

"查看"选项卡的"高级设置"列表框中显示了有关文件夹和文件的多项高级设置选项，可以根据实际需要进行设置。选择"显示隐藏的文件、文件夹或驱动器"单选按钮，取消勾选"隐藏已知文件类型的扩展名"复选框，如图 2-24 所示。

单击"应用"按钮可应用所选设置，单击"还原为默认值"按钮，可恢复系统默认的设置。

4. 设置文件夹的搜索属性

在"文件夹选项"对话框中切换到"搜索"选项卡，该选项卡用于设置搜索内容和搜索方式。

在"搜索"选项卡的"搜索内容"区域选择"始终搜索文件名和内容（此过程可能需要几分钟）"单选按钮，在"在搜索没有索引的位置时"区域勾选"包括压缩文件（ZIP、CAB…）"复选框，如图 2-25 所示。

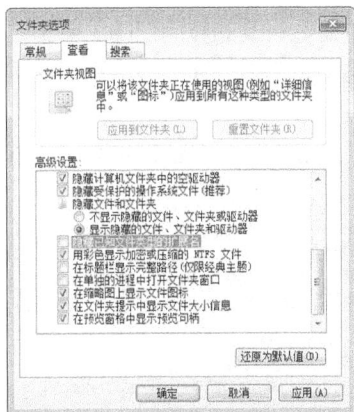

图 2-24　在"文件夹选项"对话框的
"查看"选项卡中进行相关设置

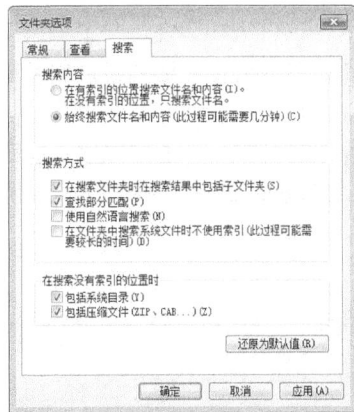

图 2-25　在"文件夹选项"对话框的
"搜索"选项卡中进行相关设置

单击"应用"按钮可应用所选设置，单击"还原为默认值"按钮，可恢复系统默认的设置。

文件夹选项设置完成后，单击"确定"按钮使设置生效并关闭该对话框。

【任务 2-6】查看与设置文件和文件夹属性

【任务描述】

①在文件夹的"属性"对话框中将"图片"文件夹中的文件设置为非只读状态。

②更改"图片"文件夹的图标。

③查看文件"九寨沟.jpg"的属性。

【任务实施】

文件夹和文件的属性分为只读、隐藏和存档 3 种类型：具备只读属性的文件夹和文件不允许更改和删除，可以打开浏览文件内容；具备隐藏属性的文件夹和文件可以被隐藏，对于一些重要的系统文件可以进行有效保护；一般的文件夹和文件都具备存档属性，可以浏览、更改和删除。

1. 设置文件夹的属性

设置文件夹属性的操作步骤如下。

①选中要设置属性的文件夹"图片"。

②打开"属性"对话框。选择"文件"菜单中的"属性"命令，或者在文件夹上单击鼠标右键，在弹出的快捷菜单中选择"属性"命令，打开"图片"文件夹的"属性"对话框，如图 2-26 所示。

③设置文件夹的常规属性。

"常规"选项卡中包括类型、位置、大小、占用空间、包含的文件和文件夹数量、创建时间和属性等内容，还有"高级"按钮。

图 2-26 "图片"文件夹的"属性"对话框

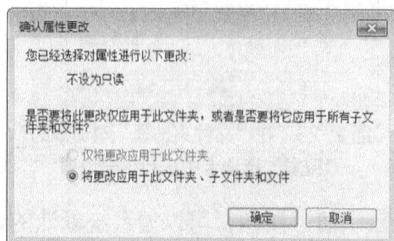

在该选项卡的"属性"区域可以勾选"只读（仅应用于文件夹中的文件）""隐藏"复选框。取消勾选"只读（仅应用于文件夹中的文件）"复选框，单击"确定"按钮或者"应用"按钮，弹出"确认属性更改"对话框，如图 2-27 所示。在该对话框中有"仅将更改应用于此文件夹""将更改应用于此文件夹、子文件夹和文件"两个单选按钮，用于设置属性更改的应用范围。单击"确定"按钮即确认属性更改并关闭该对话框。如果单击"取消"按钮，则只是关闭该对话框，属性更改并没有生效。

单击"常规"选项卡中的"高级"按钮，在打开的"高级属性"对话框中可以设置"存档和索引属性""压缩或加密属性"，如图 2-28 所示。

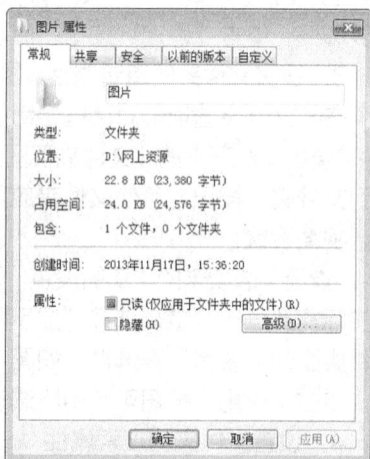

图 2-27 "确认属性更改"对话框

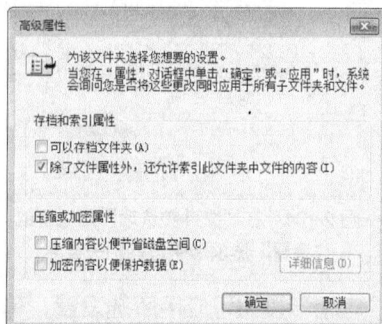

图 2-28 文件夹的"高级属性"对话框

④自定义文件夹的属性。

切换至"自定义"选项卡，在该选项卡中可以对文件夹模板、文件夹图片和文件夹图标进行设置，如图 2-29 所示。

在"自定义"选项卡中单击"更改图标"按钮，弹出"为文件夹 图片 更改图标"对话框，如图 2-30 所示。在该对话框中选择一个图标，单击"确定"按钮即可更改文件夹的图标。

> **提示** 在"为文件夹 图片 更改图标"对话框中单击"还原为默认值"按钮，可以将文件夹图标还原为系统的默认图标。

图 2-29 "自定义"选项卡

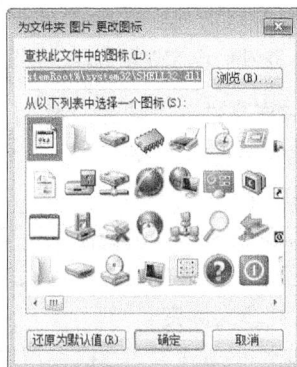

图 2-30 "为文件夹 图片 更改图标"对话框

2. 查看文件的属性

查看文件属性的操作步骤如下。

①选中文件"九寨沟.jpg"。

②打开该文件的"属性"对话框。选择窗口"文件"菜单中的"属性"命令，或者单击鼠标右键，在弹出的快捷菜单中选择"属性"命令，打开"九寨沟.jpg 属性"对话框，如图 2-31 所示。

> **提示** 不同类型的文件对应的属性对话框略有不同。

③查看文件的常规属性。"常规"选项卡中包括文件类型、打开方式、位置、大小、占用空间、创建时间、修改时间、访问时间和属性等内容，还包含"更改""高级"等按钮。单击"更改"按钮，在弹出的"打开方式"对话框中可以更改文件的打开方式，如图 2-32 所示。在"常规"选项卡的"属性"区域可以勾选"只读""隐藏"复选框。

【任务 2-7】设置文件夹共享属性

【任务描述】

①设置 D 盘文件夹"网上资源"为共享文件夹。

微课视频

【任务 2-7】设置文件夹共享属性

图 2-31 "九寨沟.jpg" 文件的 "属性" 对话框

图 2-32 "打开方式" 对话框

②设置共享文件夹 "网上资源" 的权限。

③删除默认共享文件夹。

【任务实施】

设置共享文件夹可以使其他用户能通过网络远程访问计算机上的资源。Windows 7 允许共享文件夹，可以通过一系列交互式对话框来设置文件夹共享。

1. 设置共享文件夹

使用 "文件夹属性" 对话框设置文件夹共享的操作步骤如下。

①在 "计算机" 窗口中需要设置共享的文件夹 "网上资源" 上单击鼠标右键，在弹出的快捷菜单中选择 "属性" 命令，打开文件夹的 "属性" 对话框，切换至 "共享" 选项卡。在该选项卡 "网络文件和文件夹共享" 区域单击 "共享" 按钮，打开 "文件共享" 对话框。在该对话框的 "用户" 下拉列表框中选择用户，这里选择 "admin"，如图 2-33 所示。

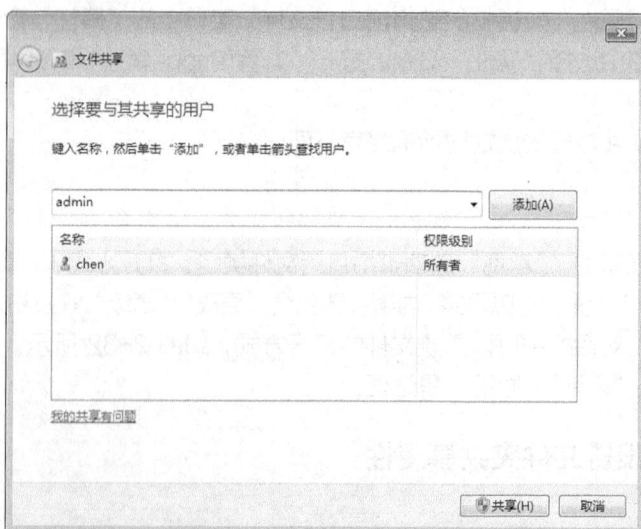

图 2-33 "文件共享" 对话框

②单击"添加"按钮添加共享的用户，然后在"权限级别"列单击"读取"按钮，弹出的下拉菜单如图 2-34 所示。在下拉菜单中选择"读/写"权限，设置权限级别。

③在"文件共享"对话框中单击"共享"按钮，弹出"网络发现和文件共享"对话框，如图 2-35 所示，在该对话框中单击"是，启用所有公用网络的网络发现和文件共享"超链接。

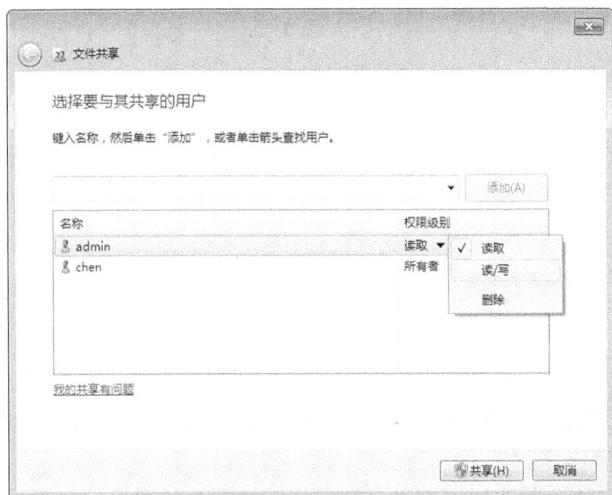

图 2-34　设置权限级别

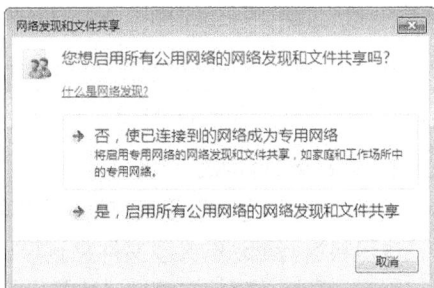

图 2-35　"网络发现和文件共享"对话框

④完成文件夹共享设置后的"文件共享"对话框如图 2-36 所示，单击"完成"按钮返回"网上资源"文件夹的"属性"对话框，完成文件夹共享设置后的"共享"选项卡如图 2-37 所示。

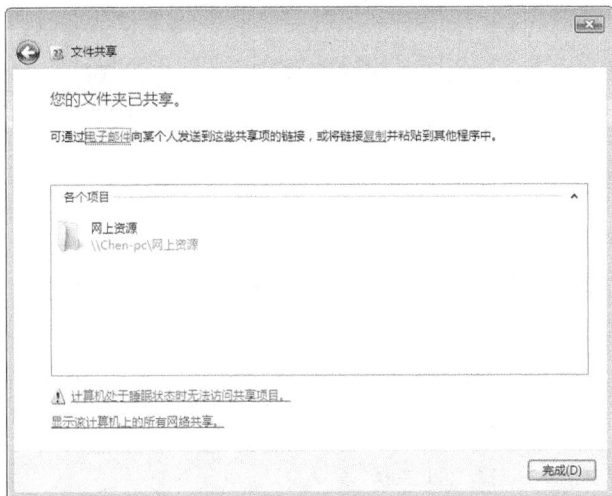

图 2-36　完成文件夹共享设置后的"文件共享"对话框

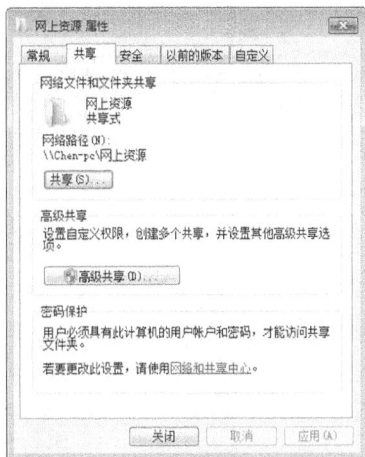

图 2-37　完成文件夹共享设置后的
"共享"选项卡

2. 设置共享文件夹的权限

在"网上资源"文件夹"属性"对话框的"共享"选项卡中单击"高级共享"按钮，打开"高级共享"对话框，在该对话框中勾选"共享此文件夹"复选框，如图 2-38 所示，然后单击"权限"按钮，打开"网上资源"文件夹的"权限"对话框，在该对话框中进行必要的权限设置，如图 2-39 所示。依次单击"确定"按钮使设置生效并关闭对话框。

图 2-38 "高级共享"对话框

图 2-39 进行必要的权限设置

3. 删除默认共享文件夹

Windows 7 为了便于系统管理员执行日常管理任务，在系统安装时自动共享了用于管理的文件夹，也可将这些默认的共享文件夹删除，其操作步骤如下。

①在"开始"菜单右窗格"计算机"菜单项上单击鼠标右键，在弹出的快捷菜单中选择"管理"命令，打开"计算机管理"窗口，展开左侧窗格的"共享文件夹"，选择节点"共享"，右侧窗格中显示了所有的共享文件夹。

②在默认共享文件夹上单击鼠标右键，在弹出的快捷菜单中选择"停止共享"命令，如图 2-40 所示，即可删除默认的共享文件夹。

图 2-40 在快捷菜单中选择"停止共享"命令

2.5 管理磁盘

用户的文件夹和文件等项目都存储在计算机的磁盘上。在使用计算机的过程中，用户会频繁地安装或卸载应用程序，移动、复制、删除文件夹和文件，这样的操作次数多了，就会在计算机硬盘中产生很多磁盘碎片或临时文件，可能会导致计算机系统性能下降。因此，需要定期对磁盘进行管理，以保证系统运行状态良好。

【操作 2-20】查看与设置磁盘属性

扫描二维码，熟悉电子活页中的内容。在 Windows 7 中完成查看磁盘常规属性与重命名驱动器、设置磁盘共享、在"计算机管理"窗口更改驱动器号和路径等操作。

【任务 2-8】磁盘检查与碎片整理

【任务描述】

①对系统盘 C 盘进行磁盘清理。

②对 D 盘进行磁盘碎片整理。

③对当前正在使用的系统盘 C 盘进行磁盘检查。

④对非系统盘 D 盘进行磁盘检查。

【任务实施】

1. 磁盘清理

Windows 7 在使用过程中会产生一些无用的文件，如临时文件等。运行磁盘清理程序可以清除这些无用的文件，以释放更多的磁盘空间。

①在"开始"菜单中，选择"所有程序"→"附件"→"系统工具"→"磁盘清理"命令，弹出图 2-41 所示的"磁盘清理:驱动器选择"对话框，在"驱动器"下拉列表框中选择要清理的驱动器，这里选择系统盘 C 盘，单击"确定"按钮，弹出"磁盘清理"对话框，启动磁盘清理程序对磁盘进行清理，清理程序会计算可以在磁盘上释放多少空间，如图 2-42 所示。

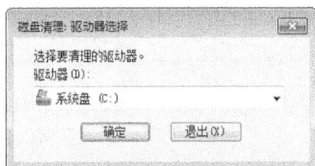

图 2-41 "磁盘清理:驱动器选择"对话框

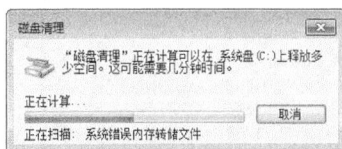

图 2-42 计算可以在磁盘上释放多少空间

> **提示** 在磁盘"属性"对话框的"常规"选项卡中单击"磁盘清理"按钮，也可以启动磁盘清理程序对磁盘进行清理。

②计算完成后自动打开"系统盘(C:)的磁盘清理"对话框，如图 2-43 所示。该对话框"磁盘清理"选项卡中的"要删除的文件"列表框中列出了可删除的文件类型及其所占用的磁盘空间大小，勾选某种文件类型的复选框，这里勾选"已下载的程序文件""Internet 临时文件"复选框，在进行磁盘清理时即可将其删除。

③在"系统盘(C:)的磁盘清理"对话框中单击"确定"按钮，将弹出图 2-44 所示的"磁盘清理"确认对话框，单击"删除文件"按钮，会弹出图 2-45 所示的"磁盘清理"清理进程对话框，清理完成将自动关闭对话框。

图 2-43 "系统盘(C:)的磁盘清理"
对话框

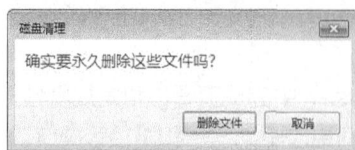

图 2-44 "磁盘清理"确认对话框

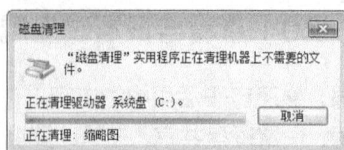

图 2-45 "磁盘清理"清理进程对话框

2. 磁盘碎片整理

磁盘在使用过程中，由于文件大小的改变和文件的删除等操作，文件在磁盘上的存储空间会变为不连续的区域，导致磁盘存取效率降低。磁盘碎片整理程序通过对磁盘上的文件和磁盘空间的重新安排，使文件存储在一片连续区域，从而提高磁盘的存取效率。

（1）打开"磁盘碎片整理程序"对话框

在"开始"菜单中，选择"所有程序"→"附件"→"系统工具"→"磁盘碎片整理程序"命令，将弹出"磁盘碎片整理程序"对话框，如图 2-46 所示。

> **提示** 在图 2-47 所示的"系统盘（C:）属性"对话框"工具"选项卡中的"碎片整理"区域单击"立即进行碎片整理"按钮，也会弹出"磁盘碎片整理程序"对话框。

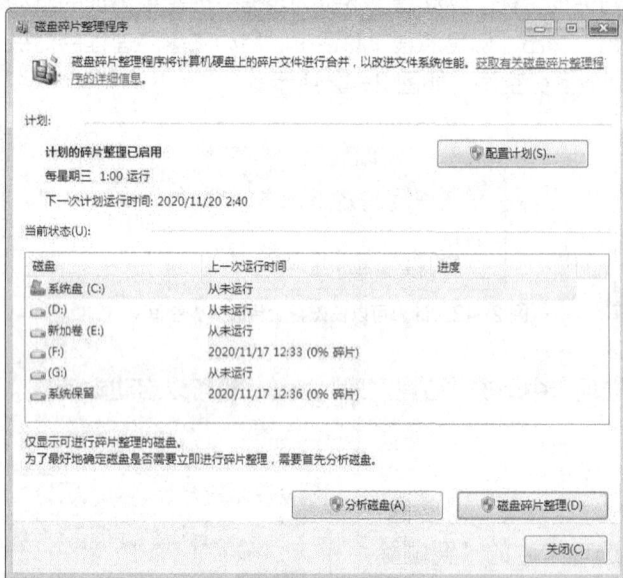

图 2-46 "磁盘碎片整理程序"对话框

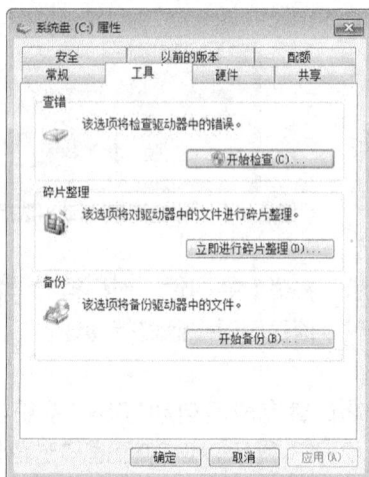

图 2-47 "系统盘（C:）属性"的"工具"选项卡

（2）分析磁盘

在"磁盘碎片整理程序"对话框中的磁盘列表框中选择要整理的磁盘，这里选择"D 盘"，然后单击"分析磁盘"按钮，开始对磁盘的碎片情况进行分析，如图 2-48 所示。

分析完成的提示信息如图 2-49 所示，会显示碎片的百分比。

图 2-48 对磁盘的碎片情况进行分析

图 2-49 分析完成的提示信息

（3）碎片整理

在"磁盘碎片整理程序"对话框中单击"磁盘碎片整理"按钮，系统开始进行碎片整理，同时显示碎片整理的进程和相关提示信息，如图 2-50 所示。

图 2-50　进行碎片整理

磁盘碎片整理完成后，开始进行磁盘空间合并，如图 2-51 所示。

磁盘碎片整理完成会显示图 2-52 所示的提示信息。

图 2-51　磁盘空间合并

图 2-52　磁盘碎片整理完成的提示信息

3. 磁盘检查

磁盘在使用过程中，非正常关机和大量的文件删除、移动等操作，都会对磁盘造成一定的损坏，有时会产生一些文件错误，影响磁盘的正常使用，甚至造成系统缓慢、频繁死机。使用 Windows 7 提供的"磁盘检查"工具，可以检查磁盘中的损坏部分，并对损坏的文件系统加以修复。

（1）检查当前正在使用的系统盘 C 盘

打开 C 盘的磁盘"属性"对话框，在该对话框"工具"选项卡中的"查错"区域单击"开始检查"按钮，弹出图 2-53 所示的"检查磁盘系统盘（C:）"对话框。在该对话框中，"磁盘检查选项"区域包括"自动修复文件系统错误""扫描并尝试恢复坏扇区"两个复选框，可以根据需要勾选相应的复选框。然后单击"开始"按钮，弹出图 2-54 所示的提示信息对话框，提示"Windows 无法检查正在使用中的磁盘，是否要在下次启动计算机时检查硬盘错误？"。C 盘为当前正在使用的系统盘，如果需要在下次启动计算机时进行磁盘检查，则单击"计划磁盘检查"按钮即可。这样，下次启动计算机时，会自动调用磁盘修复工具 CHKDSK 进行磁盘检查。

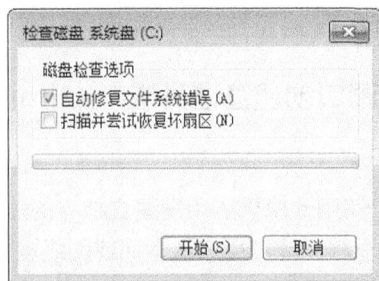

图 2-53　"检查磁盘 系统盘（C:）"对话框

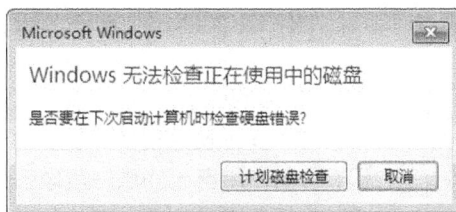

图 2-54　提示信息对话框

（2）检查非系统盘 D 盘

打开 D 盘的磁盘"属性"对话框，在该对话框的"工具"选项卡中单击"开始检查"按钮，弹出"检查磁盘 本地磁盘（D:）"对话框。如果需要检查与修复磁盘中的文件夹或文件的逻辑性损坏，则勾选"自动修复文件系统错误"复选框；如果需要扫描并恢复被损坏的扇区，则勾选"扫描并尝试恢复坏扇区"复选框。然后单击"开始"按钮，系统开始检查磁盘，并显示检查进度，如图 2-55 所示。

在检查磁盘的过程中，如果发现问题并已修复，则会弹出图 2-56 所示的修复错误的提示信息对话框，单击"关闭"按钮即可。

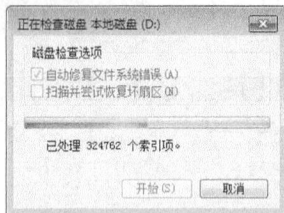

图 2-55　开始检查磁盘

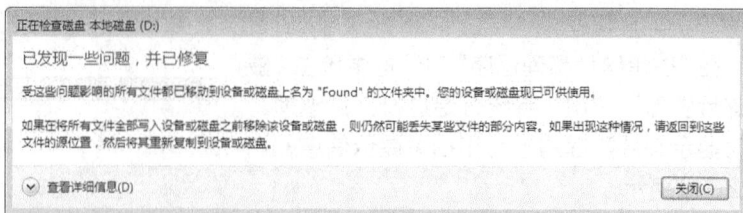

图 2-56　修复错误的提示信息对话框

2.6　创建与管理用户账户

用户账户是 Windows 7 中用户的身份标志，它决定了用户在 Windows 7 中的操作权限。合理地管理用户账户，不但有利于为多个用户分配适当的权限和设置相应的工作环境，而且有利于提高系统的安全性能。安装 Windows 7 时，系统会要求用户创建一个能够设置计算机和安装应用程序的管理员账户。

在 Windows 7 中，用户账户分为管理员账户、标准账户和来宾账户（Guest 账户）3 种类型，每种类型的账户可以提供不同的权限。

1．管理员账户

管理员账户具有计算机的完全访问权限，可以对计算机进行任何需要的更改，所进行的操作可能会影响到计算机中的其他用户。一台计算机至少需要一个管理员账户。

2．标准账户

标准账户可以使用大多数软件和更改不影响其他用户或计算机安全的系统设置，如果要安装、更新或卸载应用程序，则会弹出"用户账户控制"对话框，输入密码后才能继续执行相应的操作。

3．来宾账户

来宾账户又称为 Guest 账户，是给临时使用计算机的用户使用的账户。使用来宾账户登录操作系统时，不能进行更改账户密码、更改计算机设置，以及安装软件或硬件等操作。默认情况下，Windows 7 的 Guest 账户没有启用，如果要使用 Guest 账户，则首先需要将其启用。

微课视频

【任务 2-9】使用"管理账户"窗口创建管理员账户 admin

【任务 2-9】使用"管理账户"窗口创建管理员账户 admin

【任务描述】

对于多人使用的计算机，有必要为每个使用计算机的用户建立独立的账户和密码，各自使用自己的账户登录系统，这样可以限制非法用户从本地或网络登录系统，有效保证系统的安全。

①使用"管理账户"窗口创建一个管理员账户"admin"。

②为管理员账户"admin"设置密码"abc_123"。

③更改账户"admin"显示在欢迎屏幕和"开始"菜单右窗格上方的图片。

【任务实施】

1．打开"管理账户"窗口

在"开始"菜单中选择"控制面板"菜单项，打开"控制面板"窗口。在该窗口中单击"用户账户和家庭安全"类别下的"添加或删除用户账户"超链接，打开图 2-57 所示的"管理账户"窗口。

2．创建新的管理员账户

在"管理账户"窗口中单击左下角"创建一个新账户"超链接，打开"创建新账户"窗口，在

"新账户名"文本框中输入用户账户名称"admin",并选择"管理员"单选按钮,如图 2-58 所示。

图 2-57 "管理账户"窗口

单击"创建账户"按钮,完成一个管理员账户的创建。

3. 为管理员账户"admin"设置密码

首先打开"用户账户"窗口,然后单击账户名"admin",打开图 2-59 所示的"更改账户"窗口。然后在该窗口中单击左侧的"创建密码"超链接,打开"创建密码"窗口,在"新密码""确认新密码"文本框中输入密码"abc_123",还可以在"键入密码提示"文本框中输入内容作为密码丢失时的提示问题,如图 2-60 所示。单击"创建密码"按钮,完成密码的创建。

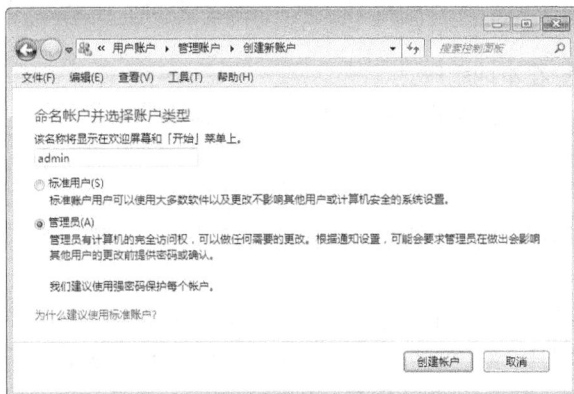

图 2-58 输入账户名称并选择"管理员"单选按钮

图 2-59 "更改账户"窗口

4. 更改管理员账户"admin"显示在欢迎屏幕和"开始"菜单右窗格上方的图片

在"更改账户"窗口中单击左侧的"更改图片"超链接,打开"选择图片"窗口。在下方图片列表中选择将要显示在欢迎屏幕和"开始"菜单右窗格上方的图片,如图 2-61 所示,然后单击"更改图片"按钮,完成更改图片的操作。

如果要使用自定义的图片,则可以单击"浏览更多图片..."超链接,在弹出的"打开"对话框中选择所需的图片即可。

> **提示** 在"个性化"窗口左侧导航区域单击"更改账户图片"超链接,也可以打开图 2-61 所示的"更改图片"窗口。

图 2-60 "创建密码"窗口

图 2-61 选择将要显示在欢迎屏幕和"开始"菜单右窗格上方的图片

微课视频

【任务 2-10】使用"计算机管理"窗口创建账户"user01"

【任务 2-10】使用"计算机管理"窗口创建账户"user01"

【任务描述】
①在"计算机管理"窗口中查看本地用户。
②创建一个普通账户"user01"，并为该账户设置密码"123456"。
③查看账户"user01"的属性。

【任务实施】
Windows 7 提供了计算机管理工具，使用它可以更好地创建、管理和配置用户。

1. 查看计算机本地用户
在"开始"菜单右窗格"计算机"菜单项上单击鼠标右键，在弹出的快捷菜单中选择"管理"命令，打开"计算机管理"窗口。在该窗口依次展开"系统工具"中的"本地用户和组"，选择"用户"节点，右侧窗格列出了所有的用户，如图 2-62 所示。从用户列表可以看出系统自动创建了 Administrator、Guest 账户和在安装 Windows 7 时用户自己创建的账户（属于计算机管理员组），【任务 2-9】中所创建的账户"admin"也出现在账户列表中。

2. 创建新用户
在"计算机管理"窗口"用户"节点上单击鼠标右键，在弹出的快捷菜单中选择"新用户"命令，如图 2-63 所示，打开"新用户"对话框。在"用户名"文本框中输入"user01"，在"全名"文本框中也输入"user01"，在"描述"文本框中输入"普通用户"，在"密码""确认密码"文本框中输入密码"123456"，其他的复选框保持不变，如图 2-64 所示。单击"创建"按钮即可创建一个普通账户"userq"，且为该账户设置了密码"123456"。

单击"关闭"按钮关闭"新用户"对话框，创建新用户后的"计算机管理"窗口用户列表如图 2-65 所示。

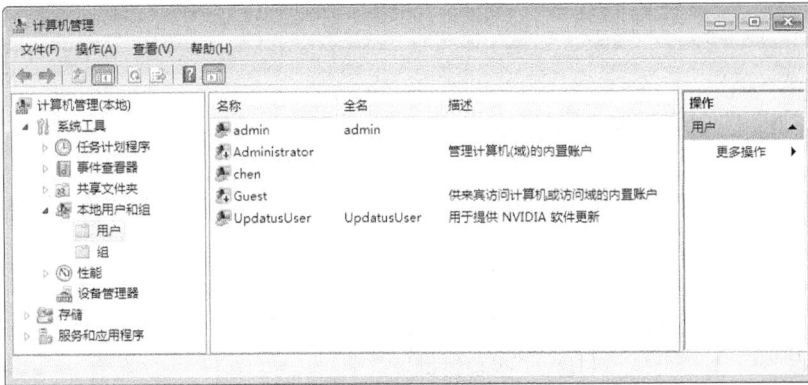

图 2-62 "计算机管理"窗口右侧窗格列出了所有的用户

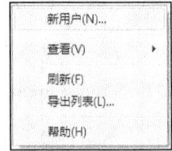

图 2-63 在快捷菜单中选择
"新用户"命令

图 2-64 输入新用户信息

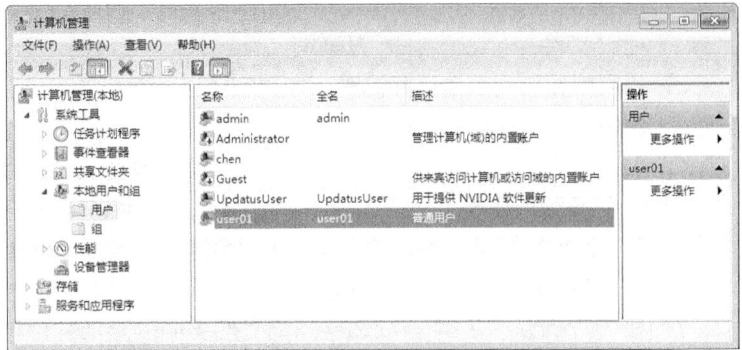

图 2-65 创建新用户后的"计算机管理"窗口用户列表

创建新用户后的"管理账户"窗口如图 2-66 所示。

3. 查看账户"user01"的属性

在"计算机管理"窗口用户列表中的"user01"账户上单击鼠标右键,在弹出的快捷菜单中选择"属性"命令,打开的"user01 属性"对话框,如图 2-67 所示。在该对话框中可以查看账户属性,也进行相关属性设置,如禁用该账户或者改变该账户所属的权限组。

图 2-66 创建新用户后的"管理账户"窗口

图 2-67 "user01 属性"对话框

▲【习题】

1. 在 Windows 7 中，"画图"的默认文件类型是（　　）。

　　A．.bmp　　　　　　B．.exe　　　　　　C．.gif　　　　　　D．.jpg

2. 双击桌面的（　　）图标，将打开"网上邻居"窗口，它用于帮助用户在网络中查找信息和资源。

　　A．"我的电脑"　　　B．"网上邻居"　　　C．"开始"　　　　　D．"我的文档"

3. Windows 7 可通过（　　）访问同一局域网中其他计算机中的资源。

　　A．"网上邻居"　　　　　　　　　　B．"资源管理器"

　　C．浏览器　　　　　　　　　　　　D．"我的电脑"

4. 在 Windows 7 的"资源管理器"窗口中，为了改变隐藏文件的显示情况，应首先选择的菜单是（　　）。

　　A．"文件"　　　　　　B．"编辑"　　　　　C．"查看"　　　　　D．"帮助"

5. 当用户要访问某台计算机时，如果知道该计算机的名字，可直接利用（　　）的搜索功能在整个网络中进行搜索。

　　A．"网上邻居"　　　　　　　　　　B．桌面上的"我的文档"图标

　　C．"资源管理器"　　　　　　　　　D．"我的电脑"

6. 在"计算机"窗口中，按（　　）组合键，可实现文件或文件夹的复制。

　　A．"Ctrl+ X"　　　　　B．"Ctrl+ C"　　　C．"Ctrl+ A"　　　D．"Ctrl+V"

7. 在 Windows 7 中，欲选定当前文件夹中的全部文件和文件夹对象，可使用的组合键是（　　）。

　　A．"Ctrl+ V"　　　　　B．"Ctrl+ A"　　　C．"Ctrl+ X"　　　D．"Ctrl+D"

8. 下列关于"任务栏"的描述中，错误的是（　　）。

　　A．"任务栏"的位置可以改变

　　B．"任务栏"不可隐蔽

　　C．"任务栏"内显示已运行程序的标题

　　D．"任务栏"的大小可改变

9. 使用"控制面板"中的（　　）可自定义桌面和显示设置。

　　A．"背景"　　　　　　B．"系统"　　　　　C．"显示"　　　　　D．"外观"

10. 鼠标和键盘的设置是在（　　）中完成的。

　　A．文件　　　　　　　B．文件夹　　　　　C．"控制面板"　　　D．"网上邻居"

模块3
操作与应用Word 2016

03

Word 2016 可以帮助用户创建和共享文档，给 Word 文档设置合适的格式，使文档具有更加美观的版式效果，方便用户阅读和理解文档的内容。文本与段落是构成文档的基本框架，对文本和段落的格式进行适当的设置可以编排出段落层次清晰、可读性强的文档。

3.1 初识 Word 2016

Word 2016 界面友好、功能全面、操作方便、可扩展性强，是一款实用的文字处理软件。

3.1.1 Word 2016 的主要功能与特点

Word 2016 的主要功能与特点可以概括为如下几点。

①所见即所得。
②直观的操作界面。
③多媒体混排。
④强大的制表功能。
⑤自动检查与自动更正功能。
⑥模板与向导功能。
⑦丰富的帮助功能。
⑧Web 工具支持。
⑨超强的兼容性。
⑩强大的打印功能。

扫描二维码，熟悉电子活页中的内容。了解有关"Word 2016 的主要功能与特点"的详细介绍。

电子活页 3-1

Word 2016 的主要功能与特点

3.1.2 Word 2016 窗口的基本组成及其主要功能

扫描二维码，熟悉电子活页中的内容。熟悉 Word 2016 窗口的基本组成及 Word 2016 窗口组成元素的主要功能。

电子活页 3-2

Word 2016 窗口的基本组成及其主要功能

3.1.3 Word 2016 的视图模式

Word 2016 有 5 种视图模式供选择，包括"阅读视图""页面视图""Web 版式视图""大纲视图""草稿视图"。可以通过"视图"功能区选项卡或者"状态栏"的视图切换按钮进行切换操作。

1. 阅读视图

阅读视图如同一本打开的书，分屏显示文档内容、按屏滚动浏览，便于用户阅读文档，让人感觉在翻阅书籍。在阅读视图中，功能区等窗口元素被隐藏起来，用户可以单击"工具"按钮选择各种阅读工具。

2. 页面视图

页面视图显示"所见即所得"的打印效果，主要用于版面设计，可以对文字进行输入、编辑和排版等操作，也可以编辑图形、页眉、页脚、分栏、页面边距等内容，是最接近打印效果的页面视图。

3. Web 版式视图

Web 版式视图一般用于创建 Web 页，它能够模拟 Web 浏览器来显示文档，呈现出浏览器中的显示效果。在 Web 版式视图下，文本将适应窗口的大小自动换行。

4. 大纲视图

大纲视图主要用于查看文档的结构和显示标题的层级结构，并可以方便地折叠和展开各种层级的文档。切换到大纲视图后，屏幕上会显示"大纲"选项卡，通过选项卡命令可以选择文档各级标题的显示级别、升降各标题的级别。大纲视图用于快速浏览长文档和修改文档结构，为用户建立或修改文档的大纲提供了便利。

5. 草稿视图

草稿视图可以完成大多数的录入和编辑工作。在草稿视图中可以设置字符和段落格式，但是只能显示标题和正文，页眉、页脚、页码、页边距等无法显示。在草稿视图下，页与页之间使用一条虚线表示分页，这样更易于编辑和阅读文档。

3.2 认识键盘与熟悉字符输入

通过向计算机中输入中英文，人们可在计算机中进行编辑文档、制作表格、处理数据等操作。在使用计算机时，经常会用到文字输入这一功能。中英文输入是熟练操作计算机的必备技能，也是一项不能被完全替代的重要技能。

在进行中英文输入时，选择一款合适的输入法，可以让文字输入过程变得更加轻松自如，极大地提高中英文输入速度。不同国家和地区有着不同的语言，其输入法也有所不同。针对中文的输入，其输入法可分为音码输入、形码输入和音形码输入法，常用中文输入法有拼音输入法和五笔输入法，只有熟练掌握了中文输入法，才能得心应手地完成汉字输入操作。

电子活页 3-3

熟悉键盘布局

3.2.1 熟悉键盘布局

键盘是常用的输入设备，也是必须使用的文字输入工具。英文、汉字、数字、程序等外界信息主要通过键盘输入，因此熟悉键盘的组成、掌握正确的指法至关重要。

扫描二维码，熟悉电子活页中的内容。熟悉键盘布局。

3.2.2 熟悉基准键位与手指键位的分工

无论是输入英文字母还是汉字，都需要通过键盘中的字母键进行输入，但是键盘中的字母键分布并不均匀，如何才能让手指在键盘上有条不紊地进行输入操作，从而使输入速度达到最快呢？人们将 26 个英文字母键、数字键和常用的符号键分配给不同的手指，让不同的手指负责不同的按键，从而实现快速输入的目的。

扫描二维码，熟悉电子活页中的内容。熟悉基准键位与手指键位的分工。

电子活页 3-4

熟悉基准键位与
手指键位的分工

3.2.3 掌握正确的打字姿势

掌握了基准键位与手指键位的分工后，就可以开始练习输入了。要想既能快速地输入，又不使自己感觉到疲倦，则需要掌握正确的打字姿势和击键要领。

进行文字输入时必须采用良好的打字姿势，如果打字姿势不正确，不仅会影响文字的输入速度，还会增加工作疲劳感，造成视力下降和腰背酸痛。良好的打字姿势包括以下几点。

①身体坐正，全身放松，双手自然放在键盘上，腰部挺直，上身微前倾。身体与键盘的距离大约为 20 厘米。

②眼睛与显示器屏幕的距离为 30～40 厘米，且显示器的中心应与水平视线保持 15°～20°的夹角。另外，不要长时间盯着屏幕，以免损伤眼睛。

③两脚自然平放于地面，不要悬空，大腿自然平直，小腿与大腿之间的角度近似 90°。

④座椅的高度应与计算机键盘、显示器的放置高度相适应。一般以双手自然垂放在键盘上时肘关节略低于手腕为宜。击键时靠手腕带动手指，所以手腕要下垂，不可弓起。

⑤输入文字时，文稿应置于显示器的左边，便于观看。

正确的打字姿势示意图如图 3-1 所示。

图 3-1　正确的打字姿势示意图

3.2.4 掌握正确的击键方法

扫描二维码，熟悉电子活页中的内容。掌握敲击键盘时的注意事项、字母键的击键要点、"Space"键的击键要点、"Enter"键的击键要点、功能键和控制键的击键要点及编辑控制键区和小键盘区的击键要点。

电子活页 3-5

掌握正确的
击键方法

3.2.5 切换输入法

1. 中英文输入法切换

①按"Ctrl+Space"组合键，可以在中文和英文输入法之间进行切换。

②按一下"Caps Lock"键，键盘右上角的"Caps Lock"指示灯亮，表示此时可以输入大写英文字母。

2. 输入法切换

按"Ctrl+Shift"组合键，可以在英文及各种中文输入法之间进行切换。

3. 全半角切换

中文输入法选定后，屏幕上会出现一个所选输入法的工具栏，以搜狗输入法为例，图 3-2 所示为英文半角输入状态，图 3-3 所示为中文全角输入状态。在半角输入状态下，输入的字母、数字和符号只占半个汉字的位置，即 1 个字节的大小；而在全角输入状态下，输入的字母、数字和符号各占据一个汉字的位置，即两个字节的大小。单击输入法状态条中的 ☽ 按钮，当其变为 ● 按钮时，即可切换到全角输入状态。

英文输入法　半角　英文标点

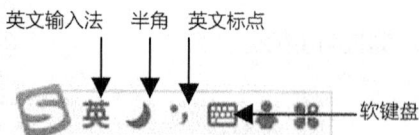

软键盘

图 3-2　英文半角输入状态

中文输入法　全角　中文标点

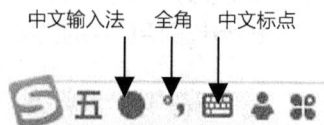

图 3-3　中文全角输入状态

4．中英文标点符号切换

中文标点输入状态用于输入中文标点符号，而英文标点输入状态则用于输入英文标点符号。单击输入法工具栏中的 · 按钮，当其变为 · 按钮时，表示可输入英文标点符号。在不同的输入状态下，中文标点符号和英文标点符号区别很大，如输入句号，在中文标点状态下输入，则为"。"，在英文标点状态下输入，则为"．"。

5．使用软键盘

通过输入法工具栏还可以输入键盘无法输入的某些特殊字符，要输入特殊符号，可以通过软键盘输入。默认情况下，系统并不会打开软键盘，单击输入法状态条中的 按钮，系统将自动打开默认的软键盘，如图 3-4 所示。再次单击 按钮，即可关闭软键盘。

在打开的软键盘中，通过敲击与软键盘相对应的按键或单击软键盘上的按钮，即可输入软键盘中对应的字符。

在软件盘按钮 上单击鼠标右键，弹出快捷菜单，该快捷菜单包括 PC 键盘、希腊字母、俄文字母、注音符号、拼音字母、日文平假名、日文片假名、标点符号、数字序号、数学符号、制表符、中文数字和特殊符号等 13 种类型。在弹出的快捷菜单中可选择不同类型的软键盘，如图 3-5 所示。选择一种类型后，系统将自动打开对应的软键盘。

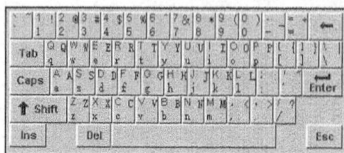

图 3-4　默认的软键盘

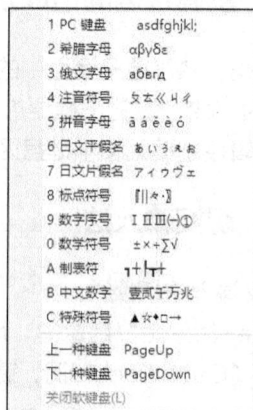

图 3-5　在快捷菜单中选择不同类型的软键盘

3.2.6　正确输入英文字母

切换到英文输入状态，按照正确的击键方法可以直接输入小写英文字母。如果需要输入大写英文字母，按一下"Caps Lock"键，键盘右上角的"Caps Lock"指示灯亮，此时可以输入大写英文字母。

在输入小写英文字母状态或者输入汉字状态下，按住"Shift"键然后按字母键，则输入的字母为大写字母。

3.2.7 正确输入中英文标点符号

在英文输入法状态下，所有的标点符号与键盘一一对应，输入的标点符号为半角标点符号。但在中文中需输入的是全角标点符号，即中文标点符号，需切换到全角标点符号状态才能输入中文标点符号。大部分的中文标点符号与英文标点符号为同一个键位，有少数标点符号特殊一些，如输入省略号（……）应按"Shift+6"组合键，输入破折号（——）应按"Shift+-"组合键。

> **注意** 输入英文句子或文章时，标点符号应输入半角标点符号。

3.3 Word 2016 基本操作

Word 2016 基本操作主要包括启动与退出 Word 2016、创建新文档、保存文档、关闭文档、打开文档等多项操作。

3.3.1 启动与退出 Word 2016

【操作 3-1】启动与退出 Word 2016

扫描二维码，熟悉电子活页中的内容。选择合适的方法完成启动 Word 2016 和退出 Word 2016 的操作。

电子活页 3-6

启动与退出
Word 2016

3.3.2 Word 文档基本操作

【操作 3-2】Word 文档基本操作

扫描二维码，熟悉电子活页中的内容。选择合适的方法完成以下各项操作。

1. 创建新 Word 文档

启动 Word 2016，然后创建一个新 Word 文档。

2. 保存 Word 文档

在新创建的 Word 文档中输入短句"Tomorrow will be better"，然后将新创建的 Word 文档以名称"【操作 3-2】Word 文档基本操作.docx"予以保存，保存在文件夹"模块 3"中。

3. 关闭 Word 文档

关闭 Word 文档"【操作 3-2】Word 文档基本操作.docx"。

4. 打开 Word 文档

再次打开 Word 文档"【操作 3-2】Word 文档基本操作.docx"，然后退出 Word 2016。

电子活页 3-7

Word 文档基本
操作

【任务 3-1】在 Word 2016 中输入英文祝愿语

【任务描述】

①启动 Word 2016，自动创建一个空白文档。

②保存新创建的 Word 文档，名称为"祝愿语.docx"，保存位置为"D:\模块 3\"。

③输入英文祝愿语"Good luck,Better Life,Happy every day,Always healthy"。

④再一次保存"祝愿语.docx"文档。

⑤退出 Word 2016。

【任务实现】

1. 启动 Word 2016

双击桌面 Word 2016 快捷图标启动 Word 2016，自动创建一个名称为"文档 1"的空白文档。

2. 保存 Word 文档

单击快速访问工具栏中的"保存"按钮，弹出"另存为"对话框，在该对话框中选择保存位置"D:\模块 3\"，在"文件名"文本框中输入文件名"祝愿语.docx"，保存类型选择".docx"，然后单击"保存"按钮进行保存。

3. 输入英文祝愿语

①左、右手除大拇指外的 8 个手指自然放在基准键位上，两个大拇指放在"Space"键上，输入练习准备就绪。

②按一下"Caps Lock"键，键盘右上角的"Caps Lock"指示灯亮，然后左手食指向右伸出一个键位的距离击 1 次"G"键，击完后手指立即回基准键位"F"键。击键时指关节用力，而不是腕用力，指尖尽量垂直键面发力。

再按一下"Caps Lock"键，键盘右上角的"Caps Lock"指示灯熄灭，然后右手的无名指向左上方移动，并略微伸直击两次"O"键，击完后手指立即回基准键位"L"键；左手中指击 1 次"D"键。

右手大拇指上抬 1~2 厘米，横着向"Space"键击一下，并立即抬起。

③右手无名指击 1 次"L"键；右手食指向上方（微微偏左）伸直击 1 次"U"键，击完后手指立即回基准键位"J"键；左手中指向右下方移动，手指微弯击 1 次"C"键，击完后手指立即回基准键位"D"键；右手中指击 1 次"K"键。

右手中指向右下方移动击 1 次","键，击完后手指立即回基准键位"K"键。

④按一下"Caps Lock"键，键盘右上角的"Caps Lock"指示灯亮，然后左手食指向右下方移动击 1 次"B"键，击完后手指立即回基准键位"F"键；再按一下"Caps Lock"键，键盘右上角的"Caps Lock"指示灯熄灭，然后左手中指向上方（略微偏左方）伸直击"E"键，击完后手指立即回基准键位"D"键；左手食指向右上方移动击两次"T"键，击完后手指立即回基准键位"F"键；左手中指向上方（略微偏左方）伸直击 1 次"E"键，击完后手指立即回基准键位"D"键；左手食指向上方（略微偏左）伸直击 1 次"R"键，击完后手指立即回基准键位"F"键。右手大拇指击 1 次"Space"键。

⑤按一下"Caps Lock"键，键盘右上角的"Caps Lock"指示灯亮，然后右手无名指击 1 次"L"键；再按一下"Caps Lock"键，键盘右上角的"Caps Lock"指示灯熄灭，然后右手中指向上（略微偏左方）伸直击 1 次"I"键，击完后手指立即回基准键位"K"键；左手食指击 1 次"F"键；左手中指向上方（略微偏左方）伸直击"E"键，击完后手指立即回基准键位"D"键。

右手中指向右下方移动击 1 次 ","键,击完后手指立即回基准键位 "K"键。

运用类似的击键方法,依次输入其他单词 "Happy every day,Always healthy"。

4. 再一次保存"祝愿语.docx"文档

单击快速访问工具栏中的"保存"按钮🖫,保存"祝愿语.docx"文档中新输入的内容。

5. 退出 Word 2016

单击窗口标题栏右上角的"关闭"按钮 ❎ 退出 Word 2016。

3.4　在 Word 2016 中输入与编辑文本

对于 Word 文档而言,文本的输入与编辑是最基本的功能。一个完整的文本包括标题、段落、标点、日期等内容。在输入与编辑过程中会遇到各种问题,如在编辑中对输入错误或不要的段落怎么处理等。本节主要介绍如何输入与编辑文本。

3.4.1　输入文本

Word 的文本编辑区有两种常见的标识:文本插入点(光标)标识和段落标识,如图 3-6 所示。

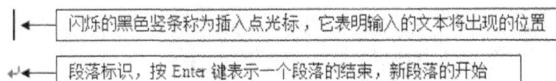

图 3-6　文本插入点(光标)标识和段落标识

【操作 3-3】在 Word 文档中输入文本

扫描二维码,熟悉电子活页中的内容。选择合适的方法完成输入英文和汉字、输入特殊符号、插入日期和时间、插入文件内容等操作。

电子活页 3-8

在 Word 文档中
输入文本

3.4.2　编辑文本

编辑 Word 文档时经常要使用插入、定位、选中、复制、删除、撤销和恢复等操作对文本内容进行编辑修改。

【操作 3-4】在 Word 文档中编辑文本

扫描二维码,熟悉电子活页中的内容。打开 Word 文档"品经典诗词、悟人生哲理.docx",完成移动插入点(光标)、定位、选中文本、复制与移动文本、删除文本、撤销、恢复等操作。

电子活页 3-9

在 Word 文档中
编辑文本

3.4.3　设置项目符号与编号

在 Word 文档中,为了突出某些重点内容或者并列表示某些内容,会使用一些诸如 "●""■""◆""✓""➢""◇""☑" 的特殊符号,这样会使得对应的内容更加醒目,便于阅读者浏览。Word 2016 中使用编号和项目符号实现这一功能。

在 Word 文档中设置项目符号与编号，可以先插入项目符号或编号，后输入对应的文本内容，也可先输入文本内容，后添加相应的项目符号或编号。

【操作 3-5】在 Word 文档中设置项目符号与编号

电子活页 3-10

在 Word 文档中设置项目符号与编号

扫描二维码，熟悉电子活页中的内容。打开 Word 文档"五四青年节活动方案提纲.docx"，尝试并掌握电子活页中介绍的各种设置项目符号与编号的操作方法，完成以下操作。

1. 在 Word 文档中设置项目符号

在文档"五四青年节活动方案提纲.docx"中"三、活动内容"下的"青春的纪念""青春的关爱""青春的传承""青春的风采"等内容前添加项目符号"◇"。

2. 在 Word 文档中设置编号

为文档"五四青年节活动方案提纲.docx"中"五、活动要求"下的"高度重视，精心组织""突出主题，体现特色""加强宣传，营造氛围"等内容添加编号，编号格式自行确定。

3.4.4　查找与替换文本

使用 Word 2016 的查找与替换功能，可以在文档中查找或替换特定内容，查找或替换的内容除普通文字外，还包括特殊字符，如段落标记、手动换行符、图形等。

【操作 3-6】在 Word 文档中查找与替换文本

电子活页 3-11

在 Word 文档中查找与替换文本

扫描二维码，熟悉电子活页中的内容。打开 Word 文档"五四青年节活动方案提纲.docx"，尝试并掌握电子活页中介绍的各种查找与替换文本的操作方法，完成以下操作。

1. 常规查找

在 Word 文档中查找"青春"。

2. 高级查找

（1）查找一般内容

在 Word 文档中查找"明德学院"。

（2）查找特殊字符

在 Word 文档中查找段落标记。

（3）查找带格式文本

先设置文本格式，然后查找带格式的文本。

（4）限定搜索范围

自行指定搜索范围，然后进行查找操作。

（5）限定搜索选项

自行指定搜索选项，然后进行查找操作。

3. 替换操作

将"六、活动预期效果"替换为"六、预期效果"。

【任务 3-2】在 Word 2016 中输入中英文短句

【任务描述】

①在 Word 2016 中新建一个文档，以名称"中英文短句"保存该文档，保存位置为"D:\模块 3\"。

②选择一种合适的拼音输入法，输入中英文短句"祝您好运（Good luck）"。

③再一次保存文档"中英文短句.docx"，然后关闭该文档。

【任务实现】

1. 新建与保存 Word 文档

启动 Word 2016，在"文件"选项卡中选择"保存"命令，弹出"另存为"对话框。在该对话框中选择合适的保存位置"D:\模块 3\"，在"文件名"文本框中输入文件名"中英文短句"，保存类型为".docx"，单击"保存"按钮进行保存。

2. 切换输入法与输入文本内容

将输入法切换到搜狗拼音输入法，输入法的工具栏如图 3-7 所示。

在默认的文本插入点（光标处）输入"祝您"的全拼编码"zhunin"，此时可以在输入提示框中看到"祝您"为第 1 个选项，如图 3-8 所示。

图 3-7　搜狗拼音输入法的工具栏

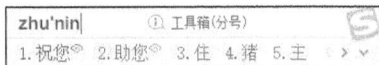

图 3-8　输入"祝您"

继续输入"好运"全拼编码"haoyun"，此时可以在输入提示框中看到"祝您好运"为第 1 个选项，如图 3-9 所示，按"Space"键选择该文本即可。

接下来不必切换为英文输入状态，直接输入括号和英文单词"（Good luck）"即可。

> **提示**　搜狗拼音输入法的简拼功能非常强大，输入"祝您好运"时，还可以直接输入"zhnhy"。简拼输入"祝您好运"如图 3-10 所示。

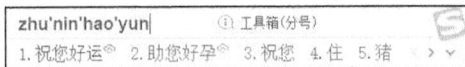

图 3-9　继续输入"好运"

图 3-10　简拼输入"祝您好运"

3. 保存与关闭 Word 文档

在"文件"选项卡中选择"保存"命令，保存 Word 文档中输入的文本。然后选择"文件"选项卡中的"关闭"命令关闭该文档。

3.4.5　设置文档保护

Word 文档处于保护状态时，文档内容不能复制、粘贴。

1. 设置文档保护

打开 Word 文档，单击"审阅"选项卡"保护"组的"限制编辑"按钮，打开"限制编辑"窗格。

（1）格式化限制

在该窗格中的"格式化限制"区域勾选"限制对选定的样式设置格式"复选框，然后单击"设置"超链接，打开"格式设置限制"对话框。在该对话框中选择需要限制的样式，单击"确定"按钮。

单击下方的"是，启动强制保护"按钮，弹出"启动强制保护"对话框。在该对话框中选择"密码"单选按钮，在"新密码""确认新密码"文本框中输入强制保护密码，单击"确定"按钮，完成设置格式化限制的操作。

（2）编辑限制

在"编辑限制"区域勾选"仅允许在文档中进行此类型的编辑"复选框，然后单击下方的"是，启动强制保护"按钮，弹出"启动强制保护"对话框。在该对话框中选择"密码"单选按钮，并在"新密码""确认新密码"文本框中输入强制保护密码，单击"确定"按钮，完成设置编辑限制的操作。

2. 取消文档保护

打开 Word 文档，单击"审阅"选项卡"保护"组的"限制编辑"按钮，打开"限制编辑"窗格。在该窗格中单击下方的"停止保护"按钮，在打开的"取消保护文档"对话框的"密码"文本框中输入设置的保护密码，单击"确定"按钮返回 Word 文档，即可对 Word 文档再进行编辑。

3.5　Word 2016 格式设置

Word 文档的格式设置是指对文档中的文字进行字体、字号、段落对齐、缩进等各种修饰，另外还可以为文档设置边框、底纹，使文档变得美观和规范。

3.5.1　设置字体格式

文档中的字符是指汉字、标点符号、数字和英文字母等，字符格式包括字体、字形、字号（即大小）、颜色、下画线、着重号、字符间距、效果（删除线、双删除线、下标、上标）等。

字符格式设置的有效范围如下。

①对于先定位光标，再进行格式设置的情况，所做的格式设置对光标后新输入的文本有效，直到出现新的格式设置为止。

②对于先选中文本内容，再进行格式设置的情况，所做的格式设置只对选中的文本有效。

③对同一文本内容设置新的格式后，原有格式自动取消。

电子活页 3-12

在 Word 文档中设置字体格式

【操作 3-7】在 Word 文档中设置字体格式

扫描二维码，熟悉电子活页中的内容。打开 Word 文档"五四青年节活动方案1.docx"，尝试并掌握电子活页中介绍的各种设置字体格式的操作方法，完成利用Word "开始"选项卡"字体"组的命令按钮设置字符格式、利用 Word 的"字体"对话框设置字符格式、利用 Word 格式刷快速设置字符格式等操作。

3.5.2　设置段落格式

段落格式设置包括段落的对齐方式、大纲级别、首行缩进、悬挂缩进、左缩进、右缩进、段前间距、段后间距、行间距、换行和分页格式及中文版式等。

段落格式设置的有效范围如下。

①设置段落格式时，可以先定位光标，再进行格式设置，所做的格式设置对光标之后新输入的段落有效，并会沿用到下一段落，直到出现新的格式设置为止。

②对于已经输入的段落，将光标置于段落内的任意位置（无需选中整个段落），再进行格式设置，所做的格式设置对当前段落（光标所在段落）有效。

③若要对多个段落设置相同的格式，应先按住"Ctrl"键选中多个段落，再设置这些段落的格式。

设置段落的新格式将会取代该段落原有的旧格式。

【操作 3-8】在 Word 文档中设置段落格式

扫描二维码，熟悉电子活页中的内容。打开 Word 文档"五四青年节活动方案2.docx"，尝试并掌握电子活页中介绍的各种设置段落格式的操作方法，完成利用"格式"工具栏设置段落格式、利用"段落"对话框设置段落格式、利用格式刷快速设置段落格式、利用水平标尺设置段落缩进等操作。

电子活页 3-13

在 Word 文档中
设置段落格式

3.5.3　应用样式设置文档格式

在一篇 Word 文档中，为了确保格式的一致性，会将同一种格式重复用于文档的多处。如文档的章节标题采用黑体、三号、居中，段前间距 0.5 行、段后间距 0.5 行，为了避免每次输入章节标题时都重复同样的操作来设置格式，可以将这些格式设置加以命名。Word 2016 中将这些命名的格式组合称为样式，以后可以直接使用这些命名的样式进行格式设置。系统提供了一些默认样式，用户也可以根据需要自行定义样式。

【操作 3-9】在 Word 文档中应用样式设置文档格式

扫描二维码，熟悉电子活页中的内容。打开 Word 文档"五四青年节活动方案3.docx"，尝试并掌握电子活页中介绍的各种应用样式设置文档格式的操作方法，完成以下操作，字体格式与段落格式自行确定。

电子活页 3-14

在 Word 文档中
应用样式设置
文档格式

1. 查看样式及相关对话框

查看"样式"窗格和"样式窗格选项"对话框。

2. 定义样式

定义多个样式，名称分别为"01 一级标题""02 二级标题""03 三级标题""04小标题""05 正文""06 表格标题""07 表格内容""08 图片""09 图片标题""10落款"。

3. 修改样式

对定义的部分样式进行修改。

4. 应用样式

将定义的样式应用到 Word 文档"五四青年节活动方案 3.docx"中的各级标题、正文、表格、图片和落款文本。

3.5.4　创建与应用模板

Word 模板是包括多种预设的文档格式、图形，以及排版信息的文档，其扩展名为".dotx"。在 Word 2016 中，系统的默认模板名称是"Normal.dotm"，其存放文件夹为"Templates"。创建文档模板的常用方法包括根据原有文档创建模板、根据原有模板创建新模板和直接创建新模板。

【操作 3-10】在 Word 文档中创建与应用模板

电子活页 3-15

在 Word 文档中
创建与应用模板

扫描二维码，熟悉电子活页中的内容。打开 Word 文档"五四青年节活动方案 4.docx"，尝试并掌握电子活页中介绍的创建与应用模板的操作方法，完成以下操作。

1. 创建新模板

打开已创建与应用多种样式的 Word 文档"五四青年节活动方案 3.docx"，将该文档保存为 Word 模板，并命名为"活动方案模板.dotx"。

2. 打开文档与加载自定义模板

打开 Word 文档"五四青年节活动方案 4.docx"，加载自定义模板"活动方案模板.dotx"，然后应用该模板中的样式。

微课视频

【任务 3-3】设置
"教师节贺信"
文档的格式

【任务 3-3】设置"教师节贺信"文档的格式

【任务描述】

打开 Word 文档"教师节贺信.docx"，按照以下要求完成相应的格式设置。

①将第 1 行（标题"教师节贺信"）设置为"楷体、二号、加粗"；将第 2 行"全院教师和教育工作者："设置为"仿宋体、小三号、加粗"；将正文中的"秋风送爽，桃李芬芳。""百年大计，教育为本。""教育工作，崇高而伟大。""发展无止境，奋斗未有期。"等文字设置为"黑体、小四号、加粗"；将正文中其他的文字设置为"宋体、小四号"；将贺信的落款与日期设置为"仿宋体、小四号"。

②设置第 1 行居中对齐，第 2 行居左对齐且无缩进，贺信的落款与日期右对齐，其他各行两端对齐、首行缩进 2 字符。

③将第 1 行的行距设置为"单倍行距"，段前间距设置为"6 磅"，段后间距设置为"0.5 行"；将第 2 行的行距设置为"1.5 倍行距"。

④将正文第 3 段至第 7 段的行距设置为"固定值"，设置值为"20 磅"。

⑤将贺信的落款与日期的行距设置为"多倍行距"，设置值为"1.2"。

相应格式设置完成后，"教师节贺信.docx"的效果如图 3-11 所示。

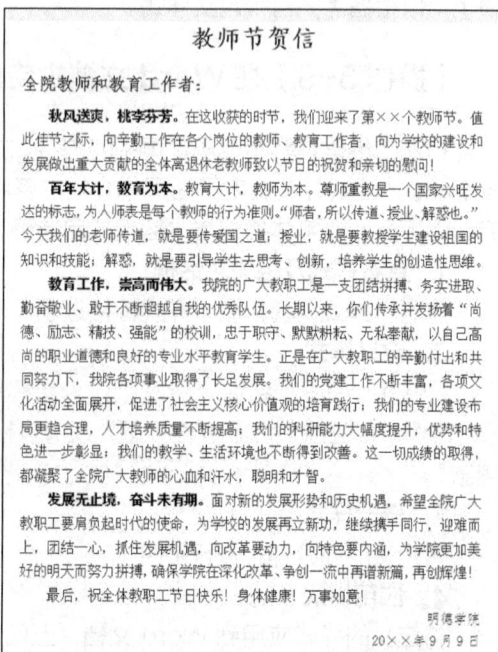

图 3-11　"教师节贺信.docx"的效果

【任务实现】

1. 设置标题和第 2 行文字的字符格式

①选中文档中的标题"教师节贺信",在"开始"选项卡"字体"组的"字体"下拉列表框中选择"楷体",在"字号"下拉列表框中选择"二号",单击"加粗"按钮 B 。

②选中第 2 行文字"全院教师和教育工作者:",在"开始"选项卡"字体"组的"字体"下拉列表框中选择"仿宋",在"字号"下拉列表框中选择"小三号",单击"加粗"按钮 B 。

2. 设置正文第 1 段文本内容的字符格式

首先选中正文第 1 段文本内容,然后打开"字体"对话框。

在"字体"对话框的"字体"选项卡中设置中文字体为"宋体",设置字形为"常规",设置字号为"小四"。"所有文字""效果"区域的各选项保持默认值不变。

在"字体"对话框中切换到"高级"选项卡,对"缩放""间距""位置"进行合理设置。

3. 利用格式刷快速设置字符格式

选中已设置格式的第 1 段文本,单击"格式刷"按钮,按住鼠标左键,在需要设置相同格式的其他段落文本上拖曳鼠标指针,即可将格式复制到拖曳选中的文本上。

4. 设置标题的段落格式

首先将光标移到标题行内,单击"开始"选项卡"段落"组中的"居中"按钮,即可设置标题行为居中对齐。然后在"开始"选项卡"段落"组中单击"行和段落间距"的按钮 ≡▾ ,在弹出的下拉列表中选择"行距选项"命令,弹出"段落"对话框。在该对话框"缩进和间距"选项卡的"间距"区域中将段前设置为"6 磅",段后设置为"0.5 行",单击"确定"按钮使设置生效并关闭该对话框。

5. 设置正文第 1 段的段落格式

将光标移到正文第 1 段内的任意位置,打开"段落"对话框。在"段落"对话框的"缩进和间距"选项卡中,将对齐方式设置为"两端对齐",大纲级别设置为"正文文本";将缩进区域的左侧和右侧设置为"0 字符",特殊格式设置为"首行缩进",缩进值设置为"2 字符";将"间距"区域的段前和段后设置为"0 行",行距设置为"固定值",设置值设置为"20 磅"。

6. 利用格式刷快速设置其他各段的格式

选中已设置格式的第 1 段,单击"格式刷"按钮,按住鼠标左键,在需要设置相同格式的其他各段落上拖曳鼠标指针,即可将格式复制到该段落。

7. 设置正文中关键句子的字符格式

①选中文档中第 1 个关键句子"秋风送爽,桃李芬芳。",在"开始"选项卡"字体"组的"字体"下拉列表框中选择"黑体",在"字号"下拉列表框中选择"小四号",单击"加粗"按钮 B 。

②选中已设置格式的第 1 个关键句子"秋风送爽,桃李芬芳。",双击"格式刷"按钮,然后按住鼠标左键,在需要设置相同格式的其他关键句子"百年大计,教育为本。""教育工作,崇高而伟大。""发展无止境,奋斗未有期。"上拖曳鼠标指针,即可将格式复制到拖曳选中的文本上。

8. 设置贺信的落款与日期的格式

①选中贺信文档中的落款与日期,在"开始"选项卡"字体"组的"字体"下拉列表中选择"仿宋",在"字号"下拉列表中选择"小四号"。

②选中贺信文档中的落款与日期,打开"段落"对话框,在该对话框的"缩进和间距"选项卡"间距"区域的"行距"下拉列表框中选择"多倍行距",在"设置值"数值微调框中输入"1.2",单击"确定"按钮关闭该对话框。

Word 文档"教师节贺信.docx"的最终设置效果如图 3-11 所示。

9. 保存文档

单击快速访问工具栏中的"保存"按钮 ，对 Word 文档"教师节贺信.docx"进行保存操作。

【任务 3-4】创建与应用"通知"文档中的样式与模板

【任务描述】

打开 Word 文档"关于暑假放假及秋季开学时间的通知.docx"，按照以下要求完成相应的操作。

（1）创建以下各个样式

①通知标题：字体为"宋体"，字号为"小二号"，字形为"加粗"，居中对齐，行距为最小值"28 磅"，段前间距为"6 磅"，段后间距为"1 行"，大纲级别为"1 级"，自动更新。

②通知小标题：字体为"宋体"，字号为"小三号"，字形为"加粗"，首行缩进"2 字符"，大纲级别为"2 级"，行距为固定值"28 磅"，自动更新。

③通知称呼：字体为"宋体"，字号为"小三号"，行距为固定值"28 磅"，无缩进，大纲级别为"正文文本"，自动更新。

④通知正文：字体为"宋体"，字号为"小三号"，首行缩进"2 字符"，行距为固定值"28 磅"，大纲级别为"正文文本"，自动更新。

⑤通知署名：字体为"宋体"，字号为"三号"，行距为"1.5 倍行距"，右对齐，大纲级别为"正文文本"，自动更新。

⑥通知日期：字体为"宋体"，字号为"小三号"，行距为"1.5 倍行距"，右对齐，大纲级别为"正文文本"，自动更新。

⑦文件头：字体为"宋体"，字号为"小初"，字形为"加粗"，颜色为"红色"，行距为"单倍行距"，居中对齐，字符间距为加宽 10 磅。

（2）应用自定义的样式

①文件头应用样式"文件头"，通知标题应用样式"通知标题"。

②通知称呼应用样式"通知称呼"，通知正文应用样式"通知正文"。

③通知署名应用样式"通知署名"，通知日期应用样式"通知日期"。

④通知正文中"1. 暑假放假时间""2. 秋季开学时间"应用样式"通知小标题"。

（3）制作文件头

在文件头位置插入水平线段，并设置其线型为由粗到细的双线，线宽为 4.5 磅，长度为 15.88 厘米，颜色为红色，文件头的效果如图 3-12 所示。

（4）制作印章

在"通知"落款位置插入图 3-13 所示的印章，设置印章的高度为 4.05 厘米，宽度为 4 厘米。

图 3-12　文件头的效果

图 3-13　印章效果

（5）创建模板

利用 Word 文档"关于暑假放假及秋季开学时间的通知.docx"创建模板"通知模板.dotx"，且保存在同一文件夹中。

完成以上操作后，打开 Word 文档"关于'五一'国际劳动节放假的通知.docx"，然后加载模板"通知模板.dotx"，利用模板"通知模板.dotx"中的样式分别设置通知标题、称呼、正文、署名和日期的格式。

Word 文档"关于 20××年'五一'国际劳动节放假的通知.docx"的最终设置效果如图 3-14 所示。

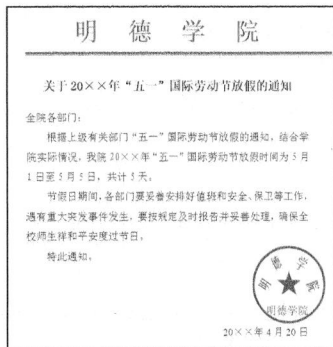

图 3-14　Word 文档"关于 20××年'五一'国际劳动节放假的通知.docx"的最终设置效果

> **说明**　通知的内容一般包括标题、称呼、正文和落款，其写作要求如下。
>
> ①标题：写在第 1 行正中。可以只写"通知"二字，如果事情重要或紧急，也可以写"重要通知"或"紧急通知"以引起注意。可以在"通知"前面写上发通知的单位名称，还可以写上通知的主要内容。
>
> ②称呼：写被通知者的姓名、职称或单位名称，在第 2 行顶格写。有时，因通知事项简短，内容单一，书写时也可略去称呼，直起正文。
>
> ③正文：另起一行，空两格写正文。正文因内容而异。开会的通知要写清开会的时间、地点、参加会议的对象，以及开什么会，还要写清要求。布置工作的通知，要写清所通知事件的目的、意义，以及具体要求。
>
> ④落款：分两行写在正文右下方，一行为署名，一行为日期。
>
> 通知一般采用条款式行文，简明扼要，使被通知者能一目了然，便于遵照执行。

【任务实现】

1. 打开文档

打开 Word 文档"关于暑假放假及秋季开学时间的通知.docx"。

2. 定义样式

在"开始"选项卡"样式"组中单击右下角的"样式"按钮 ，弹出"样式"窗格，在该窗格中单击"新建样式"按钮 ，打开"根据格式设置创建新样式"对话框，按以下步骤创建新样式。

①在"名称"文本框中输入新样式的名称"通知标题"。

②在"样式类型"下拉列表框中选择"段落"。

③在"样式基准"下拉列表框中选择新样式的基准样式，这里选择"正文"。

④在"后续段落样式"下拉列表框中选择"通知标题"。

⑤在"格式"区域设置字符格式和段落格式，这里设置字体为"宋体"、字号为"小二号"、字形为"加粗"、对齐方式为"居中对齐"。

⑥在对话框中单击左下角"格式"按钮，在弹出的下拉列表中选择"段落"命令，打开"段落"对话框，在该对话框中设置行距为最小值"28 磅"，段前间距为"6 磅"，段后间距为"1 行"，大纲级别为"1 级"。单击"确定"按钮返回"根据格式设置创建新样式"对话框。

⑦勾选"添加到样式库"复选框，将创建的样式添加到样式库中。然后勾选"自动更新"复选框，这样如果该样式进行了修改，则所有套用该样式的内容将同步进行自动更新。

⑧单击"确定"按钮完成新样式定义并关闭该对话框，新创建的样式"通知标题"便显示在"样式"列表中。

应用类似方法创建"通知小标题""通知称呼""通知正文""通知署名""通知日期""文件头"等多个自定义样式。

3. 修改样式

在"样式"窗格中单击"管理样式"按钮 ✨，打开"管理样式"对话框。

在"管理样式"对话框中单击"修改"按钮，打开"修改样式"对话框，在该对话框中对样式的属性和格式等方面进行修改，修改方法与新建样式类似。

4. 应用样式

选中文档中需要应用样式的通知标题"关于暑假放假及秋季开学时间的通知"，然后在"样式"窗格"样式"列表中选择所需要的样式"通知标题"。

应用类似方法依次选中通知称呼、通知正文、通知署名、通知日期和文件头，分别应用对应的自定义样式即可。

5. 在文件头位置插入水平线段

在"插入"选项卡的"插图"组单击"形状"按钮，在弹出的下拉列表中选择"直线"，然后在文件头位置绘制一条水平线条。选中该线条，在"绘图工具-格式"选项卡"大小"组中设置线条宽度为"15.88 厘米"。

在该线条上单击鼠标右键，在弹出的快捷菜单中选择"设置形状格式"命令，在弹出的"设置形状格式"窗格的"线条"组下将颜色设置为"红色"，宽度设置为"4.5 磅"，复合类型设置为"由粗到细"，如图 3-15 所示。

6. 在通知落款位置插入印章

将光标置于通知的落款位置，在"插入"选项卡的"插图"组单击"图片"按钮，在弹出的"插入图片"对话框中选择印章图片，然后单击"插入"按钮，即可插入印章图片。选中该印章图片，在"绘图工具-格式"选项卡的"大小"组中将高度设置为"4.05 厘米"，宽度设置为"4 厘米"。

7. 创建新模板

选择"文件"选项卡中的"另存为"命令，单击"浏览"按钮，打开"另存为"对话框。在该对话框中将保存位置设置为"任务 3-4"，在"保存类型"下拉列表框中选择"Word 模板（*.dotx）"，在"文件名"文本框中输入模板的名称"通知模板.dotx"，如图 3-16 所示。单击"保存"按钮，创建新的模板。

图 3-15　在"设置形状格式"窗格中设置线条的参数

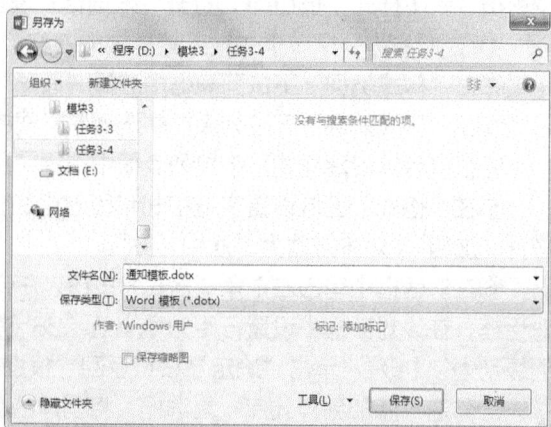

图 3-16　"另存为"对话框

8. 打开文档与加载自定义模板

①打开 Word 文档"关于 20××年'五一'国际劳动节放假的通知.docx"。

②在"文件"选项卡中选择"选项"命令，打开"Word 选项"对话框，在该对话框中选择"加载项"选项，然后在"管理"下拉列表框中选择"模板"选项，单击"转到..."按钮，打开"模板和加载项"对话框。

③在"模板和加载项"对话框中的"文档模板"区域单击"选用"按钮，打开"选用模板"对话框，在该对话框中选择文件夹"任务 3-4"中的模板"通知模板.dotx"，单击"打开"按钮返回"模板和加载项"对话框。

④在"模板和加载项"对话框中的"共用模板及加载项"区域单击"添加"按钮，打开"添加模板"对话框，在该对话框中选择文件夹"任务 3-4"中的模板"通知模板.dotx"，如图 3-17 所示。

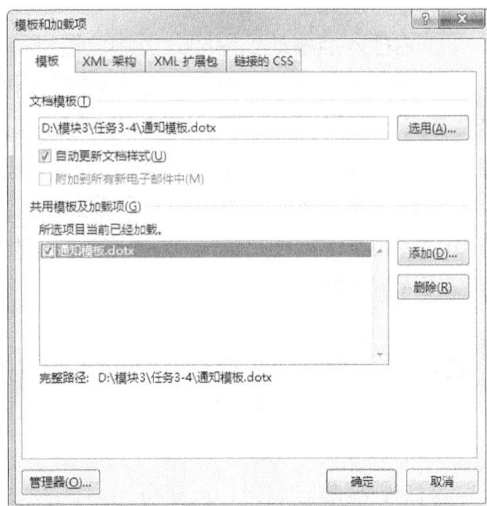

⑤单击"确定"按钮返回"模板和加载项"对话框，将所选的模板添加到模板列表中。在"模板和加载项"对话框中，勾选"自动更新文档样式"复选框，这样每次打开文档时就会自动更新活动文档的样式以匹配模板样式，如图 3-18 所示。

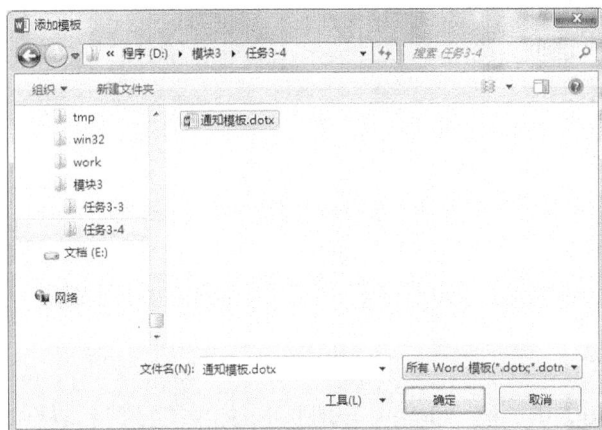

图 3-17　选择文件夹"任务 3-4"中的模板"通知模板.dotx"　　图 3-18　勾选"自动更新文档样式"复选框

⑥单击"确定"按钮，则当前文档将会加载所选用的模板。

9. 在文档"关于 20××年'五一'国际劳动节放假的通知.docx"中应用加载模板中的样式

选中 Word 文档"关于 20××年'五一'国际劳动节放假的通知.docx"中的通知标题"关于 20××年'五一'国际劳动节放假的通知"，然后在"样式"窗格"样式"列表中选择所需要的样式"通知标题"。

应用类似方法依次选中通知称呼、通知正文、通知署名、通知日期和文件头，并分别应用对应的自定义样式。

Word 文档"关于 20××年'五一'国际劳动节放假的通知.docx"的最终设置效果如图 3-14 所示。

10. 保存文档

单击快速访问工具栏中的"保存"按钮，对 Word 文档"关于 20××年'五一'国际劳动节放假的通知.docx"进行保存操作。

3.6 Word 2016 页面设置与文档打印

页面设置主要包括页边距、纸张、版式、文档网格等方面的版面设置。页边距是指页面中文本四周距纸张边缘的距离，包括左、右边距和上、下边距。页边距可以通过"页面设置"对话框或标尺进行调整。

Word 文档正式打印之前，可以利用"打印预览"功能预览文档的外观效果，如果不满意，可以重新编辑修改，直到满意后再进行打印。

3.6.1 文档内容分页与分节

1. 分页

当文档内容满一页时，Word 2016 将自动插入一个分页符并且生成新页。如果需要将同一页的文档内容分别放置在不同页中，可以通过插入分页符的方法来实现，操作方法如下。

①将插入点移动到需要分页的位置。

②单击"布局"选项卡"页面设置"组中的"分隔符"按钮，在弹出的下拉列表中选择"分页符"选项，如图 3-19 所示，即可插入一个分页符，实现分页操作。

此时如果切换到"页面视图"模式，则会出现一个新页面，如果切换到"草稿视图"模式，则会出现一条贯穿页面的虚线。

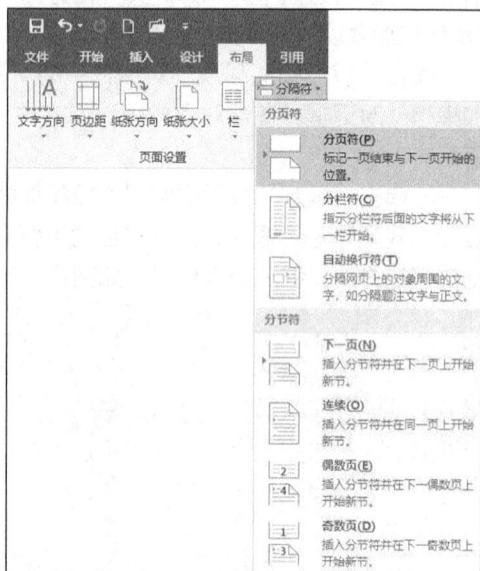

图 3-19 "分隔符"下拉列表

> **提示** 在"插入"选项卡的"页面"组直接单击"分页"按钮，或者按"Ctrl+Enter"组合键，也可以插入分页符。

如果要删除分页符，只需将光标置于分页符之前，按"Delete"键即可。如果需要删除文档中多个分页符，可以使用"替换"功能实现。

2. 分节

"节"是文档格式设置的基本单位，Word 文档默认整个文档为一节，在同一节内，文档各页的页面格式完全相同。在 Word 文档中，一个文档可以分为多个节，从而可以根据需要为每节都设置各自的格式，且不会影响其他节的格式设置。

在 Word 文档中，可以使用"分节符"将文档进行分节，然后以节为单位设置不同的页眉或页脚。

在图 3-19 所示的"分隔符"下拉列表中选择一种合适的分节符类型进行分节操作。

①下一页：在插入分节符位置进行分页，下一节从下一页开始。

②连续：分节后，同一页中下一节的内容紧接上一节的节尾。

③偶数页：在下一个偶数页开始新的一节，如果分节符在偶数页上，则会空出下一个奇数页。

④奇数页：在下一个奇数页开始新的一节，如果分节符在奇数页上，则会空出下一个偶数页。

如果要删除分节，只需将光标置于分节符之前，按"Delete"键即可。如果需要删除文档中多个分节符，可以使用"替换"功能实现。

3.6.2 设置页面边框

在页面四周可以添加边框，添加页面边框的方法如下。

单击"布局"选项卡"页面设置"组中的"页面设置"按钮 ⌐，弹出"页面设置"对话框，单击"版式"选项卡中的"边框"按钮，打开"边框和底纹"对话框的"页面边框"选项卡，如图 3-20 所示。在"页面边框"选项卡中，可以选择边框类型、样式、颜色、宽度和艺术型等，还可以单击"选项"按钮，在打开的"边框和底纹选项"对话框中设置边距和边框选项等参数，如图 3-21 所示。

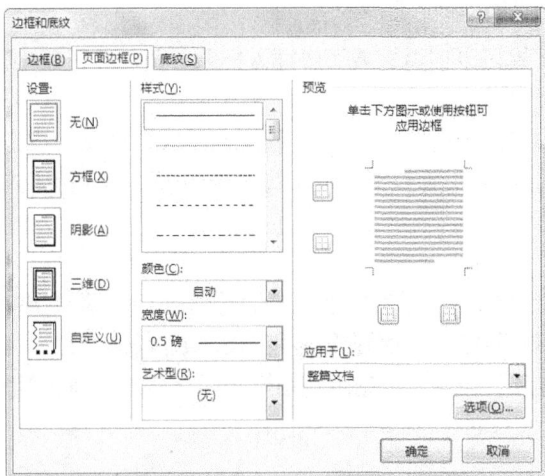

图 3-20 "边框和底纹"对话框的"页面边框"选项卡

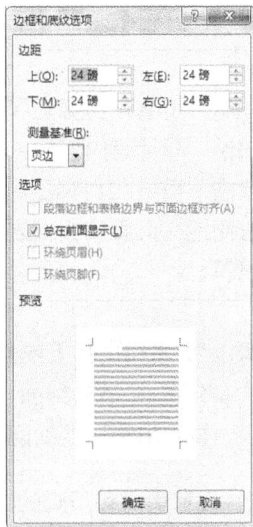

图 3-21 "边框和底纹选项"对话框

页面边框的格式设置完成后，单击"确定"按钮即可。

3.6.3 页面设置

扫描二维码，熟悉电子活页中的内容。掌握 Word 文档的页面设置方法，完成设置页边距、设置纸张、设置布局、设置文档网格等操作。

电子活页 3-16

页面设置

3.6.4 设置页眉与页脚

Word 文档的页眉出现在每一页的顶端，如图 3-22 所示，页脚出现在每一页的底端，如图 3-23 所示。一般页眉的内容可以为章标题、文档标题、页码等内容，页脚的内容通常为页码。页眉和页脚分别在主文档上、下页边距线之外，它们不能与主文档同时编辑，需要单独进行编辑。

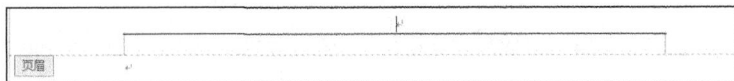

图 3-22 Word 文档的页眉

图 3-23 Word 文档的页脚

1. 插入页眉和页脚

单击"插入"选项卡"页眉和页脚"组的"页眉"按钮，在弹出的下拉菜单中选择"编辑页眉"命令，进入页眉的编辑状态，显示图 3-24 所示的"页眉和页脚工具-设计"选项卡，同时光标自动置于页眉位置，在页眉区域输入页眉内容即可。

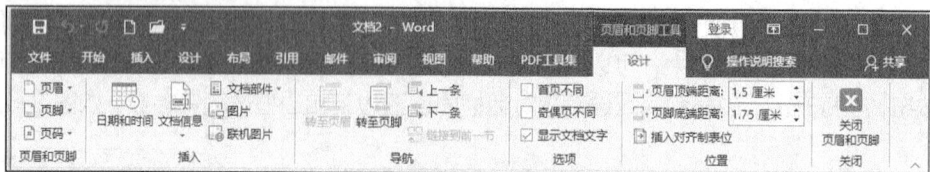

图 3-24　"页眉和页脚工具-设计"选项卡

利用"页眉和页脚工具-设计"选项卡的工具可以在页眉或页脚插入标题、页码、日期和时间、文档部件、图片等内容。

单击"页眉和页脚工具-设计"选项卡"导航"组中的"转至页眉"或"转至页脚"按钮，可以很方便地在页眉和页脚之间进行切换。光标切换到页脚位置，在页脚区域内可以输入页脚内容，如页码等。

> **提示**　"页眉和页脚工具-设计"选项卡中的"显示文档文字"复选框用于显示或隐藏文档中的文字，"链接到前一节"按钮用于在不同节中设置相同或不同的页眉或页脚，"上一条"按钮用于切换到前一节的页眉或页脚，"下一条"按钮用于切换到后一节的页眉或页脚。

2. 设置页眉和页脚的格式

页眉和页脚的内容也可以进行编辑修改和格式设置，如设置对齐方式等，其编辑方法和格式设置方法与在 Word 文档页面编辑区中编辑和设置格式的方法相同。

页眉和页脚设置完成后，在"页眉和页脚工具"选项卡的"关闭"组中单击"关闭页眉和页脚"按钮，即可返回文档页面。

3.6.5　插入与设置页码

在 Word 文档中插入页码的方法如下。

1. 插入页码

单击"插入"选项卡"页眉和页脚"组的"页码"按钮，在弹出的下拉列表中选择页码的页面位置、对齐方式和强调形式。

2. 设置页码格式

在"页码"下拉菜单中选择"设置页码格式"命令，打开"页码格式"对话框，在"编号格式"下拉列表框中选择一种合适的编号格式，在"页码编号"区域选择"续前节"或"起始页码"单选按钮。单击"确定"按钮关闭该对话框，完成页码格式的设置。

电子活页 3-17

打印文档

3.6.6　打印文档

扫描二维码，熟悉电子活页中的内容。掌握 Word 文档的打印方法，完成设置打印份数、设置打印文稿范围、设置打印方式等操作。

【任务 3-5】"教师节贺信"文档页面设置与打印

【任务描述】

打开 Word 文档"教师节贺信.docx",按照以下要求完成相应的操作。

①将上、下边距设置为"3 厘米",左、右边距设置为"3.5 厘米",方向设置为"纵向"。将纸张大小设置为"A4"。

②将页眉距边界的距离设置为"2 厘米",将页脚距边界的距离设置为"2.75 厘米",设置页眉和页脚"奇偶页不同"和"首页不同"。

③将"网格"类型设置为"指定行和字符网格":每行 39 个字符,跨度为 10.5 磅;每页 43 行,跨度为 15.6 磅。

④首页不显示页眉,偶数页和奇数页的页眉都设置为"教师节贺信"。

⑤在页脚插入页码,页码居中对齐,起始页码为 1。

⑥连接打印机,打印一份文稿。

【任务实现】

1. 打开文档

打开 Word 文档"教师节贺信.docx"。

2. 设置页边距

①打开"页面设置"对话框,切换到"页边距"选项卡。

②在"页面设置"对话框"页边距"选项卡中的"上""下"两个数值微调框中输入"3 厘米",在"左""右"两个数值微调框中利用微调按钮 ⬍ 将边距值调整为"3.5 厘米"。

③在"纸张方向"区域选择"纵向"。

④在"应用于"下拉列表框中选择"整篇文档"。

3. 设置纸张

在"页面设置"对话框中切换到"纸张"选项卡,将纸张大小设置为"A4"。

4. 设置布局

在"页面设置"对话框中切换到"版式"选项卡,将节的起始位置设置为"新建页"。在"页眉和页脚"组勾选"奇偶页不同""首页不同"复选框,在"距边界"设置项的"页眉"数值微调框中输入"2 厘米","页脚"数值微调框中输入"2.75 厘米"。将垂直对齐方式设置为"顶端对齐"。

5. 设置文档网格

在"页面设置"对话框中切换到"文档网格"选项卡。在"文字排列"区域选择"水平"单选按钮,将栏数设置为"1";在"网格类型"区域选择"指定行和字符网格"单选按钮;在"字符数"区域"每行"数值微调框中输入"39","跨度"数值微调框中输入"10.5 磅";在"行数"区域"每页"数值微调框中输入"43","跨度"数值微调框中输入"15.6 磅"。

6. 插入页眉

单击"插入"选项卡"页眉和页脚"组的"页眉"按钮,在弹出的下拉菜单中选择"编辑页眉"命令,进入页眉的编辑状态。在页眉区域输入页眉内容"教师节贺信",然后对页眉的格式进行设置。

7. 在页脚插入页码

首先单击"插入"选项卡"页眉和页脚"组的"页码"按钮,在弹出的下拉菜单中选择"页面底端"级联菜单中的"普通数字 2"命令。

然后在"页码"下拉菜单中选择"设置页码格式"命令，打开"页码格式"对话框，在"编号格式"下拉列表框中选择阿拉伯数字"1，2，3，..."，在"页码编号"区域选择"起始页码"单选按钮，指定起始页码为"1"，如图 3-25 所示。

单击"确定"按钮关闭该对话框，完成页码格式的设置。

8. 保存文档

单击快速访问工具栏中的"保存"按钮 🖫，对 Word 文档"教师节贺信.docx"进行保存。

9. 打印文档

图 3-25 "页码格式"对话框

Word 文档设置完成后，选择"文件"选项卡中的"打印"命令，显示打印界面，在该界面对打印份数、打印机、打印范围、打印方式等参数进行设置，然后单击"打印"按钮打印文档。

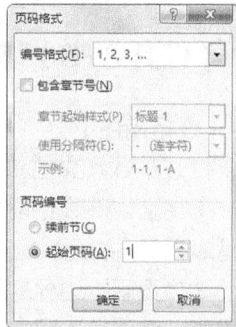

3.7 Word 2016 表格制作与数值计算

使用表格可以使文档内容表达更加准确、清晰、有条理。表格由多行和多列组成，水平的称为行，垂直的称为列，行与列交叉，形成表格的单元格，在表格的单元格中可以输入文字和插入图片。

3.7.1 创建表格

【操作 3-11】在 Word 文档中创建表格

电子活页 3-18

在 Word 文档中
创建表格

扫描二维码，熟悉电子活页中的内容。尝试并掌握电子活页中介绍的创建表格的操作方法，完成以下操作。

1. 使用"插入"选项卡中的"表格"按钮快速插入表格

打开 Word 文档"学生花名册.docx"，单击"插入"选项卡中的"表格"按钮，在表格标题"学生花名册"下一行插入一张 6 行 4 列的表格，表格中第 1 行为表格标题行，各列的标题分别为"序号""姓名""性别""出生日期"。

2. 使用"插入表格"对话框插入表格

打开 Word 文档"课程成绩汇总.docx"，打开"插入表格"对话框，在表格标题"课程成绩汇总"下一行插入一张 10 行 5 列的表格，表格中第 1 行为表格标题行，各列的标题分别为"序号""姓名""课程 1 成绩""课程 2 成绩""平均成绩"。

3.7.2 绘制与擦除表格线

1. 绘制表格线

在"插入"选项卡的"表格"下拉菜单中选择"绘制表格"命令，移动鼠标指针，定位到需要绘制表格线的位置，如第 5 列，鼠标指针变为铅笔的形状 ✐。按住鼠标左键并拖曳鼠标，在表格内绘制表格线，如图 3-26 所示。拖曳鼠标指针至合适位置，松开鼠标左键，表格线便绘制完成。再次选择"绘制表格"命令，返回文档编辑状态。

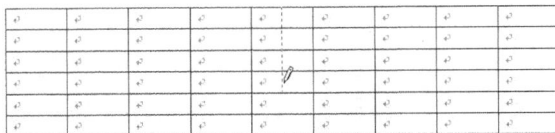

图 3-26　绘制表格线

2. 擦除表格线

将光标置于表格中，系统自动显示"表格工具-设计"选项卡，如图 3-27 所示。切换至"表格工具-布局"选项卡，如图 3-28 所示。

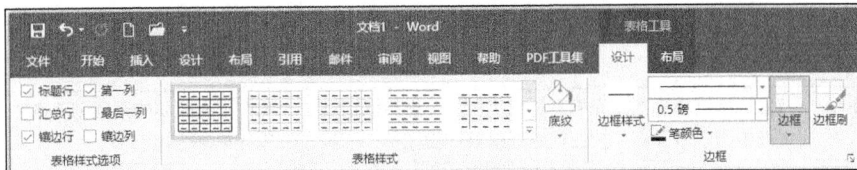

图 3-27　"表格工具-设计"选项卡

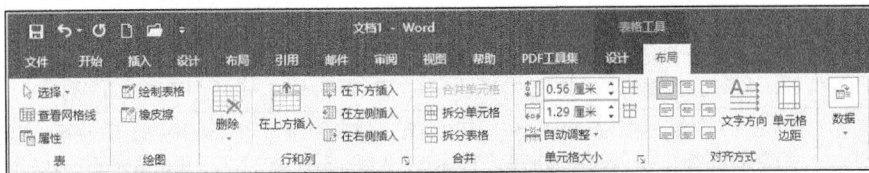

图 3-28　"表格工具-布局"选项卡

若要擦除某一条表格线，可在"表格工具-布局"选项卡中单击"橡皮擦"按钮，移动鼠标指针，定位到需要擦除表格线的位置，鼠标指针变为橡皮擦的形状。按住鼠标左键并拖曳鼠标指针，如图 3-29 所示。拖曳鼠标指针至合适位置，然后松开鼠标左键，对应的表格线将被清除。再次单击"表格工具-布局"选项卡中的"橡皮擦"按钮，返回文档编辑状态。

图 3-29　擦除表格线

3.7.3　移动与缩放表格

1. 移动表格

将鼠标指针移动到表格内，表格的左上角将会出现一个带双箭头的"表格移动控制"图标，将鼠标指针移动到"表格移动控制"图标处，当鼠标指针变为时，按住鼠标左键并拖曳鼠标可以移动表格。

将鼠标指针移动到表格内，单击鼠标右键，弹出"表格属性"对话框。在该对话框"表格"选项卡中的"对齐方式"区域选择"左对齐"方式，"左缩进"数值微调框被激活，可以在此输入或调整数字框中的数字以改变表格距左边界的距离，这里输入"3 厘米"，如图 3-30 所示，单击"确定"按钮即可调整表格在文档中的缩进距离。

图 3-30　在"表格属性"对话框中设置"左缩进"

2. 缩放表格

当鼠标指针移过表格时，表格的右下角会出现一个小正方形，当鼠标指针移到该小正方形处变为向左上方斜的箭头↖时，按住鼠标左键并拖曳鼠标，可以改变列宽或行高，实现表格的缩放。

3.7.4 表格中的选中操作

1. 使用鼠标选中

使用鼠标选中单元格、行、列和整个表格的操作方法如表 3-1 所示。

表 3-1 使用鼠标选中单元格、行、列和整个表格的操作方法

选中表格对象	操作方法
选中一个或多个单元格	将鼠标指针移动到单元格左边框内侧处，当鼠标指针变为向右上方倾斜的黑色箭头↗时，单击鼠标左键选中当前单元格，按住鼠标左键并拖曳鼠标，所经过的单元格都会被选中
选中一行或多行	移动鼠标指针到待选中行的左边框外侧，当鼠标指针变为向右上方的空心箭头↗时，单击鼠标左键可选中一行，上下拖曳鼠标可选中连续的多行，先单击选定一行，然后按住"Ctrl"键单击，可选中不连续的多行
选中一列或多列	移动鼠标指针到待选中列的上边框，当鼠标指针变为向下方的黑色箭头↓时，单击鼠标左键可选中该列，水平拖曳鼠标可选中连续的多列，按住"Ctrl"键单击，可选中不连续的多列
选中整个表格	【方法1】将鼠标指针移动到表格内，表格的左上角将会出现一个带双箭头的"表格移动控制"图标⊞，将鼠标指针移动到"表格移动控制"图标处，当鼠标指针变为✛时，单击鼠标左键可以选中整个表格 【方法2】在表格左边框外侧由下至上或者由上至下拖曳鼠标指针，通过选中所有行而选中整个表格 【方法3】在表格上边框由左至右或者由右至左拖曳鼠标指针，通过选中所有列而选中整个表格

2. 使用"表格工具-布局"选项卡"选择"下拉菜单中的命令选中

将光标置于表格中，在功能区选择"表格工具-布局"选项卡，在"表"组中单击"选择"按钮打开其下拉菜单，如图 3-31 所示。

使用"选择"下拉菜单中的命令选中单元格、行、列和整个表格的操作方法如表 3-2 所示。

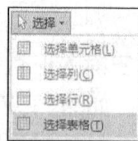

图 3-31 "选择"下拉菜单

表 3-2 使用"选择"下拉菜单中的命令选中单元格、行、列和整个表格的操作方法

选中表格对象	操作方法
选中一个单元格	将光标移动到选中的单元格中，在"表格工具-布局"选项卡"选择"下拉菜单中选择"选择单元格"命令
选中一列	将光标移动到待选中列的一个单元格中，在"表格工具-布局"选项卡"选择"下拉菜单中选择"选择列"命令
选中一行	将光标移动到待选中行的一个单元格中，在"表格工具-布局"选项卡"选择"下拉菜单中选择"选择行"命令
选中整个表格	将光标移动到待选中表格的一个单元格中，在"表格工具-布局"选项卡"选择"下拉菜单中选择"选择表格"命令

3. 在表格中移动光标

在表格中输入和编辑文本时，首先要在表格中移动光标定位，最简便的方法是将鼠标指针置于需要的位置后单击鼠标左键，也可使用键盘来移动光标。在表格中移动光标的常用按键如表 3-3 所示。

表 3-3　在表格中移动光标的常用按键

按键	功能	按键	功能
→	至同一行的后一个单元格内	Alt+End	至同一行的最后一个单元格内
←	至同一行的前一个单元格内	Alt+Page Up	至同一列的第一个单元格内
↑	至同一列的上一个单元格内	Alt+Page Down	至同一列的最后一个单元格内
↓	至同一列的下一个单元格内	Tab	选择同一行的后一个单元格的内容
Alt+Home	至同一行的第一个单元格内	Shift+Tab	选择同一行的前一个单元格的内容

3.7.5　表格中的插入操作

【操作 3-12】Word 文档表格中的插入操作

　　扫描二维码，熟悉电子活页中的内容。打开已插入表格的 Word 文档"学生花名册.docx"，尝试并掌握电子活页中介绍的表格中的多种插入操作方法，完成插入行、插入列、插入单元格、插入表格等操作。

电子活页 3-19

Word 文档表格中的插入操作

3.7.6　表格中的删除操作

【操作 3-13】Word 文档表格中的删除操作

　　扫描二维码，熟悉电子活页中的内容。打开已插入表格的 Word 文档"学生花名册.docx"，尝试并掌握电子活页中介绍的表格中的多种删除操作方法，完成删除一行、删除一列、删除单元格、删除表格、删除表格中的内容等操作。

电子活页 3-20

Word 文档表格中的删除操作

3.7.7　调整表格行高和列宽

【操作 3-14】在 Word 文档中调整表格行高和列宽

　　扫描二维码，熟悉电子活页中的内容。打开已插入表格的 Word 文档"学生花名册.docx"，尝试并掌握电子活页中介绍的在 Word 文档中调整表格行高和列宽的操作方法，完成拖曳鼠标粗略调整行高、拖曳鼠标粗略调整列宽、平均分布各行、平均分布各列、自动调整列宽、使用"表格工具–布局"选项卡精确调整行高和列宽、使用"表格属性"对话框精确调整表格的宽度、行高和列宽等操作。

电子活页 3-21

在 Word 文档中调整表格行高和列宽

3.7.8　合并与拆分单元格

【操作 3-15】在 Word 文档中合并与拆分单元格

　　扫描二维码，熟悉电子活页中的内容。打开已插入表格的 Word 文档"学生花

电子活页 3-22

在 Word 文档中合并与拆分单元格

名册.docx"，尝试并掌握电子活页中介绍的在 Word 文档中合并与拆分单元格的操作方法，完成单元格的合并、单元格的拆分、表格的拆分等操作。

3.7.9 表格格式设置

【操作 3-16】Word 文档中的表格格式设置

电子活页 3-23

Word 文档中的
表格格式设置

扫描二维码，熟悉电子活页中的内容。打开已插入表格的 Word 文档"学生花名册.docx"，尝试并掌握电子活页中介绍的在 Word 文档中设置表格格式的操作方法，完成设置表格的对齐方式和文字环绕方式、设置表格的边框和底纹、设置单元格的边距等操作。

3.7.10 表格内容输入与编辑

表格中的每个单元格都可以输入文本或者插入图片，也可以插入嵌套表格。单击需要输入内容的单元格，然后输入文本、插入图片或插入嵌套表格即可，其方法与在文档中的操作相同。

若需要修改某个单元格中的内容，只需单击该单元格，将光标置于该单元格内，在该单元格中选中文本，然后进行修改或删除，也可以复制或剪贴，其方法与在文档中的操作相同。

3.7.11 表格内容格式设置

1. 设置表格中文字的格式

表格中的文本可以像文档段落中的文本一样进行各种格式设置，其操作方法与在文档中的操作基本相同，即先选中内容，然后进行相应的设置。

设置表格中文字格式与设置表格外文档中文字格式的方法相同，可以使用"字体"对话框或者功能区"开始"选项卡"字体"组进行相关格式设置。

在表格中输入文字时，有时需要改变文字的排列方向，如由横向排列改变为纵向排列。将文字变成纵向排列最简单的方法是将单元格的宽度调整至仅有一个汉字宽度，这时因宽度限制，强制文字自动换行，文字就变为纵向排列了。

还可以根据实际需要对表格中文字的方向进行设置，其方法如下。

将光标定位到需要改变文字方向的单元格中，单击"表格工具-布局"选项卡"对齐方式"组的"文字方向"按钮，也可以单击鼠标右键，在弹出的快捷菜单中选择"文字方向"命令，打开图 3-32 所示的"文字方向-表格单元格"对话框。在该对话框中选择合适的文字排列方向，单击"确定"按钮，即可改变文字的排列方向，文字中的标点符号也会改成竖写的标点符号。

图 3-32 "文字方向-表格单元格"对话框

2. 设置表格中文字的对齐方式

表格中文字的对齐方式有水平对齐和垂直对齐两种，表格中文字内容对齐的设置方法如下。

选中需要设置对齐方式的单元格区域、行、列或者整个表格，单击"表格工具-布局"选项卡"对齐方式"组中的对齐按钮即可，如图 3-33 所示。

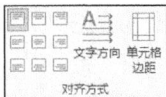

图 3-33　"表格工具-布局"选项卡"对齐方式"组中的对齐按钮

3.7.12　表格中的数值计算与数据排序

Word 2016 提供了简单的表格计算功能，即使用公式来计算表格单元格中的数值。

1. 表格行、列的编号

Word 2016 表格中的每个单元格都对应着一个唯一的编号，编号的方法是以字母 A、B、C、D、E…表示列，以数字 1、2、3、4、5…表示行，如图 3-34 所示。

图 3-34　每个单元格都对应着一个唯一的编号

单元格地址由单元格所有的列号和行号组成，如 B3、C4 等。有了单元格编号，就可以方便地引用单元中的数字进行计算，如 B3 表示第 2 列第 3 行对应的单元格，C4 表示第 3 列第 4 行对应的单元格。

2. 表格中单元格的引用

引用表格中的单元格时，对于不连续的多个单元格，各个单元格地址之间使用半角逗号（,）分隔，如（B3,C4）。对于连续的单元格区域，以区域左上角单元格为起始单元格地址，以区域右下角单元格为终止单元格地址，两者之间使用半角冒号（:）分隔，如（B2:D3）。对于行内的单元格区域，使用（行内第 1 个单元格地址:行内最后 1 个单元格地址）的形式引用。对于列内的单元格区域，使用（列内第 1 个单元格地址:列内最后 1 个单元格地址）的形式引用。

3. 在表格中应用公式计算

表格中常用的计算公式有算术公式和函数公式两种，公式的第 1 个字符必须是半角等号（=），各种运算符和标点符号必须是半角字符。

（1）应用算术公式计算

算术公式的表示方法如下。

=＜单元格地址 1＞＜运算符＞＜单元格地址 2＞……

例如，计算台式机的金额的公式为"=B2*C2"，计算商品总数量的公式为"=C2+C3+C4"。

（2）应用函数公式计算

函数公式的表示方法如下。

=函数名称(单元格区域)

常用的函数有 SUM（求和）、AVERAGE（求平均值）、COUNT（求个数）、MAX（求最大值）和 MIN（求最小值），表示单元格区域的参数有 ABOVE（光标上方各数值单元格）、LEFT（光标左侧各数值单元格）、RIGHT（光标右侧各数值单元格）。例如，计算商品总数量的公式也可以改为 SUM(ABOVE)，即表示计算光标上方各数值之和。

4. 表格中的数据排序

排序是指将一组无序的数字按从小到大或从大到小的顺序排列。字母的升序按照从 A 到 Z 排列，降序则按照从 Z 到 A 排列；数字的升序按照从小到大排列，降序则按照从大到小排列；日期的升序按照从最早的日期到最晚的日期排列，降序则按照从最晚的日期到最早的日期排列。

将光标移动到表格中任意一个单元格中，单击"表格工具-布局"选项卡"数据"组中的"排序"按钮，打开"排序"对话框。在该对话框的"主要关键字"下拉列表框中选择排序关键字，如"金额"，在"类型"下拉列表框中选择"数字"类型，排序方式选择"降序"，如图 3-35 所示，单击"确定"按钮实现降序排序。

图 3-35 "排序"对话框

【任务 3-6】制作班级课表

【任务描述】

打开 Word 文档"班级课表.docx"，在该文档中插入一个 9 列 6 行的班级课表，该表格的具体要求如下。

①表格第 1 行高度的最小值为"1.61 厘米"，第 2 行至第 4 行各行高度均为固定值"1.5 厘米"，第 5 行高度为固定值"1 厘米"，第 6 行高度为固定值"1.2 厘米"。

②表格第 1、2 两列总宽度为"2.52 厘米"，第 3 列至第 8 列各列宽度均为"1.78 厘米"，第 9 列的宽度为"1.65 厘米"。

③将第 1 行的第 1、2 列的两个单元格合并，将第 1 列的第 2、3 行的两个单元格合并，将第 1 列的第 4、5 行的两个单元格合并。

④在表格左上角的单元格中绘制斜线表头。

⑤设置表格在主文档页面水平方向居中对齐。

⑥设置表格外框线为自定义类型，线型为外粗内细，宽度为"3 磅"，其他内边框线为 0.5 磅单细实线。

⑦为表格第 1 行的第 3 列至第 9 列的单元格添加底纹，设置图案样式为"15%灰度"，底纹颜色为橙色（淡色 40%）。

⑧为表格第 1 列和第 2 列（不包括绘制斜线表头的单元格）添加底纹，设置图案样式为浅色棚架，底纹颜色为蓝色（淡色 60%）。

⑨在表格中输入文本内容，将文本内容的字体设置为"宋体"，字形设置为"加粗"，字号设置为"小五"，单元格水平和垂直对齐方式都设置为"居中"。

创建的班级课表最终效果如图 3-36 所示。

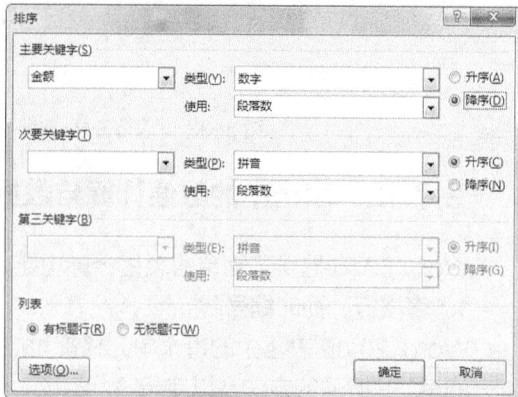

微课视频

【任务 3-6】制作班级课表

图 3-36 班级课表最终效果

【任务实现】

1. 创建与打开 Word 文档

创建并打开 Word 文档"班级课表.docx"。

2. 在 Word 文档中插入表格

①将光标定位到需要插入表格的位置。

②单击"插入"选项卡"表格"组中的"表格"按钮，在弹出的下拉菜单中选择"插入表格"命令，打开"插入表格"对话框。

③在"插入表格"对话框"表格尺寸"区域的"列数"数值微调框中输入"9"，在"行数"数值微调框中输入"6"，对话框中的其他选项保持不变，如图 3-37 所示。单击"确定"按钮，在文档中的光标位置将会插入一个 6 行 9 列的表格。

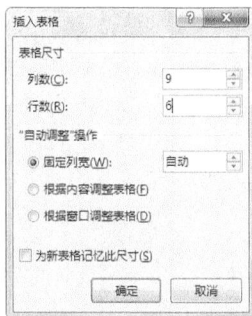

3. 调整表格的行高和列宽

将光标定位到表格第 1 行第 1 列的单元格中，在"表格工具-布局"选项卡"单元格大小"组"高度"数值微调框中输入"1.61 厘米"，在"宽度"数值微调框中输入"1.26 厘米"，如图 3-38 所示。

图 3-37 "插入表格"对话框

将光标定位到表格第 1 行的单元格中，单击"表格工具-布局"选项卡"表"组中的"属性"按钮，如图 3-39 所示，或者单击鼠标右键，在弹出的快捷菜单中选择"表格属性"命令，打开"表格属性"对话框，切换到"行"选项卡。"行"选项卡"尺寸"区域内显示当前行（这里为第 1 行）的行高，先勾选"指定高度"复选框，然后输入或调整高度为"1.61 厘米"，行高值类型选择"最小值"。也可以采用此方法精确设置行高。

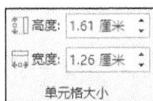

图 3-38 设置行高和列宽

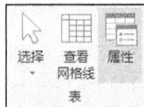

图 3-39 单击"表格工具-布局"
选项卡"表"组中的"属性"按钮

在"行"选项卡中单击"下一行"按钮，设置第 2 行的行高。先勾选"指定高度"复选框，然后在其数值微调框中输入"1.5 厘米"，在"行高值是"下拉列表框中选择"固定值"选项，如图 3-40 所示。

以类似方法设置第 3 行和第 4 行高度为固定值"1.5 厘米"，第 5 行高度为固定值"1 厘米"，第 6 行高度为固定值"1.2 厘米"。

接下来设置第 1 列和第 2 列的列宽。首先选中表格的第 1、2 两列，然后打开"表格属性"对话框。切换到"表格属性"对话框"列"选项卡，先勾选"指定宽度"复选框，然后在其数值微调框中输入"1.26 厘米"（第 1、2 列的总宽度即为 2.52 厘米），在"度量单位"下拉列表框中选择"厘米"选项，精确设置列宽，如图 3-41 所示。

单击"后一列"按钮，设置第 3 列的列宽。先勾选"指定宽度"复选框，然后在其数值微调框中输入"1.78 厘米"，度量单位选择"厘米"。

以类似方法分别将第 4 列至第 8 列的宽度设置为 1.78 厘米，将第 9 列的宽度设置为 1.65 厘米。

设置完成后，单击"确定"按钮，使设置生效并关闭"表格属性"对话框。

4. 合并与拆分单元格

选中第 1 行的第 1、2 列的两个单元格，单击鼠标右键，在弹出的快捷菜单中选择"合并单元格"命令，即可将两个单元格合并为一个单元格。

图 3-40　设置第 2 行的行高　　　　　　图 3-41　精确设置列宽

选中第 1 列的第 2、3 行的两个单元格，单击"表格工具-布局"选项卡"合并"组中的"合并单元格"按钮，即可将两个单元格合并为一个单元格。

单击"表格工具-设计"选项卡"绘图"组中的"橡皮擦"按钮，鼠标指针变为橡皮擦的形状 ，按住鼠标左键并拖曳鼠标，将第 1 列的第 4 行与第 5 行之间的横线擦除，即可将两个单元格予以合并。再次单击"橡皮擦"按钮，取消擦除状态。

5. 绘制斜线表头

单击"表格工具-设计"选项卡"绘图"组中的"绘制表格"按钮，在表格左上角的单元格中自左上角向右下角拖曳鼠标指针，绘制斜线表头，如图 3-42 所示。再次单击"绘制表格"按钮，返回文档编辑状态。

6. 设置表格的对齐方式和文字环绕方式

打开"表格属性"对话框，在"表格"选项卡中的"对齐方式"区域选择"居中"，"文字环绕"区域选择"无"，单击"确定"按钮。

7. 设置表格外框线

①将光标置于表格中，单击"表格工具-设计"选项卡"边框"组中的"边框"按钮，在弹

图 3-42　绘制斜线表头

出的下拉列表中选择"边框与底纹"命令，打开"边框和底纹"对话框，切换到"边框"选项卡。

②在"边框和底纹"对话框"边框"选项卡的"设置"区域选择"自定义"，在"样式"列表框中选择适用于上边框和左边框的"外粗内细"边框类型 ▬▬▬▬▬▬▬ ，在"宽度"下列拉表框中选择"3.0 磅"。

③在"预览"区域单击"上框线"按钮 两次，第 1 次单击取消上框线，第 2 次单击按自定义样式重新设置上框线。单击"左框线"按钮 两次设置左框线。

④在"边框和底纹"对话框"边框"选项卡的"设置"区域选择"自定义"，在"样式"列表框

中选择适用于下边框和右边框的"外细内粗"边框类型 ▬▬▬▬▬，在"宽度"下列拉表框中选择"3.0 磅"。

⑤在"预览"区域分别单击"下框线"按钮⬚、"右框线"按钮⬚各两次，设置对应的框线。

⑥设置的边框可以应用于表格、单元格，以及文字和段落。在"应用于"列表框中选择"表格"。对表格外框线进行设置后，"边框和底纹"对话框的"边框"选项卡如图 3-43 所示。这里仅对表格外框线进行了设置，其他内边框保持 0.5 磅单细实线不变。

⑦边框线设置完成后，单击"确定"按钮使设置生效并关闭"边框和底纹"对话框。

8. 设置表格底纹

①在表格中选中需要设置底纹的区域，这里选中表格第 1 行的第 3 列至第 9 列的单元格。

②打开"边框和底纹"对话框，切换到"底纹"选项卡。在"图案"区域的"样式"下拉列表框中选择"15%"，"颜色"下拉列表框中选择"橙色（淡色 40%）"，如图 3-44 所示，其效果可以在预览区域进行预览。

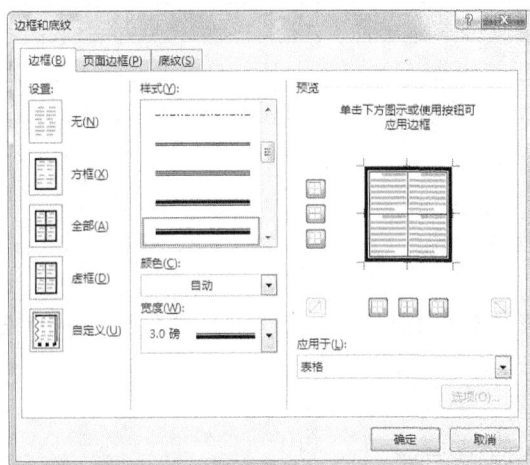

图 3-43 "边框和底纹"对话框的"边框"选项卡　　图 3-44 "边框和底纹"对话框的"底纹"选项卡

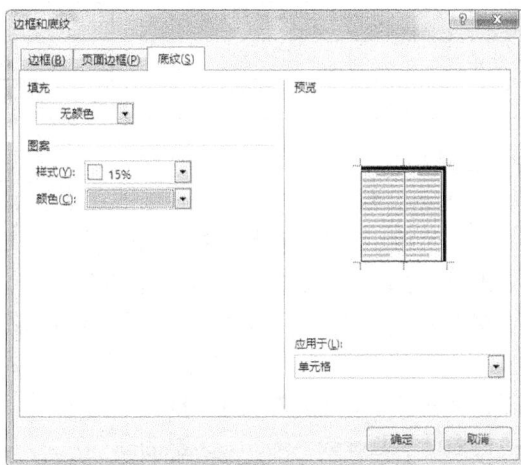

③底纹设置完成后，单击"确定"按钮使设置生效并关闭该对话框。

以类似方法为表格的第 1 列和第 2 列（不包括绘制斜线表头的单元格）添加底纹。

9. 在表格内输入与编辑文本内容

①在绘制了斜线表头单元格的右上角双击，当出现光标后输入文字"星期"，然后在该单元格的左下角双击，在光标处输入文字"节次"。

②在其他单元格中输入图 3-36 所示的文本内容。

10. 表格内容的格式设置

（1）设置表格内容的字体、字形和字号

选中表格内容，在"开始"选项卡"字体"组的"字体"下拉列表框中选择"宋体"，在"字号"下拉列表框中选择"小五"，单击"加粗"按钮。

（2）设置单元格对齐方式

选中表格中所有的单元格，在"表格工具-布局"选项卡"对齐方式"组中单击"水平居中"按钮，即可将单元格的水平和垂直对齐方式都设置为居中。

11. 保存文档

单击快速访问工具栏中的"保存"按钮⬚，对 Word 文档"班级课表.docx"进行保存。

【任务 3-7】计算商品销售表中的金额和数量

【任务描述】

打开 Word 文档"商品销售数据.docx"，商品销售表如表 3-4 所示，对该表格中的数据进行如下计算。

①计算各类商品的金额，且将计算结果填入对应的单元格中。

②计算所有商品的数量总计和金额总计，且将计算结果填入对应的单元格中。

表 3-4　商品销售表

	A	B	C	D
1	商品名称	价格（元）	数量	金额（元）
2	台式机	4860	2	
3	笔记本电脑	8620	5	
4	移动硬盘	780	8	
5	总计			

【任务实现】

1. 打开文档

打开 Word 文档"商品销售表.docx"。

2. 应用算术公式计算各类商品的金额

将光标定位到"商品销售表"的 D2 单元格，在"表格工具-布局"选项卡的"数据"组中单击"公式"按钮，打开"公式"对话框。清除"公式"文本框中原有的公式，然后输入新的计算公式，即"=B2*C2"，并在"编号格式"下拉列表框中选择数字格式。这里选择"0"，即取整数，如图 3-45 所示。单击"确定"按钮，计算结果显示在 D2 单元格中，为 9720。

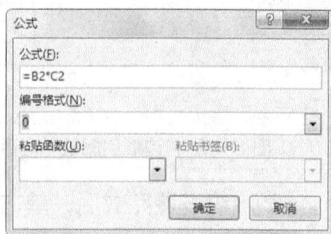

使用类似方法计算"笔记本电脑"的金额和"移动硬盘"的金额。

图 3-45　"公式"对话框

3. 应用算术公式计算所有商品的数量总计

将光标定位到"商品销售表"的 C5 单元格，打开"公式"对话框，在"公式"文本框中输入计算公式"=C2+C3+C4"。单击"确定"按钮，计算结果显示在 C5 单元格中，为 15。

4. 应用函数公式计算所有商品的金额总计

将光标定位到"商品销售表"的 D5 单元格，打开"公式"对话框，保留"公式"文本框中默认的函数公式"= SUM(ABOVE)"。单击"确定"按钮，计算结果显示在 D5 单元格中，为 59060。

商品销售表的计算结果如表 3-5 所示。

表 3-5　商品销售表的计算结果

商品名称	价格（元）	数量	金额（元）
台式机	4860	2	9720
笔记本电脑	8620	5	43100
移动硬盘	780	8	6240
总计	-	15	59060

5．保存文档

单击快速访问工具栏中的"保存"按钮🖫，对 Word 文档"商品销售表.docx"进行保存操作。

3.8 Word 2016 图文混排

可以根据需要在 Word 文档中插入图片、艺术字、自制图形和文本框等，实现图文混排，从而产生图文并茂的效果。

3.8.1 插入与编辑图片

【操作 3-17】在 Word 文档中插入与编辑图片

扫描二维码，熟悉电子活页中的内容。创建并打开 Word 文档"插入与编辑图片.docx"，尝试并掌握电子活页中介绍的在 Word 文档中插入与编辑图片的操作方法，完成以下操作。

电子活页 3-24

在 Word 文档中
插入与编辑图片

1．插入图片

在 Word 文档"插入与编辑图片.docx"中插入 4 张图片：t01.jpg、t02.jpg、t03.jpg、t04.jpg。

2．编辑图片

完成移动、复制图片，改变图片大小，删除图片等操作。

3．设置图片格式

在"设置图片格式"窗格中设置图片格式。

4．设置图片的版式

采用不同的方法设置图片的版式。

3.8.2 插入与编辑艺术字

【操作 3-18】在 Word 文档中插入与编辑艺术字

扫描二维码，熟悉电子活页中的内容。创建并打开 Word 文档"插入与编辑艺术字.docx"，尝试并掌握电子活页中介绍的在 Word 文档中插入与编辑艺术字的方法，完成以下操作。

电子活页 3-25

在 Word 文档中
插入与编辑
艺术字

1．插入艺术字

在 Word 文档"插入与编辑艺术字.docx"中插入艺术字"循序而渐进，熟读而精思"。

2．设置艺术字的样式与文字效果

使用"绘图工具-格式"选项卡的"艺术字样式"组设置艺术字的样式与文字效果。

3．设置艺术字的外框

使用"绘图工具-格式"选项卡的"形状样式"组设置艺术字的外框。

3.8.3 插入与编辑文本框

【操作 3-19】在 Word 文档中插入与编辑文本框

电子活页 3-26

在 Word 文档中
插入与编辑
文本框

扫描二维码，熟悉电子活页中的内容。创建并打开 Word 文档"插入与编辑文本框.docx"，尝试并掌握电子活页中介绍的在 Word 文档中插入与编辑文本框的操作方法，完成以下操作。

1. 插入文本框

在 Word 文档"插入与编辑文本框.docx"中分别插入两个文本框，在第 1 个文本框中输入文字"赏析自然之美"，第 2 个文本框中插入图片 t01.jpg。

2. 调整文本框大小、位置和环绕方式

使用"布局"对话框调整文本框大小、位置和环绕方式。

3.8.4 插入与编辑公式

利用 Word 2016 提供的公式编辑器可以在文档中插入数学公式，插入数学公式的操作方法如下。

①将光标移至需要插入数学公式的位置。

②单击"插入"选项卡"符号"组的"公式"按钮，在弹出的下拉菜单中选择"插入新公式"命令，打开公式编辑框，如图 3-46 所示。同时功能区显示"设计"选项卡，如图 3-47 所示。

在此处键入公式。

图 3-46 公式编辑框

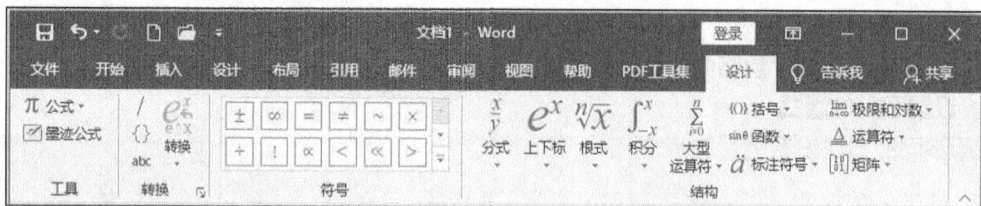

图 3-47 "公式工具-设计"选项卡

③在公式编辑框中输入公式。

3.8.5 绘制与编辑图形

在 Word 文档中除了可以插入图片外，还可以使用系统提供的绘图工具绘制所需的各种图形。单击"插入"选项卡"插图"组的"形状"按钮，在弹出的图 3-48 所示的"形状"下拉列表中选择一种形状，将鼠标指针移到文档中图形绘制的起始位置，当鼠标指针变成十形状时，按住鼠标左键并拖曳鼠标指针，图形大小合适后松开鼠标左键，即可绘制相应的图形。

> **提示** 在"形状"下拉列表中单击"矩形"按钮，按住"Shift"键，再按住鼠标左键拖曳可绘制正方形；单击"椭圆"按钮，按住"Shift"键，再按住鼠标左键拖曳可绘制圆形；单击"椭圆"按钮，按住"Ctrl"键，再按住鼠标左键拖曳可绘制以光标为圆心的椭圆。

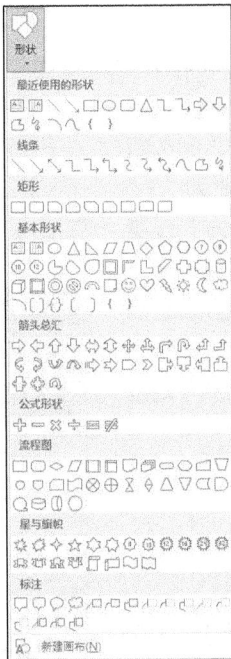

图 3-48   "形状"下拉列表

3.8.6   制作水印效果

水印是文档的背景中隐约出现的文字或图案，当文档的每一页都需要水印时，可通过"页眉和页脚""文本框"组合制作。

①单击"插入"选项卡"页眉和页脚"组中的"页眉"按钮，在弹出的下拉菜单中选择"编辑页眉"命令，进入页眉的编辑状态。

②在"页眉和页脚工具-设计"选项卡的"选项"组中取消勾选"显示文档文字"复选框，隐藏文档中的文字和图形。

③在文档中的合适位置（不一定是页眉或页脚区域）插入一个文本框，并且设置文本框的边框为"无线条"。

④在文本框中输入作为水印的文字或插入图片，并设置文字或图片的格式，将该文本框的环绕方式设置为"衬于文字下方"。

⑤单击"页眉和页脚工具-设计"选项卡"关闭"组中的"关闭页眉和页脚"按钮，完成水印制作，在文档的每一页都将看到水印效果。

【任务 3-8】编辑"九寨沟风景区景点介绍.docx"实现图文混排效果

微课视频

【任务 3-8】编辑
"九寨沟风景区
景点介绍.docx"
实现图文混排
效果

【任务描述】

打开 Word 文档"九寨沟风景区景点介绍.docx"，在该文档中完成以下操作。

①将标题"九寨沟风景区景点介绍"设置为艺术字效果。

②将正文中小标题文字"树正群海""芦苇海""五花海"设置为项目列表，并将项目符号设置

为符号☑。

③在正文小标题文字"树正群海"下面的左侧位置插入图片"01.jpg"，将该图片的宽度设置为"4厘米"，高度设置为"6.01厘米"，环绕方式设置为"四周型"。

④在正文小标题文字"芦苇海"的右侧位置插入图片"02.jpg"，将该图片的宽度设置为"3.5厘米"，高度设置为"5.26厘米"，环绕方式设置为"紧密环绕型"，将该图片放置在靠右侧位置。

⑤在正文小标题文字"五花海"下面的左侧位置插入图片"03.jpg"，将该图片的宽度设置为"4厘米"，高度设置为"6.01厘米"，环绕方式设置为"紧密环绕型"。

"九寨沟风景区景点介绍.docx"的图文混排效果如图3-49所示。

图3-49 "九寨沟风景区景点介绍.docx"的图文混排效果

【任务实现】

1. 打开文档

打开Word文档"九寨沟风景区景点介绍.docx"。

2. 插入艺术字

①选中Word文档中的标题"九寨沟风景区景点介绍"。

②单击"插入"选项卡"文本"组中的"艺术字"按钮，打开"艺术字"样式列表。

③在样式列表中选择样式"填充：蓝色，着色1；阴影"，在文档中插入一个"艺术字"框，将所选文字设置为艺术字效果。

3. 插入图片

①插入图片"01.jpg"。将光标置于正文小标题文字"树正群海"右侧位置，插入图片"01.jpg"。

②插入图片"02.jpg"。将光标置于正文小标题文字"芦苇海"上一段落的尾部位置，插入图片"02.jpg"。

③插入图片"03.jpg"。将光标置于正文小标题文字"五花海"右侧位置，插入图片"03.jpg"。

4. 设置图片格式

①在文档中选中图片"01.jpg"，在"绘图工具-格式"选项卡"大小"组的"高度"数值微调框中输入"4厘米"，在"宽度"数值微调框中输入"6.01厘米"，设置图片高度为4厘米，宽度为6.01厘米。

②在文档中选中图片"01.jpg"，单击"绘图工具-格式"选项卡"排列"组的"环绕文字"按钮，在其下拉列表中选择"四周型"。

③在文档中选中图片"02.jpg"，在"绘图工具-格式"选项卡"大小"组的"高度"数值微调框中输入"3.5厘米"，在"宽度"数值微调框中输入"5.26厘米"，设置图片高度为3.5厘米，宽度为5.26厘米。

④在文档中选中图片"02.jpg"，单击"绘图工具-格式"选项卡"排列"组的"环绕文字"按钮，在其下拉列表中选择"紧密环绕型"。

⑤以类似方法设置图片"03.jpg"的高度为4厘米，宽度为6.01厘米，环绕方式为紧密环绕型。

5. 设置项目列表和项目符号

（1）定义新项目符号

单击"开始"选项卡"段落"组"项目符号"按钮旁边的三角形按钮 ，打开其下拉菜单。在"项目符号"下拉菜单中选择"定义新项目符号"命令，打开"定义新项目符号"对话框。单击"符号"按钮，在弹出的"符号"对话框中选择☑作为项目符号，如图 3-50 所示。

单击"确定"按钮关闭该对话框并返回"定义新项目符号"对话框，如图 3-51 所示。在"定义新项目符号"对话框中单击"确定"按钮，关闭该对话框并将新的项目符号☑添加到"项目符号库"中。

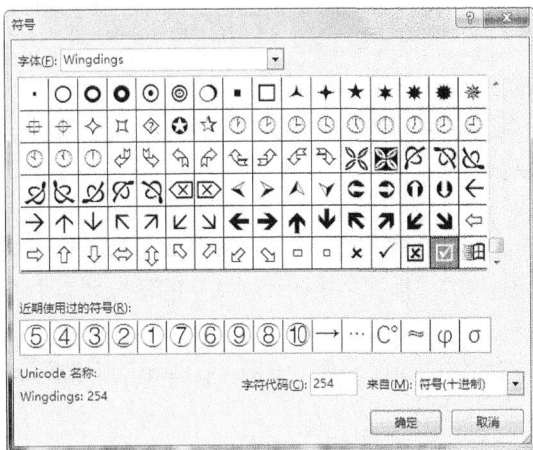

图 3-50 "符号"对话框

图 3-51 "定义新项目符号"对话框

（2）设置项目列表

选中正文中的小标题文字"树正群海"，单击"开始"选项卡"段落"组"项目符号"按钮旁边的三角形按钮 ，打开"项目符号"下拉列表，在"项目符号库"中选择项目符号☑，如图 3-52 所示。

将正文中的小标题文字"芦苇海""五花海"也设置为项目列表形式，项目符号选择☑。

适度调整文档中图片的位置，"九寨沟风景区景点介绍.docx"的图文混排效果如图 3-49 所示。

图 3-52 在"项目符号库"中选择项目符号☑

6. 保存文档

单击快速访问工具栏中的"保存"按钮🖫，对 Word 文档"九寨沟风景区景点介绍.docx"进行保存操作。

【任务 3-9】在 Word 文档中插入一元二次方程的求根公式

【任务描述】

利用 Word 2016 提供的公式编辑器在文档中插入以下一元二次方程的求根公式。

微课视频

【任务 3-9】在 Word 文档中插入一元二次方程的求根公式

$$x_{1,2} = \frac{-b \pm \sqrt{b^2 - 4ac}}{2a}$$

【任务实现】

（1）插入公式编辑框

①将光标移至需要插入数学公式的位置。

②在"插入"选项卡的"符号"组中单击"公式"按钮下方的三角形箭头，在弹出的下拉菜单中选择"插入新公式"命令，插入公式编辑框，同时显示"公式工具-设计"选项卡。

（2）在公式编辑框中输入一元二次方程的求根公式

①单击"公式工具-设计"选项卡"结构"组中的"上下标"按钮，在弹出的下拉列表中选择"下标"选项，在公式编辑框中出现下标编辑框，在两个编辑框中分别输入"x"和下标"1,2"。

②按键盘上的"→"键，使光标由下标恢复为正常光标，再输入"="。

③单击"公式工具-设计"选项卡"结构"组中的"分数"按钮，在弹出的下拉列表中选择"竖式分数"选项，在公式编辑框中出现竖式分数编辑框。

④在竖式分数编辑框的分子编辑框中输入"-b"。

⑤单击"公式工具-设计"选项卡"符号"组中的符号按钮，在编辑框中输入"±"运算符。

⑥单击"公式工具-设计"选项卡"结构"组中的"根式"按钮，在弹出的下拉列表中选择"平方根"选项，出现平方根编辑框。

⑦单击"公式工具-设计"选项卡"结构"组中的"上下标"按钮，在弹出的下拉列表中选择"上标"选项，在两个编辑框中分别输入"b"和上标"2"。

⑧按键盘上的"→"键，使光标由上标恢复为正常光标，再输入"-4ac"。

⑨单击竖式分数编辑框的分母编辑框，然后输入"2a"。

公式的最终效果如图 3-53 所示。

$$x_{1,2} = \frac{-b \pm \sqrt{b^2 - 4ac}}{2a}$$

图 3-53 公式的最终效果

⑩在"公式"编辑框外单击，完成公式输入。

微课视频

【任务 3-10】在 Word 文档中绘制闸门形状和尺寸标注示意图

【任务 3-10】在 Word 文档中绘制闸门形状和尺寸标注示意图

【任务描述】

利用 Word 2016 提供的各种形状绘制工具，绘制图 3-54 所示的闸门形状和尺寸标注示意图，该示意图包括多种图形，如直线、箭头、矩形、三角形等。

【任务实现】

1. 绘制图形

图 3-54 闸门形状和尺寸标注示意图

单击"插入"选项卡"插图"组的"形状"按钮，在弹出的下拉列表中选择所需的图形，将鼠标指针移动到文档中图形绘制的起始位置，鼠标指针变为十字形状十时，按住鼠标左键并拖曳鼠标，即可绘制相应的图形。按此方法依次绘制直线、矩形、尺寸标注线、箭头、等腰三角形，绘制的图形如图 3-55 所示。

2. 编辑图形

（1）拖曳图形控制点调整图形的大小

单击选中绘制的图形会出现控制点，矩形的控制点如图 3-56 所示。图形周围的空心小圆控制

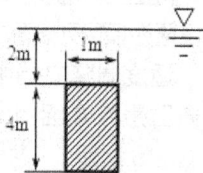

点用于调整图形大小，上部的箭头控制点用于旋转图形。有些自选图形被选中时会出现黄色的圆形控制点，拖动该控制点可以改变图形的形状。

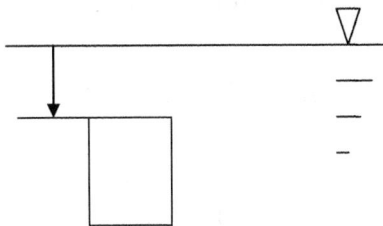

图 3-55 绘制的图形之一　　　　　　　　　　图 3-56 矩形的控制点

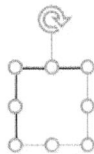

拖曳矩形上下或左右的控制点调整其高度和宽度，拖曳直线两端的控制点调整其长度。

（2）使用"绘图工具-格式"选项卡精确设置图形的大小

单击选中图 3-55 中的矩形，在"绘图工具-格式"选项卡"大小"组的"高度"数值微调框中输入"1.44 厘米"，在"宽度"数值微调框中输入"0.9 厘米"。

在矩形图形上单击鼠标右键，在弹出的快捷菜单中选择"设置形状格式"命令，在弹出的"设置形状格式"窗格中展开"填充"组，选择"图案填充"单选按钮，在"图案"区域选择"对角线：浅色上对角"图案，如图 3-57 所示。

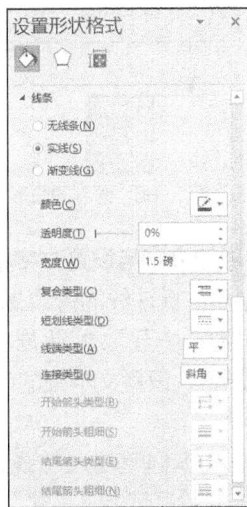

在"线条"组选择"实线"单选按钮，在"宽度"数值微调框中输入"1.5 磅"，在"复合类型"下拉列表框中选择单线，在"短划线类型"下拉列表框中选择实线，设置矩形的边框线条，如图 3-58 所示。

在"绘图工具-格式"选项卡的"大小"组中将图 3-55 中的小三角形的高度设置为"0.28 厘米"，宽度设置为"0.32 厘米"，将该三角形下方的 4 条线段的长度分别设置为"3.2 厘米""0.5 厘米""0.3 厘米""0.15 厘米"，将矩形的尺寸标注线段长度设置为"0.7 厘米"，将矩形与长线段之间的距离标注线段长度设置为"1 厘米"。

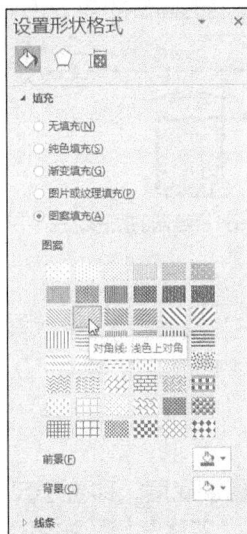

图 3-57 选择"对角线：浅色上对角"图案　　　图 3-58 设置矩形的边框线条

3. 调整图形位置

（1）利用键盘方向键调整图形的位置

选中图形，按"←"键或"→"键调整图形的左右位置，按"↑"键或"↓"键调整图形的上下位置。如果按住"Ctrl"键的同时按方向键，可以实现微调。

（2）拖曳鼠标移动图形

先选中图形，然后按住鼠标左键拖曳，可以改变图形的位置。

4. 对齐图形

利用图 3-59 所示的"绘图工具-格式"选项卡"排列"组的"对齐"
下拉列表可以精确对齐图形。

（1）选中多个图形

【方法 1】单击"开始"选项卡"编辑"组的"编辑"按钮，在其下
拉菜单中选择"选择"命令，在弹出的下拉菜单中选择"选择对象"命令，
移动鼠标指针到待选中的图形区域，鼠标指针变为 形状，按住鼠标左键
由左上至右下或者由右上至左下拖曳鼠标，此时会出现一个线框，当所选
图形全部位于线框内，则松开鼠标左键，选中多个图形。

【方法 2】按住"Shift"键或者"Ctrl"键，依次单击需要选中的每一
个图形。

（2）多个图形等距分布

选中小三角形下方的 4 条线段，单击"绘图工具-格式"选项卡"排
列"组的"对齐"按钮，在弹出的下拉菜单中选择"纵向分布"命令，使
4 条线段等距分布。

图 3-59 "对齐"下拉列表

选中小三角形及其下方的 3 条短线段，在"对齐"下拉菜单中选择"水平居中"命令，使小三
角形和其下方的 3 条短线段居中对齐。

选中矩形及尺寸标注线，设置"顶端对齐"，绘制的图形如图 3-60 所示。

参考图 3-54，补齐其他的尺寸线和尺寸标注线，并调整其位置。将单向箭头修改为双向箭头，
并设置箭头的始端样式和末端样式、始端大小和末端大小，绘制的图形如图 3-61 所示。

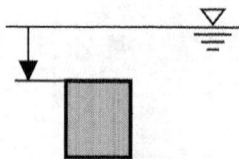

图 3-60 绘制的图形之二

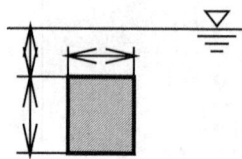

图 3-61 绘制的图形之三

5. 在图形中添加文字与设置文字格式

在图 3-61 中尺寸标注线的旁边先插入一个文本框，然在该文本框中输入文字"4m"，设置文
本框内文字的字号为"小五"，水平居中对齐；设置该文本框的高度和宽度为"0.5 厘米"，设置文
本框边框为"无线条"；设置文本框的内部边距为"0 厘米"。

6. 叠放图形

为了避免尺寸文本框遮住尺寸线，可以将尺寸文本框置于底层，即位于尺寸线之下。选中
尺寸文本框，单击"绘图工具-格式"选项卡"排列"组中"下移一层"按钮旁边的小三角形，
在弹出的下拉菜单中选择"置于底层"命令，如图 3-62 所示，将尺寸文本框置于底层，绘制的
图形如图 3-63 所示。

复制已设置好的尺寸文本框，在其他两个尺寸标识线位置粘贴，并将文本框内的数字修改为
"2m"和"1m"，最终效果如图 3-54 所示。

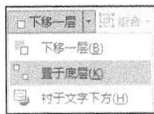

图 3-62　选择"置于底层"命令　　　　　图 3-63　绘制的图形之四

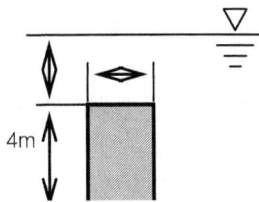

7. 组合图形

选中需要组合的多个图形，单击"绘图工具–格式"选项卡"排列"组的"组合"按钮，在弹出的下拉菜单中选择"组合"命令。

不能对组合后的对象中的单个图形进行操作，但是可以编辑和设置各个图形的文字。如果要对组合后的对象中的单个图形进行操作，必须先执行"取消组合"操作，即先选中组合后的对象，然后在"组合"下拉菜单中选择"取消组合"命令，或者在组合后的对象上单击鼠标右键，在弹出的快捷菜单中选择"组合"→"取消组合"命令。

8. 修饰图形

（1）设置图形的"填充颜色"

先选中图形，再单击"绘图工具–格式"选项卡"形状样式"组中的"形状填充"按钮，在弹出的下拉列表中选择需要的填充颜色。

（2）设置图形的"线条颜色"

先选中图形，再单击"绘图工具–格式"选项卡"形状样式"组中的"形状轮廓"按钮，在弹出的下拉列表中选择需要的线条颜色。

（3）设置图形的"阴影样式"

先选中图形，再单击"绘图工具–格式"选项卡"形状样式"组中的"形状效果"按钮，弹出下拉列表，在"阴影"级联列表中选择需要的阴影样式。

（4）设置图形的"三维旋转样式"

先选中图形，再单击"绘图工具–格式"选项卡"形状样式"组中的"形状效果"按钮，弹出下拉列表，在"三维旋转"级联列表中选择需要的三维旋转样式。

3.9　Word 2016 批量制作文档

实际工作中经常需要批量制作文档，如制作邀请函、名片卡、通知、请柬、信件封面、函件、准考证、成绩单等文档，这些文档的主要文本内容和格式基本相同，只是部分数据有变化。为了减少重复的工作，Word 2016 提供了邮件合并功能，有效地解决了这一问题。

在批量制作格式相同、只修改少数相关内容而其他内容不变的文档时，可以灵活运用 Word 2016 邮件合并功能。邮件合并不仅操作简单，还可以设置各种格式，打印效果也很好，可以满足不同客户的不同需求，具有很强的实用性。

3.9.1　初识"邮件合并"

什么是"邮件合并"呢？为什么要在"合并"前加上"邮件"一词呢？其实"邮件合并"这个

名称最初是在批量处理邮件文档时提出的。具体地说，就是在邮件文档（主文档）的固定内容中，合并与发送信息相关的一组通信地址资料（数据源有 Excel 表、Access 数据表等），批量生成需要的邮件文档，从而大大提高工作效率，"邮件合并"因此而得名。

显然，邮件合并功能除了可以批量处理信函、信封等与邮件相关的文档外，还可以轻松地批量制作标签、工资条、成绩单等。

通过分析一些用邮件合并完成的任务可知，邮件合并功能一般在以下情况下使用：一是需要制作的文档等量比较大；二是这些文档内容分为固定不变的内容和变化的内容，如信封上的寄信人地址和邮政编码、信函中的落款等，这些都是固定不变的内容，而收信人的姓名、称谓、地址、邮政编码等就属于变化的内容。其中变化的部分由数据表中含有标题行的数据记录表示，通常存储在 Excel 工作表中或数据库的数据表中。

什么是含有标题行的数据记录表呢？通常这样的数据表由字段列和记录行构成，字段列规定该列存储的信息，每条记录行存储着一个对象的相应信息。如"客户信息"表中包含"客户姓名"字段，每条记录则存储着每个客户的相应信息。

3.9.2　邮件合并主要过程

借助 Word 2016 提供的邮件合并功能，可以轻松、准确、快速地完成制作大量信函、信封或者工资条的任务，其主要过程如下。

（1）建立主文档

"主文档"就是固定不变的主体内容，如同一个人给不同收信人的信函中的落款都是不变的内容。使用邮件合并功能之前先建立主文档是一个很好的习惯，这样一方面可以考查预计的工作是否适合使用邮件合并，另一方面主文档的建立也为数据源的建立或选择提供了标准和思路。

（2）准备好数据源

数据源就是含有标题行的数据记录表，其中包含相关的字段和记录内容。数据源表格可以是 Word、Excel、Access，或 Outlook 中的联系人记录表。

在实际工作中，数据源通常是现成的，如要制作大量客户信封，多数情况下，客户信息可能早已做成了 Excel 表格，其中含有制作信封需要的"姓名""地址""邮政编码"等字段。在这种情况下，将这些字段直接拿过来使用就可以了，不必重新制作。也就是说，在准备自己建立数据源之前要先考查一下，是否有现成的数据源可用，如果没有现成的则要根据主文档对数据源的要求，使用 Word、Excel、Access 建立。实际工作时，常常使用 Excel 制作数据源。

（3）把数据源合并到主文档中

前面两个步骤都完成之后，就可以将数据源中的相应字段合并到主文档的固定内容之中了，表格中的记录行数决定了主文档生成的份数。

利用图 3-64 所示的"邮件"选项卡中的各项命令，可以完成邮件合并的相关操作。

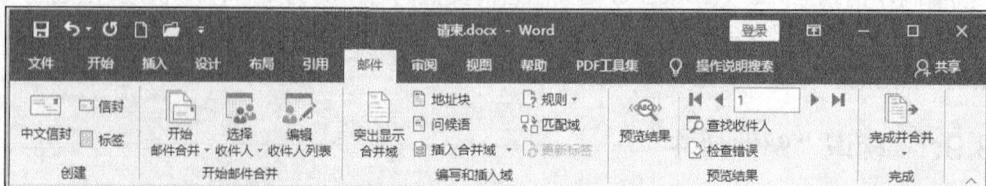

图 3-64　"邮件"选项卡

理解了邮件合并的基本过程，就抓住了邮件合并的"纲"，以后就可以有条不紊地运用邮件合并功能完成实际任务了。

【任务 3-11】利用邮件合并功能制作并打印研讨会请柬

【任务描述】

以 Word 文档"请柬.docx"为主文档，以同一文件夹中的 Excel 文档"邀请单位名单.xlsx"为数据源，使用 Word 2016 的邮件合并功能制作研讨会请柬，其中"联系人姓名""称呼"利用邮件合并功能动态获取。要求插入两个域的主文档外观，如图 3-65 所示，制作完成后打印请柬。

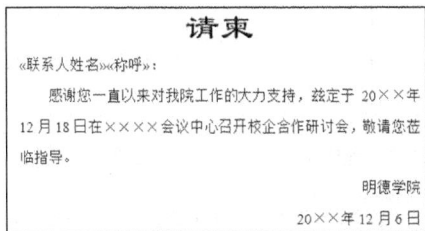

图 3-65　插入两个域的主文档外观

【任务实现】

1. 创建主文档

创建并保存"请柬.docx"作为邮件合并的主文档。

2. 建立数据源

在 Excel 2016 中建立作为数据源的 Excel 文档"邀请单位名单.xlsx"，输入序号、单位名称、联系人姓名、称呼等数据，保存备用。

3. 实现邮件合并

①打开 Word 文档"请柬.docx"。

②单击"邮件"选项卡"开始邮件合并"组中的"开始邮件合并"按钮，在弹出的下拉菜单中选择"邮件合并分步向导"命令，如图 3-66 所示。弹出"邮件合并"窗格，如图 3-67 所示。

图 3-66　选择"邮件合并分步向导"命令　　　图 3-67　"邮件合并"窗格

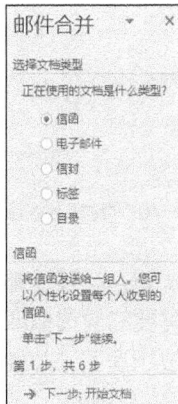

③在"邮件合并"窗格的"选择文档类型"区域选择"信函"单选按钮，然后单击"下一步：

开始文档"超链接，进入"选择开始文档"步骤。由于事先准备好了所需的 Word 文档，这里直接选择默认单选按钮"使用当前文档"，如图 3-68 所示。单击"下一步：选择收件人"超链接，进入"选择收件人"步骤，如图 3-69 所示。

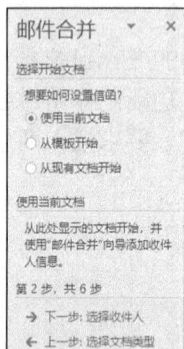

图 3-68　选择"使用当前文档"单选按钮

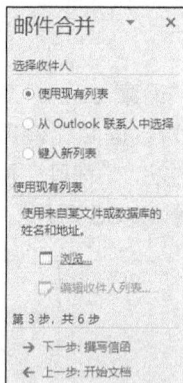

图 3-69　进入"选择收件人"步骤

　　④由于事先准备好了所需的 Excel 文档，即数据源电子表格，因此在"选择收件人"区域选择"使用现有列表"单选按钮即可。如果没有数据源，可以在此新建列表。单击"使用现有列表"下方的"浏览"超链接，打开"选择数据源"对话框，如图 3-70 所示，在该对话框中选择现有的 Excel 文档"邀请单位名单.xlsx"。

　　单击"打开"按钮，打开"选择表格"对话框，如图 3-71 所示，选择"Sheet1$"表格。

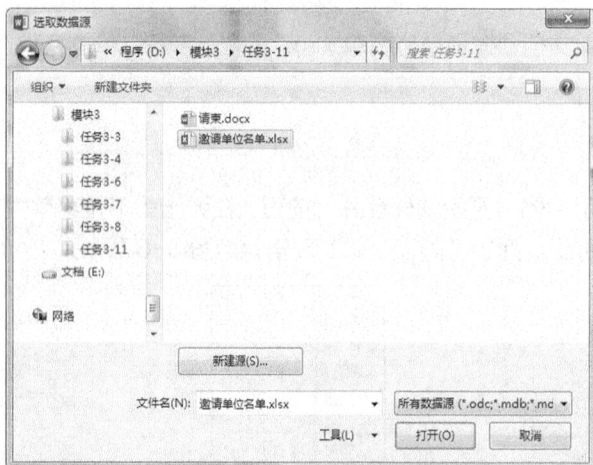

图 3-70　"选择数据源"对话框

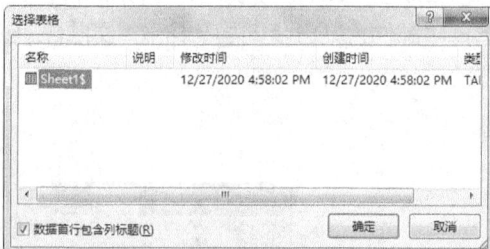

图 3-71　"选择表格"对话框

　　单击"确定"按钮，打开"邮件合并收件人"对话框，如图 3-72 所示，在该对话框中勾选所需的收件人，对不需要的复选框取消勾选。

　　单击"确定"按钮返回"邮件合并"窗格，在该窗格"使用现有列表"区域显示当前的收件人选自的列表，如图 3-73 所示。

　　⑤在"邮件合并"窗格中单击"下一步：撰写信函"超链接，进入"撰写信函"步骤，如图 3-74 所示。

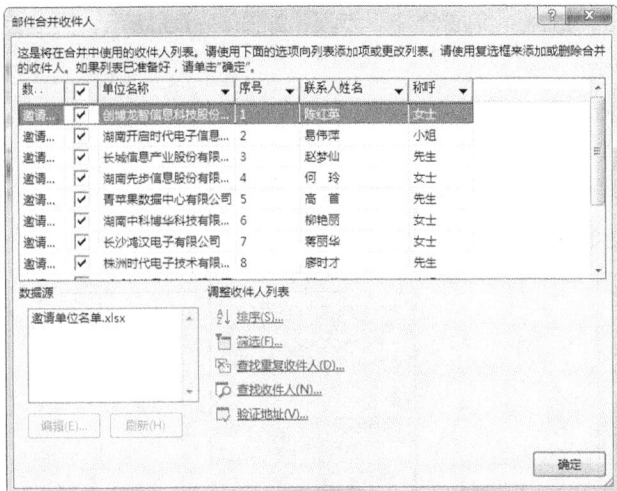

图 3-72 "邮件合并收件人"对话框

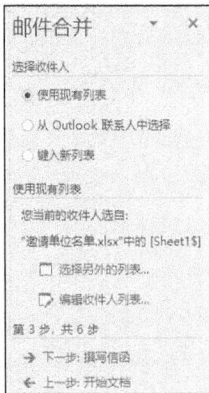

图 3-73 在"邮件合并"窗格中
显示当前的收件人选自的列表

⑥将光标定位到主文档中插入域的位置，在"撰写信函"区域单击"其他项目..."超链接，弹出"插入合并域"对话框。在"域"列表框中选择"联系人姓名"选项，如图 3-75 所示，然后单击"插入"按钮，在主文档光标位置插入域《联系人姓名》，接着关闭"插入合并域"对话框。

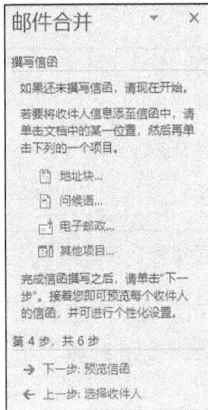

图 3-74 进入"撰写信函"步骤

图 3-75 在"域"列表框中选择"联系人姓名"选项

将光标定位到主文档中插入域《联系人姓名》之后，单击"邮件"选项卡"编写与插入域"组中的"插入合并域"按钮，在弹出的下拉菜单中选择"称呼"选项，如图 3-76 所示，在主文档光标位置插入域《称呼》。

⑦单击"下一步：预览信函"超链接，进入"预览信函"步骤，如图 3-77 所示。

图 3-76 在"插入合并域"
下拉列表中选择"称呼"选项

在该窗格中单击"下一个"按钮 >> 可以在主文档中查看下一个收件人信息，单击"上一个"按钮 << 可以在主文档中查看上一个收件人信息。

在该窗格中也可以单击"查找收件人"超链接，打开"查找条目"对话框，并在该对话框中选择域预览信函，还可以编辑收件人列表等。

⑧单击"下一步：完成合并"超链接，进入"完成合并"步骤，如图 3-78 所示，至此完成了邮件合并操作，关闭"邮件合并"窗格。

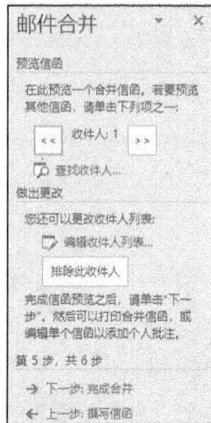

图 3-77　进入"预览信函"步骤　　　　　图 3-78　进入"完成合并"步骤

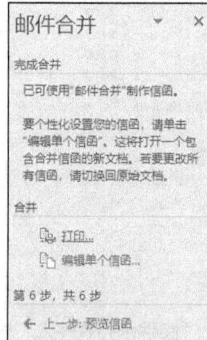

4. 预览文档

邮件合并操作完成后，在"邮件"选项卡的"预览结果"组中单击"预览结果"按钮，如图 3-79 所示，进入预览状态。

单击"下一记录"按钮▶，预览第 2 条记录，如图 3-80 所示。

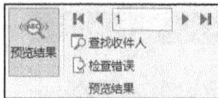

图 3-79　单击"预览结果"按钮　　　　　图 3-80　预览第 2 条记录

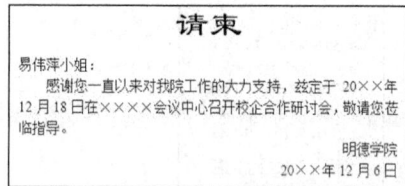

还可以单击"上一记录"按钮◀，查看当前记录的前一条记录的联系人姓名和称呼，单击"首记录"按钮◀◀查看第一条记录的联系人姓名和称呼，单击"尾记录"按钮▶▶查看最后一条记录的联系人姓名和称呼。

5. 合并到新文档

单击"邮件"选项卡"完成"组中的"完成并合并"按钮，在弹出的下拉菜单中选择"编辑单个文档"命令，如图 3-81 所示。在打开的"合并到新文档"对话框中选择"全部"单选按钮，如图 3-82 所示，单击"确定"按钮。

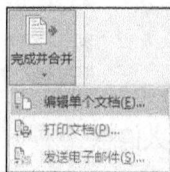

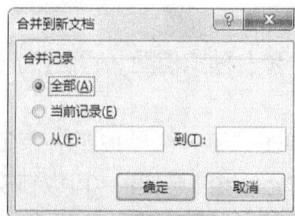

图 3-81　在"完成并合并"下拉菜单中选择　　　图 3-82　在"合并到新文档"对话框中选择
"编辑单个文档"命令　　　　　　　　　　"全部"单选按钮

此时会自动生成一个新文档，该文档包括数据源"邀请单位名单.xlsx"中所有被邀请对象的请柬信息。单击"保存"按钮，以名称"所有请柬"保存新文档，文档效果如图 3-83 所示。

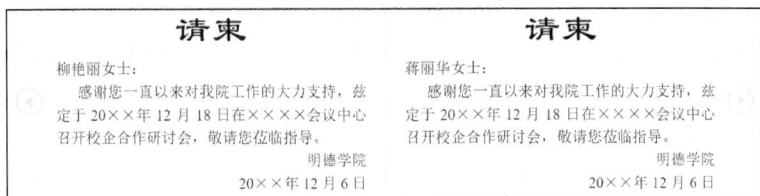

图 3-83　"所有请柬.docx"文档效果

6. 打印文档

单击"邮件"选项卡"完成"组中的"完成并合并"按钮，在弹出的下拉菜单中选择"打印文档"命令，打开"合并到打印机"对话框。

> **说明**　在图 3-78 所示的"邮件合并"窗格的"合并"区域单击"打印"超链接，也可以打开"合并到打印机"对话框。

在"合并到打印机"对话框中选择需要打印的记录，这里选择"全部"单选按钮，如图 3-84 所示。单击"确定"按钮，打开"打印"对话框，如图 3-85 所示。在"打印"对话框中进行必要的设置后，单击"确定"按钮开始打印请柬。

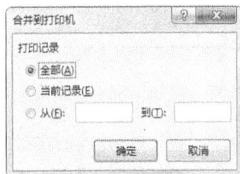

图 3-84　选择"全部"单选按钮

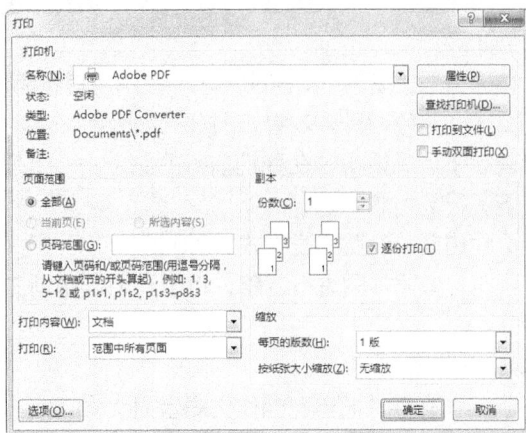

图 3-85　"打印"对话框

3.10　Word 2016 综合性任务

【任务 3-12】编排寓言故事

【任务描述】

寓言故事短小、有趣，能告诉人们一些深刻的道理。

《把自己当作"失聪者"》这则寓言故事告诉我们，在我们前行的路上，会听到各种不同的声音，赞扬的声音会给我们带来热情、带来干劲，会增强我们的信心，是走向成功的催化剂；反对的声音则可能会给我们带来负面效应。但赞扬的声音也会带来负面效应，它往往可能把我们逼到一条绝路上去，让我们偏安一隅，不思改变；它还可能成为一种麻醉剂，让我们陶醉在成功的花丛里，不再追求前方更加美丽的风景。而反对的声音负面效应更大，它打击的是我们的信心，一旦信心缺失，我们便会向挫折投降，向命运低头。因此，在前行的路上，如果我们想要坚守心灵的指引，牢记前行目标，不惜力气前行，还是当个"失聪者"为好。

请将上述结论与感想文本内容按任务要求进行排版。

参考效果如图 3-86 所示，相关要求如下。

①去除相关内容。去除文档中多余的空格及回车符号。

②查找替换。将正文中所有的"失聪者"加着重号。

③设置文本格式。将标题除"把"之外的文字设置为蓝色、黑体、小四号；"把"设置为为黑体、小初号、蓝色，"寓言的启示"加着重号，标题居中对齐；正文内容为等线、五号。

④设置段落格式。标题段段前 1 行、段后 0.5 行；正文段落首行缩进 2 字符；正文"两只青蛙……奇迹一定会在前方等你"左右各缩进 3 字符，1.5 倍行距；"寓言的启示……还是当个'失聪者'为好"段前、段后间隔 1 行。

⑤设置边框底纹。正文"两只青蛙……奇迹一定会在前方等你"段落设置 0.5 磅方框，填充白色、背景 1、深色 15%；文末"因此……还是当个'失聪者'为好"文字填充白色、背景 1、深色 35%。

⑥插入特殊符号。段落"寓言的启示"段不用首行缩进，字体黑体、二号、蓝色；具体效果如图 3-86 所示。

⑦设置首字下沉。设置"在我们前行的路上……"段落首字下沉，下沉行数为 3 行。

⑧设置页面边框。设置三线样式，3.0 磅。

⑨检查预览。参照样图进行调整，将所有内容控制在一页内显示。

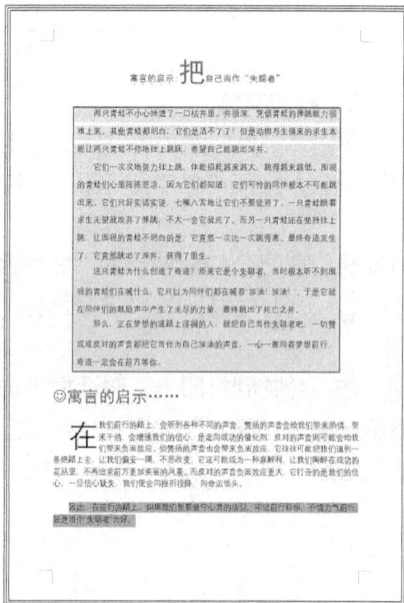

图 3-86　样图

【任务实现】

1. 去除相关内容

①打开 Word 文件"把自己当作失聪者.docx"。

②单击"开始"选项卡"段落"功能组中的"显示/隐藏编辑标记"按钮 ，可将文档中的"编辑标记"隐藏或显示，如图 3-87 和图 3-88 所示。

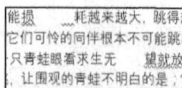

图 3-87　编辑标记被隐藏

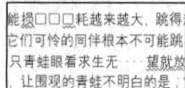

图 3-88　编辑标记已显示

> **知识词典**
>
> "□"是全角的空格，一个字符占用两个标准字符位置。"·"是半角的空格，一个字符占用一个标准字符的位置。
>
> 去除相关内容可以通过按"BackSpace"键或"Delete"键两个功能键完成，按"BackSpace"键向前删，按"Delete"键向后删。

③单击"开始"选项卡"编辑"功能组中的"替换"按钮，打开"查找和替换"对话框，如图 3-89 所示。

④在"查找内容"下拉列表框中输入全角空格"□"或半角空格" "，"替换为"不输入，单击"全部替换"按钮，可去除文档中的全部全角空格和半角空格。该方法简单快捷，不会遗漏任何空格。

2. 查找和替换

①将光标定位在正文第一段初始。单击"开始"选项卡"编辑"功能组中的"替换"按钮，打开"查找和替换"对话框。

②在"查找内容"下拉列表框中输入"失聪者"，"替换为"下拉列表框中输入"失聪者"，将光标定位在"替换为"下拉列表框中，单击"更多"按钮，如图 3-90 所示。单击"格式"按钮，在弹出的下拉菜单中选择"字体"命令，打开"替换字体"对话框，如图 3-91 所示。在"字体"选项卡的"着重号"下拉列表框中选择"."选项，单击"确定"按钮完成"着重号"选择，单击"全部替换"按钮完成替换功能。

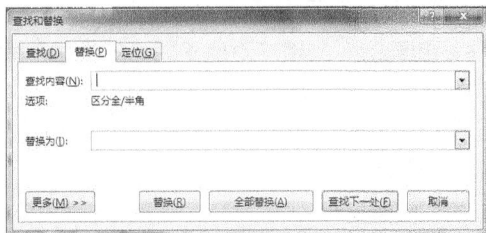

图 3-89　"查找和替换"对话框（1）　　　　图 3-90　"查找和替换"对话框（2）

3. 设置文本格式

①选中需要设置字体格式的段落或文字。若需选中的段落或文字非连续两段，可先选中非连续的一段，通过鼠标滚轮滚动到需选中的另一段，按住"Ctrl"键的同时再选中另一段，实现不相邻两段内容的选中操作。若需选中的段落或文字连续且数量较多，可先选中开头部分，通过鼠标滚轮滚动到需选中文字的尾部，按住"Shift"键再选中文字尾部部分，即可实现全部选中。

②单击"开始"选项卡"字体"功能组右下角的对话框启动器按钮，打开"字体"对话框，可以设置中文字体、西文字体、字形、字号、字体颜色、着重号、效果等，在"高级"选项卡中可以设置文本的缩放、间距、位置等。

4. 设置段落格式

①选中需要设置字体格式的段落或文字。

②单击"开始"选项卡"段落"功能组右下角的对话框启动器按钮，打开"段落"对话框，如图 3-92 所示。在弹出的"段落"对话框中可设置对齐方式、段落缩进、首行及悬挂缩进、段落间距、行间距等。

5. 设置边框底纹

①选中需要设置字体格式的段落或文字。

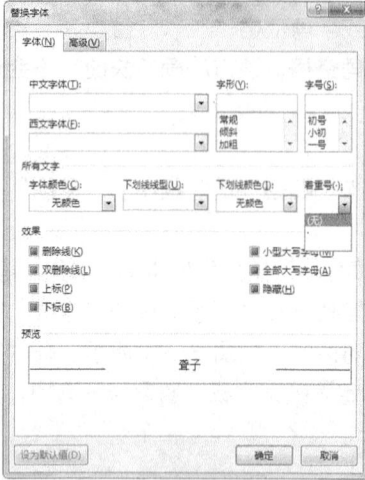

图 3-91 "替换字体"对话框

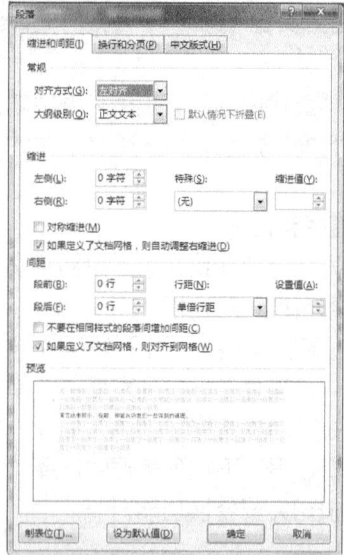

图 3-92 "段落"对话框

②单击"开始"选项卡"段落"组中 ⊞ ˙ 按钮右侧的小三角形，在弹出的下拉菜单中选择"边框和底纹"命令，打开"边框和底纹"对话框，如图 3-93 所示。在"边框"选项卡中对样式、颜色、宽度进行设置；在"底纹"选项卡中对填充、样式、颜色进行设置。

> **注意** 设置的边框和底纹是应用于文字还是段落不要选错，应用的对象不同，效果也不同。

6. 插入特殊符号

①将光标定位到需要插入特殊符号的位置。

②单击"插入"选项卡"符号"组中的"符号"按钮，在弹出的下拉菜单中选择"其他符号"命令，打开"符号"对话框，如图 3-94 所示。在其中选择所需的符号，单击"插入"按钮，实现特殊符号的插入。

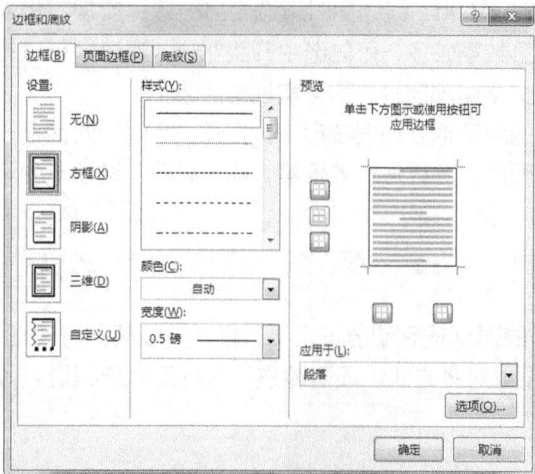

图 3-93 "边框和底纹"对话框

图 3-94 "符号"对话框

7. 设置首字下沉

①将光标定位到需要设置首字下沉的段落。

②单击"插入"选项卡"文本"组中的"首字下沉"按钮，在弹出的下拉菜单中选择"首字下沉选项"命令，打开"首字下沉"对话框，如图 3-95 所示。在该对话框中可设置下沉文字的字体、下沉行数、距正文距离等。

8. 设置页面边框

单击"设计"选项卡"页面背景"组中的"页面边框"按钮，打开"边框和底纹"对话框，如图 3-96 所示，可设置整个页面的边框效果。

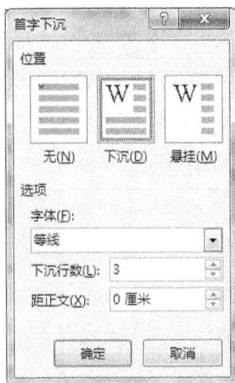

图 3-95 "首字下沉"对话框　　　　　图 3-96 "边框和底纹"对话框

9. 检查预览

①参照图 3-86，检查并预览文档，对不符合要求之处进行适当调整。

②将所有内容控制在一页内显示。

【任务 3-13】制作三色文化小报

【任务描述】

学校为了加强对学生红色基因、生态素质和传统美德的教育和培养，以"三色文化"为主题开展了三色文化小报的活动。要求学生根据提供的文本和图片，设计并制作一份图文并茂、主题鲜明、带有分栏效果、页面大小合适的小报，感受"三色文化"内涵。

> **思政课堂**
>
> **三色元素界定**
>
> **红色：**以社会主义核心价值观为引领的红色文化，教育和引导广大学生回顾历史、了解历史，加强爱国主义、理想信念教育，培养学生的底色。
>
> **绿色：**以可持续发展理念为导向的绿色文化，培养广大学生绿色、健康、环保、低碳、节能的行为习惯与生活素养，培养学生的特色。
>
> **蓝色：**以精益求精的工匠精神为引领的蓝色文化，引导学生崇尚追求卓越的创造精神、精益求精的品质精神、用户至上的服务精神，培养学生的本色。

参考效果如图 3-97 所示，相关要求如下。

①新建文档。新建文档并命名为"三色文化小报.docx"。

②复制文本。将素材文件以纯文本形式复制到 Word 文档中。

③页面设置。设置页边距左右各"2.54 厘米"、上下各"2 厘米"，纸张方向为"横向"，纸张大小为"Folio"。

④去除多余的空格和回车符号。

⑤设置分栏。将整篇文档设置成四栏格式。

⑥设置字体段落。设置标题字体为"黑体"，字号为"小四"，字形为"加粗"，对齐方式为"居中对齐"，字体颜色根据样图设置；正文字体为"等线"，字号为"五号"，首行缩进 2 字符，行距为"1 行"。

⑦插入图片。按图 3-97 所示在对应位置插入大小适中的 Logo 和背景图片。设置背景图片亮度为 0%，对比度为 0%，艺术效果为胶片颗粒。

⑧插入并设置艺术字格式。为小报取个名字并用艺术字制作报头，设置艺术字为"填充：白色；边框：橙色，主题 2；清晰阴影；橙色，主题色 2"，设置字体为"黑体"，字号为"初号"。

⑨设置页面边框。设置边框为艺术型。

⑩检查预览。参照图 3-97 进行调整，将所有内容控制在一页内显示。

图 3-97　样图

【任务实现】

1．复制文本

①启动 Word 2016，创建一个空白的 Word 文档，将其命名为"三色文化小报.docx"。

②打开素材包中的文本文件"红色文化：在平凡中成就不凡.txt"，选中文本文件内容并单击鼠标右键，在弹出的快捷菜单中选择"复制"命令，再在 Word 2016 中选择"开始"选项卡，单击"剪贴板"组中的"粘贴"按钮，从弹出的下拉菜单中选择"选择性粘贴"命令，打开"选择性粘贴"对话框，如图 3-98 所示，选择"无格式文本"选项，单击"确定"按钮，完成文本复制。文本复制的先后顺序按图 3-97 排列。

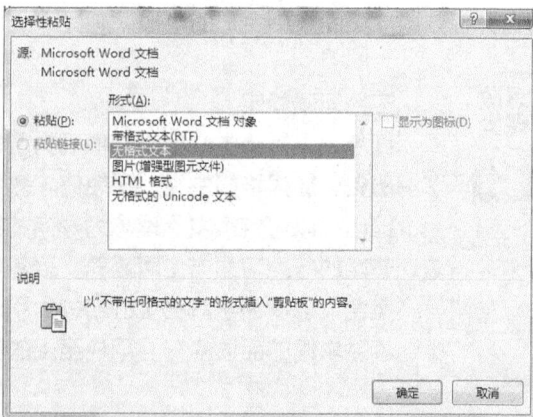

图 3-98　"选择性粘贴"对话框

> **知识词典** 快捷功能键的使用有利于提高办公自动化的效率。"Ctrl+A"为全选;"Ctrl+C"为复制;"Ctrl+V"为粘贴。使用快捷功能键时,先按住"Ctrl"键再按其他键。

2. 页面设置

①单击"布局"选项卡"页面设置"组右下角的对话框启动器按钮 ⌟,打开"页面设置"对话框,如图 3-99 所示。

②选择"纸张方向"区域的"横向"选项,并将左右页边距均设置为"2.54 厘米",上下页边距均设置为"2 厘米"。

③单击"纸张"选项卡,在"纸张大小"下拉列表框中选择"Folio"选项,如图 3-100 所示。

④单击"确定"按钮,完成页面设置。

图 3-99 "页面设置"对话框   图 3-100 设置"纸张"对话框

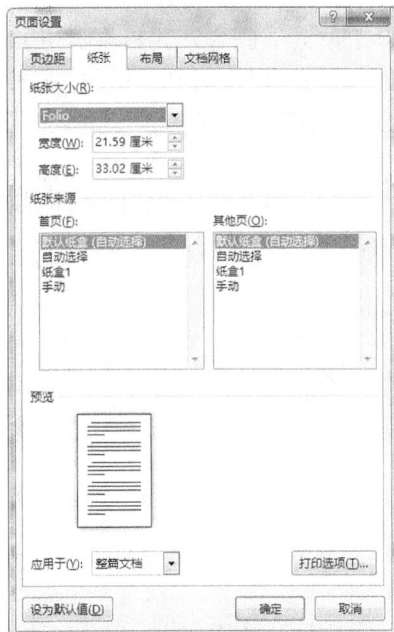

3. 设置分栏

①按组合键"Ctrl+A"选中文档中的全部文本,在"布局"选项卡中,选择"页面设置"组中"栏"下拉菜单中的"更多栏"命令,打开"栏"对话框,如图 3-101 所示,修改"栏数"为"4"。

②单击"确定"按钮,完成分栏设置。

4. 插入图片

①将光标定位到需要插入图片的位置,单击"插入"选项卡"插图"组中的"图片"按钮,打开"插入图片"对话框,如图 3-102 所示,选择需要插入的图片文件"三色 LOGO.jpg"(用同样的方式插入"背景.jpg"图片)。

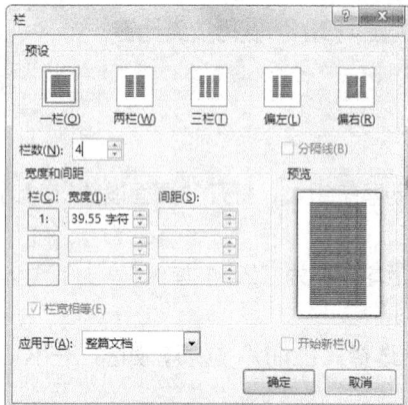

图 3-101 "栏"对话框

图 3-102 "插入图片"对话框

②选中插入的图片，将鼠标指针定位到图片 4 个顶点中的任意一个，按住鼠标左键并拖曳鼠标可调节图片的大小，图片大小按照图 3-97 自行调节。

③选中插入的图片，单击 按钮，打开"布局选项"对话框。设置"三色 LOGO.jpg"图片"浮于文字上方"；设置"背景.jpg"图片"衬于文字下方"。

> **知识词典**
>
> Word 提供了多种图片环绕方式，图 3-103～图 3-109 所示是常用的几种图片环绕方式。
>
>
>
> 图 3-103　嵌入型　　图 3-104　四周型　　图 3-105　紧密型　　图 3-106　穿越型
>
>
>
> 图 3-107　上下型　　图 3-108　衬于文字下方　　图 3-109　浮于文字上方

④选中"背景.jpg"图片，单击"格式"选项卡"调整"组中的"校正"按钮，设置"亮度"为 0%、"对比度"为 0%，单击"艺术效果"按钮，在"艺术效果"下拉列表中选择"胶片颗粒"选项。

⑤按照图 3-97 移动图片"三色 LOGO.jpg""背景.jpg"到适当位置。

5. 插入并设置艺术字格式

①将光标定位到需要插入艺术字的位置，单击"插入"选项卡"文本"组中的"艺术字"按钮，选择"填充：白色；边框：橙色，主题 2"选项，如图 3-110 所示。

②输入"三色文化小报"，设置字体为"黑体"，字号为"初号"。

6. 设置页面边框

①单击"设计"选项卡"页面背景"组中的"页面边框"按钮，打开"边框和底纹"对话框，如图 3-111 所示。

图 3-110 选择艺术字效果

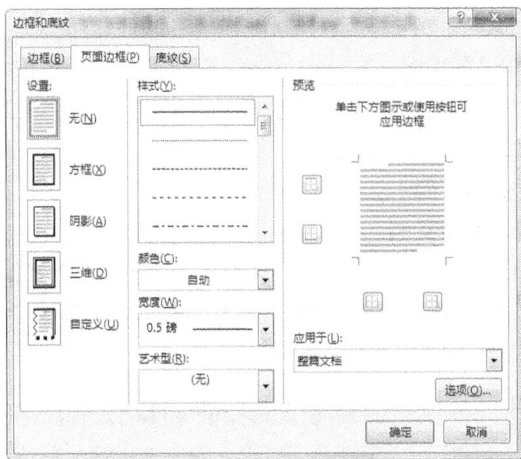

图 3-111 "边框和底纹"对话框

②在"页面边框"选项卡中，将"艺术型"按图 3-97 要求进行设置。

7. 检查预览

①在文末输入"编辑：XXX"。

②参照图 3-97，检查并预览文档，对不符合要求之处进行适当调整。

③将所有内容控制在一页内显示。

【任务 3-14】制作个人简历

【任务描述】

个人简历一般包含姓名、性别、年龄、政治面貌、学历、工作经历、学习经历等基本信息。一份良好的个人简历对于获得面试机会至关重要。大学生到了毕业季要制作自己的简历时，总觉得没有内容可填。本任务旨在让学生掌握个人简历的制作方法，了解个人简历的基本信息。简历并非是一朝一夕完成的，它记录了大学学习专业技能的过程，内容要充实就需要不断积累。本任务引导学生从大一开始，养成记录自己每学期参与完成的事的习惯，为个人简历积累信息。

参考效果如图 3-112 所示，相关要求如下。

①新建文档。新建文档并命名为"个人简历.docx"。在文档第一行输入标题"个人简历"。

②插入表格。插入 12 行 7 列的表格。

③设置字体。设置标题字体为"黑体"，字号为"小二号"，字形为"加粗"，对齐方式为"居中对齐"，段前间距"0.5 行"，段后间距"1 行"。表格文本字体为"楷体"，字号为"五号"，各标题字段加粗。

④单元格合并拆分。合并第 3 行的第 4 列、第 5 列、第 6 列单元格，合并第 1～4 行的第 7 列

单元格等，具体合并要求如图 3-97 所示。

⑤调整行高列宽。设置第 1~7 行行高为"0.85 厘米"，第 8~12 行行高为"2 厘米"。

⑥设置表格对齐方式。设置表格居中对齐。

⑦设置表格中文本对齐方式。设置表格标题字段对齐方式为"水平居中"，个人信息录入部分为"中部对齐"。

⑧设置边框底纹。自定义边框，样式如图 3-97 所示，设置颜色为自动，外框宽度为"1.5 磅"，内框宽度为"0.5 磅"。

⑨设置表格样式。自行体验不同类型的表格样式。

⑩个人信息录入。根据提供的用于参考的个人简历，结合自身情况录入个人信息。

图 3-112　个人简历

【任务实现】

1. 新建文档

①启动 Word 2016，创建一个空白的 Word 文档，将其命名为"个人简历.docx"。

②将光标定位到文档开始处，输入标题文本"个人简历"。

③设置字体格式和段落格式。

> **知识思考**
> 什么时候设置标题的字体格式和段落格式为佳？

2. 插入表格

①单击"插入"选项卡"表格"组中的"表格"按钮，在弹出的下拉菜单中选择"插入表格"命令，如图 3-113 所示，打开"插入表格"对话框，如图 3-114 所示。

图 3-113　插入表格

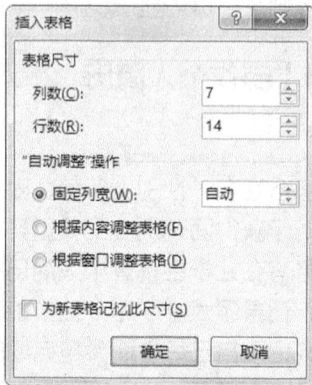

图 3-114　"插入表格"对话框

②在"插入表格"对话框中输入相应列数和行数。

> **知识词典**
> 图 3-115 为标题格式化后插入表格的效果，图 3-116 为标题格式化前插入表格的效果。

知识
词典

图 3-115　表格效果 1

图 3-116　表格效果 2

（1）表格和表格中数据的选择

①图 3-117 所示的表格选择效果 1 为选择表格。选择方式为单击表格上方的 ✛ 按钮，或单击第 1 行第 1 列单元格后，按住鼠标左键拖曳选择。

②图 3-118 所示的表格选择效果 2 为选择表格中的数据。其与选择表格的区别在于表格外的回车符号是否被选择。

③图 3-119 的表格选择效果 3 看似选择的是表格，其实是选择了表格中的数据及表格下一行的内容。

图 3-117　表格选择效果 1

图 3-118　表格选择效果 2

图 3-119　表格选择效果 3

（2）选中行、列、单元格

①将光标移至表格正上方，当光标变成黑色向下箭头时，单击鼠标左键可选中一整列。

②将光标移至某行最左侧，当光标变成空心向右箭头时，单击鼠标左键可选中一整行。

③将光标移至某单元格左侧，当光标变成黑色向右箭头时，单击鼠标左键可选中单元格。

3．表格格式化

①单元格合并。选中相邻的单元格，单击"表格工具-布局"选项卡"合并"组中的"合并单元格"按钮，可将选中的单元格合并成一个单元格。

②单元格拆分。选中需要拆分的单元格，单击"表格工具-布局"选项卡"合并"组中的"拆分单元格"按钮，打开"拆分单元格"对话框，如图 3-120 所示。

③插入删除行。将光标定位到某单元格内，单击"表格工具-布局"选项卡，"行和列"组中的相关命令可插入、删除行，还可删除单元格或表格；或将光标移至需要插入表格某一行的左边边缘或某一列的上方边缘，单击出现的图标 ✛ 可在当前位置插入一行或一列。

④调整行高、列宽。将光标移至行线处，当光标出现双向箭头时，按住鼠标左键并拖曳鼠标可改变行高。将光标移至列线处，当光标出现双向箭头时，按住鼠标左键并拖曳鼠标可改变列宽；或

选择需要改变行高、列宽的单元格或行、列，单击"表格工具-布局"选项卡，在"单元格大小"组中可手动输入行高、列宽。

⑤设置表格的对齐方式。选中表格，单击"开始"选项卡"段落"组中的对齐方式按钮可实现表格的居左、居中、居右对齐。

⑥设置表格中文本的对齐方式。选中需设置对齐方式的单元格，在"表格工具-布局"选项卡"对齐方式"组中选择需要的对齐方式，如图3-121所示，Word 2016一共提供了9种对齐方式，通常使用"水平居中"对齐方式，其并不是仅水平方向居中，其意义是水平方向居中，垂直方向也居中。

图3-120 "拆分单元格"对话框

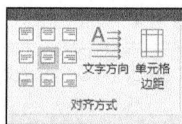

图3-121 文本对齐方式

⑦设置边框底纹。选中表格或需设置对齐方式的单元格，单击"表格工具-设计"选项卡"表格样式"组中的"边框"按钮，如图3-122所示，从弹出的下拉菜单中选择"边框底纹"命令，如图3-123所示，打开"边框和底纹"对话框。

图3-122 边框

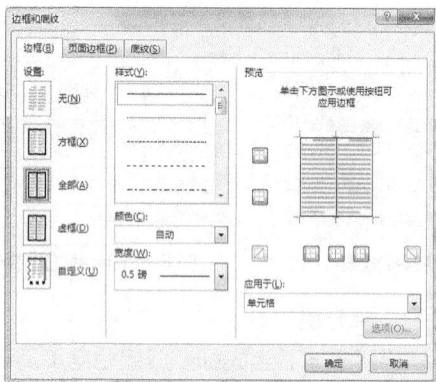

图3-123 "边框和底纹"对话框

⑧设置表格样式。选中需要设置样式的行、列、表格或者单元格，单击"表格工具-设计"选项卡，在"表格样式"组中选择某种预设样式即可。

4. 个人信息录入

根据提供的参考的个人简历，结合自身情况录入个人信息。

5. 阅读修正

仔细阅读简历，检查简历在文字使用、语言表达上是否有不合适的地方，并予以纠正。

拓展阅读

如何利用Word 2016设计一份吸引人的简历，每个人都有自己的高招。制作简历时，应注意避免以下错误。

简历错误一：疏密不当、字体混乱。

有的朋友喜欢变换各种字体和格式，仿宋体、黑体、倾斜、加粗等轮番上阵，甚至为了在多媒体的时代"脱颖而出"，还有各种照片、图片，真是让人目不暇接。

在书写简历时一定要注意，一份简历不要使用 3 种以上的字体。标题可以是字，主题文字以仿宋居多，如果想突出自己的特色，可以选择隶书、楷体中的任意一种，其他字体不建议使用。

简历错误二：花里胡哨，多就是好。

很多人会认为简历一定要花里胡哨，页数要多，内容要多，这是错误的思想。招聘者每次招聘都会收到成百上千份各种不同类型的简历，按 1000 份简历计算，招聘者看一份简历的时间算 1 分钟，看完 1000 份简历需要 16 小时 40 分钟，简历页数越多，招聘者在每页停留的时间越少。所以对于个人简历的制作，需要有先发散后聚合的思维，让简历在一张纸上呈现，能体现自身特点的用加粗或着重号体现，这使招聘者能在 1 分钟内更好、更全面地了解应聘者。

简历错误三：层次不明，结构不清。

简历的版面必须结构清晰、一目了然，建议使用比较精美的表格来分割自己需要简述的内容，表格中文字的对齐方式也需要注意统一。

简历错误四：错字连篇，不知所云。

很多招聘者看到错字连篇、语句不通的简历，通常都会把它丢到一边，不会再看第二眼。错字太多、语句不通，可以表明应聘者对简历不重视，会让人怀疑工作态度。

除了写简历的过程中要用心外，在打印之前还要记得用"拼写和语法检查"功能检查一遍，该功能可以检查出明显的文字、语法或内容的错误。

在描述个人信息时，必须用数字与事实来说话。尤其是"自我介绍"这个环节，通过实例来说明自己的优点，而不是一味地使用"有责任感、组织能力强"这种空泛的表述。

【任务 3-15】制作公司简介

【任务描述】

某市城建广告有限公司是一家新成立的民营股份有限公司，为了将公司推向市场，现需要制作一个公司简介，包括公司概况、公司办公条件、公司组织结构等内容。李某作为公司秘书，负责此次公司简介的制作。利用 Word 2016 的图文混排等功能，她很快完成了此项工作。

参考效果如图 3-124 所示，相关要求如下。

①新建文档。新建文档，命名为"公司简介.docx"。

②页面设置。设置纸张方向为"横向"，上下页边距为"3.17 厘米"，左右页边距为"3 厘米"，纸张大小为"A3"。

③插入表格。插入 2 列 1 行的表格，并适当调整表格大小。

④插入艺术字。在适当的位置插入样式为"渐变填充：颜色，主题色 5；映像"的艺术字"公司简介"，将其设置为"黑体、小初、加粗"。

⑤插入公司简介内容。设置首行缩进 2 字符，宋体三号，单倍行距。

⑥插入组织结构图。插入层次结构为组织结构图的 SmartArt 图形，并使其浮于文字上方；设

置字体为宋体，字号为 12 磅；将 SmartArt 样式更改颜色为"彩色-个性化"。

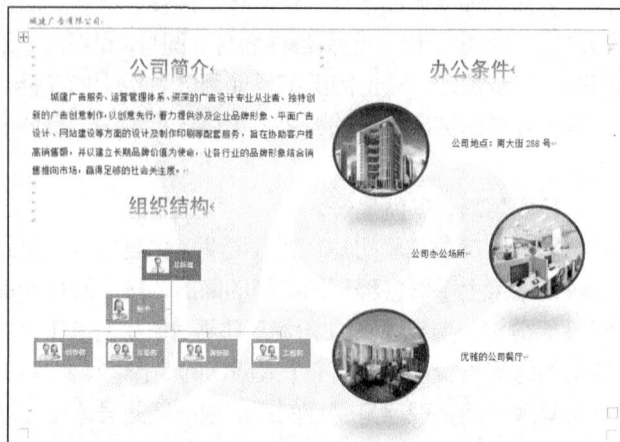

图 3-124　公司简介

　　⑦图文混排。设置图片高度为"5.5 厘米"、宽度为"5.8 厘米"，浮于文字上方，图片样式为棱台型椭圆，黑色；文本字体为"宋体、三号"；文本框形状轮廓为无轮廓，形状填充为无填充。

　　⑧制作水印和页眉。添加 Logo 图片水印；添加页眉文字"城建广告有限公司"，设置字体为"华文行楷、三号、左对齐"。

【任务实现】

1. 新建文档

启动 Word 2016，创建一个空白的 Word 文档，并将其命名为"公司简介.docx"。

2. 页面设置

单击"布局"选项卡"页面设置"组右下角的对话框启动器按钮 ⌐，打开"页面设置"对话框，并进行相应的设置。

3. 插入表格

①从图 3-124 可以看出，本任务的内容分为两个部分，可以通过插入表格实现。

②单击"插入"选项卡"表格"组中的"表格"按钮，在弹出的下拉列表中选择大小为 2×1 的表格。

③将鼠标指针移至表格的右下角，当鼠标指针变成左斜的白色双向指针时，按住鼠标左键并进行拖曳，适当调整表格的大小。

4. 插入艺术字

①将光标定位到表格左侧单元格，单击"插入"选项卡"文本"组中的"艺术字"按钮，在弹出的下拉列表中选择艺术字样式为"渐变填充：蓝色，主题色 5；映像"，如图 3-125 所示。

②选中"请在此处放置您的文字"字样，输入"公司简介"。

③选中"公司简介"字样，在"开始选项卡"字体"组中设置其字体为"黑体、小初、加粗"。

④调整艺术字的位置，使其处于单元格的中央。

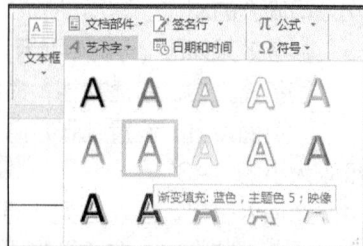

图 3-125　艺术字样式

5. 插入公司简介内容

①将光标定位到艺术字的下一行。单击"插入"选项卡"文本"组中的"对象"按钮，在弹出的下拉菜单中选择"文本中的文字"命令，打开"插入文件"对话框，如图 3-126 所示。

②在"插入文件"对话框中查找要插入的"城建广告有限公司.txt"文件的路径，文件类型改为所有文件，单击"插入"按钮，打开"文件转换"对话框，如图 3-127 所示。

③对插入内容按要求设置字体格式和段落格式。

图 3-126 "插入文件"对话框

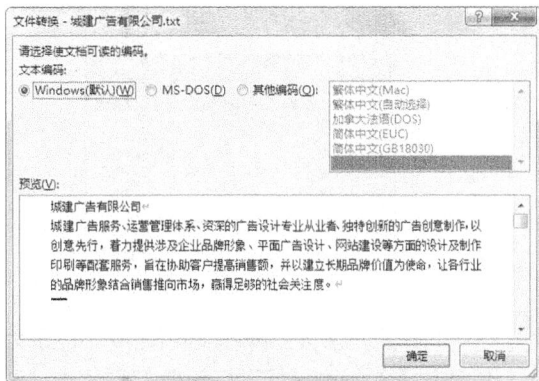

图 3-127 "文件转换"对话框

6. 插入组织结构图

①复制"公司简介"艺术字，将其移动到公司简介内容下方，并将文字改为"组织结构"。

②按住"Shift"键选中"公司简介""组织结构"艺术字，单击"绘图工具-格式"选项卡"排列"组中的"对齐"按钮，在弹出的下拉菜单中选择"左对齐"命令，实现艺术字的对齐操作。

③将光标置于"组织结构"下方，单击"插入"选项卡"插图"组中的"SmartArt"按钮，打开"选择 SmartArt 图形"对话框，如图 3-128 所示。

④选择"层次结构"选项卡，在右侧列表中选择合适的组织结构图，单击"确定"按钮，将组织结构图插入文档，等比例调整组织结构图大小至横向单元格最大宽度。

⑤选中插入的组织结构图，单击"SmartArt 工具-格式"选项卡"排列"组中的"环绕文字"按钮，在弹出的下拉菜单中选择"浮于文字上方"命令，如图 3-129 所示。

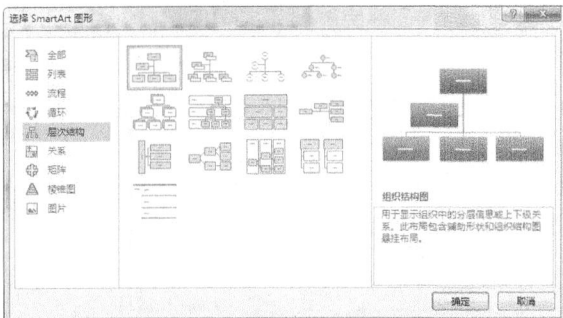

图 3-128 "选择 SmartArt 图形"对话框

图 3-129 设置组织结构图环绕文字

⑥调整组织结构图至"组织结构"艺术字下方，在"开始"选项卡的"字体"组中设置文字为"宋体、12 磅"。

⑦选择右下角的组织结构图，单击"SmartArt 工具-设计"选项卡"创建图形"组中"添加形

状"右侧的下拉按钮，在弹出的下拉菜单中选择"在前面添加形状"命令，如图 3-130 所示。

⑧单击组织结构图中的各占位符，按图输入各部分文字。

⑨单击"插入"选项卡"插图"组中的"图片"按钮，打开"插入图片"对话框。

⑩在对话框中找到素材文件夹中的"头像 1"图片，单击"插入"按钮。

⑪缩小图片并单击布局选项按钮█，选择环绕方式为"浮于文字上方"。

⑫拖曳图片至"总经理"左侧并调整文字位置，如图 3-131 所示。

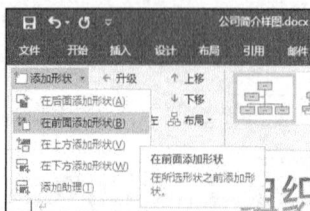

图 3-130　添加形状

图 3-131　插入图片效果图

⑬用同样的方法按照样图（见图 3-117）为组织结构图中的其他部分插入相应的图片。

⑭单击"SmartArt 工具-设计"选项卡"SmartArt 样式"组中的"更改颜色"按钮，在弹出的下拉列表中选择"彩色"中的"彩色-个性化"样式。

7. 图文混排

①复制"公司简介"艺术字，将其移至表格的第 2 列单元格上方居中位置，修改文字为"办公条件"。

②在表格中插入"地址"图片。

③使图片处于选中状态，单击"图片工具-格式"选项卡"大小"组右下角的对话框启动器按钮█，打开"布局"对话框。在"大小"选项卡中，取消勾选"锁定纵横比"复选框，设置图片高度的绝对值为"5.5 厘米"、宽度的绝对值为"5.8 厘米"，如图 3-132 所示。

④设置图片的文字环绕方式为浮于文字上方。

⑤使图片依然处于选中状态，在"图片工具-格式"选项卡"图片样式"组中设置图片样式为"棱台型椭圆，黑色"。

⑥调整图片到"办公条件"艺术字的下方。

⑦单击"插入"选项卡"文本"组中的"文本框"按钮，在弹出的下拉菜单中选择"绘制横排文本框"命令，如图 3-133 所示。

图 3-132　布局大小

图 3-133　绘制文本框

⑧将鼠标指针移到"地址"图片的右侧，鼠标指针变成十字指针，按住鼠标左键并拖曳鼠标画出一个文本框，在文本框中输入"公司地点：南大街 288 号"，设置字体为"宋体"，字号为"三号"。

⑨使文本框依然处于选中状态，单击"绘图工具-格式"选项卡"形状样式"组中的"形状轮廓"按钮，在弹出的下拉列表中选择"无轮廓"选项。单击"形状填充"按钮，在弹出的下拉列表中选择"无填充"选项。

⑩用同样的方法添加"办公""餐厅"图片，并按照图设置相应的文字说明，调整图片位置。

⑪选中表格，单击"表格工具-设计"选项卡"表格样式"组中的"边框"按钮，在弹出的下拉菜单中选择"无框线"命令。

8. 制作水印和页眉

①将光标置于表格中的任意位置，单击"设计"选项卡"页面背景"组中的"水印"按钮，在弹出的下拉菜单中选择"自定义水印"命令，打开"水印"对话框，如图 3-134 所示。

②选择"图片水印"单选按钮，单击"选择图片"按钮，打开"插入图片"对话框，找到素材文件夹中的 Logo 图片，单击"插入"按钮，完成公司 Logo 水印的添加。

③双击页眉，输入文字"城建广告有限公司"，设置字体为"华文行楷"、字号为"三号"、对齐方式为"左对齐"。

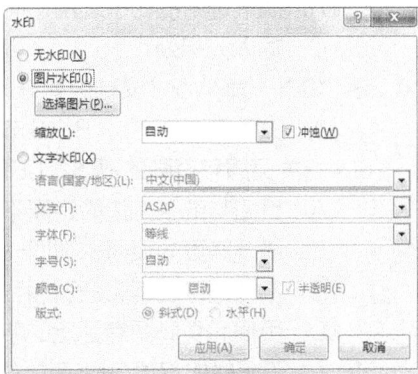

图 3-134 "水印"对话框

【习题】

1. 打开 Word 文档一般是指（　　　）。
   A. 显示并打印出指定文档的内容
   B. 把文档的内容从内存中读入，并显示出来
   C. 把文档的内容从磁盘调入内存，并显示出来
   D. 为指定文档开设一个新的、空的文档窗口

2. Word 2016 与 Windows 操作系统自带的"写字板""记事本"软件相比，以下叙述正确的是（　　　）。
   A. 它们都是文字处理软件，其中 Word 2016 功能最强
   B. 用 Word 2016 创建的 DOCX 文档，"记事本"也可以查看
   C. 用"写字板"可以浏览 Word 2016 创建的任何内容
   D. 用"写字板"创建的 DOC 文档，"记事本"也可以处理

3. 在编辑 Word 文档时，为便于排版，输入文字时应（　　　）。
   A. 每行结束输入回车符号　　　　　　B. 整篇文档结束输入回车符号
   C. 每段结束输入回车符号　　　　　　D. 每句结束输入回车符号

4. 在编辑 Word 文档时，可使用（　　　）选项卡"符号"组中的"符号"输入 Σ。
   A."开始"　　　　B."视图"　　　　C."设计"　　　　D."插入"

5. 在 Word 文档中，要把多处相同的错误一起更正，正确的方法是（　　　）。
   A. 使用"撤销""恢复"命令
   B. 使用"开始"选项卡"编辑"组中的"替换"命令

C. 使用"开始"选项卡"编辑"组中的"选择"命令

D. 使用"开始"选项卡"编辑"组中的"查找"命令

6. 在 Word 文档中，段落缩进后文本相对打印纸边界的距离等于（   ）。

    A. 页边距   B. 页边距 + 段落缩进距离

    C. 段落缩进距离   D. 由打印机控制

7. 在文档的编辑过程中，当选中一个句子后，继续输入文字，输入的文字（   ）

    A. 插入选中的句子之前   B. 插入选中的句子之后

    C. 插入光标处   D. 代替选中的句子

8. 如果一篇 Word 文档内有 3 种不同的页边距，则该文档至少有（   ）。

    A. 3 页   B. 3 节   C. 3 栏   D. 3 段

9. 有关页眉和页脚的叙述，以下说法正确的是（   ）。

    A. 页眉与纸张上边的距离不可改变

    B. 修改某页的页眉，则同一节所有页的页眉都被修改

    C. 不能删除已编辑的页眉和页脚中的文字

    D. 页眉和页脚具有固定的字符和段落格式，用户不能改变

10. 关于分栏的叙述，以下说法正确的是（   ）。

    A. 页面最多可分为 4 栏   B. 各栏的宽度必须相同

    C. 各栏之间的距离是固定的   D. 不同的段落可以有不同的分栏数

模块4
操作与应用Excel 2016

04

Excel 2016 具有计算功能强大、使用方便、智能性较强等优点。用它不仅可以制作各种精美的电子表格和图表，还可以对表格中的数据进行分析和处理。Excel 2016 是提高办公效率的得力助手，被广泛应用于财务、金融、统计、人事、行政管理等领域。

4.1 初识 Excel 2016

Excel 在日常学习和生活中扮演着重要的角色。在学习使用它之前，必须先了解一下其基本组成和主要功能。

4.1.1 Excel 2016 窗口的基本组成及其主要功能

1. Excel 2016 窗口的基本组成

Excel 2016 启动成功后，屏幕上出现 Excel 2016 窗口。该窗口主要由标题栏、快速访问工具栏、功能区、编辑栏、工作表、行号、列标、滚动条（包括水平滚动条和垂直滚动条）、状态栏、活动单元格、标签滚动按钮、工作表标签等元素组成，如图 4-1 所示。

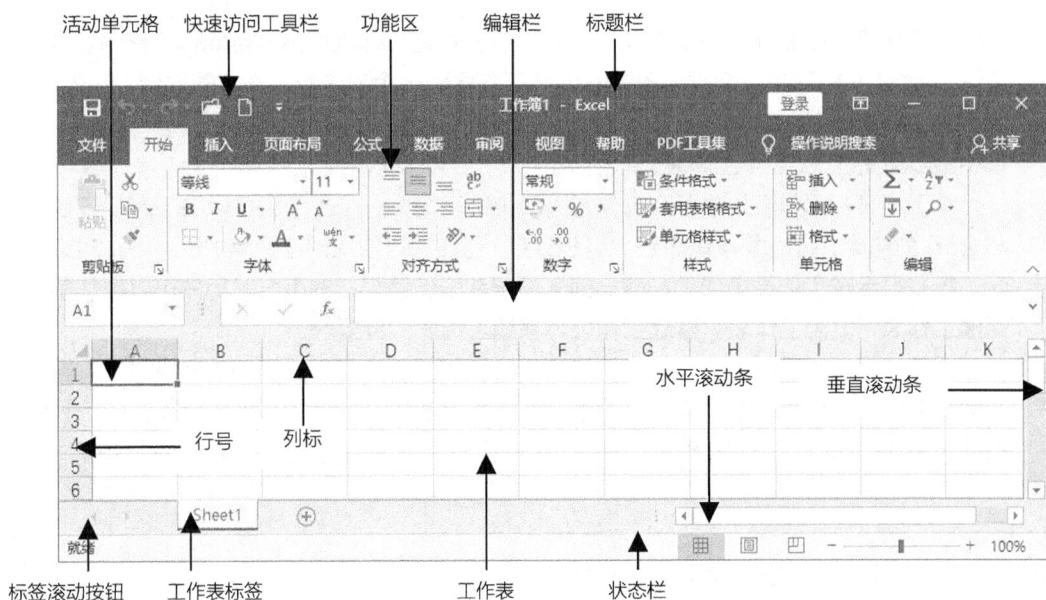

图 4-1 Excel 2016 窗口的基本组成

电子活页 4-1

Excel 2016 窗口
组成元素的主要
功能

2. Excel 2016 窗口组成元素的主要功能

扫描二维码，熟悉电子活页中的内容。掌握 Excel 2016 窗口的各个组成元素的主要功能。

4.1.2　Excel 2016 的基本工作对象

1. 工作簿

Excel 2016 的文件形式是工作簿，一个工作簿即为一个 Excel 文档。平时所说的 Excel 文档实际上是指 Excel 工作簿，创建新的工作簿时，系统默认的名称为"工作簿 1"，这也是 Excel 的文件名，工作簿的扩展名为.xlsx，工作簿模板文件的扩展名是.xltx。

工作簿窗口是用户的工作区，以工作表的形式提供给用户一个工作界面。

一本会计账簿有很多页，每一页都是记账表格，表格包括多行或多列。工作簿与会计账簿一样，一个工作簿可以包含多个工作表，用于存储表格或图表，每个工作表包含多行和多列，行或列包含多个单元格。

2. 工作表

工作表是工作簿文件的组成部分，由行和列组成，又称为电子表格，是存储和处理数据的区域，是用户的主要操作对象。

单击工作表标签左侧的滚动按钮，可以查看第一个、前一个、后一个和最后一个工作表。

3. 单元格

工作表中行、列交叉处的长方形称为单元格，它是工作表用于存储数据的基本单元。每个单元格有一个固定的地址，地址编号由"列标""行号"组成，如 A1、B2、C3 等。单元格区域是指多个单元格组成的矩形区域，其表示方法是左上角单元格和右下角单元格加"："，如"A1:C5"表示从 A1 单元格到 C5 单元格之间的矩形区域。

> **知识词典**
>
> ①工作簿。在 Excel 2016 中，用来储存并处理工作数据的文件叫作工作簿。也就是说 Excel 文档就是工作簿，它是 Excel 工作区中一个或多个工作表的集合，在 2016 版 Excel 中，其扩展名为.xlsx。每一个工作簿可以拥有许多不同的工作表，一个工作簿中最多可建立 255 个工作表。
>
> ②工作表。工作表是显示在工作簿窗口中的表格，一个工作表可以由 1048576 行和 256 列构成，行的编号从 1 到 1048576，列的编号依次用字母 A、B、……、IV 表示，行号显示在工作簿窗口的左侧，列号显示在工作簿窗口的上方。用户可以根据需要新建工作表，复制工作表，删除工作表，移动工作表的位置等。
>
> ③单元格。单元格是工作表中行与列的交叉部分，它是组成表格的最小单位，可拆分或者合并。单个数据的输入和修改都是在单元格中进行的。根据单元格所在的行列位置来对单元格命名，例如，地址"B5"指的是 B 列与第 5 行交叉位置上的单元格。

---

4. 行

由行号相同，列标不同的多个单元格组成行。

5. 列

由列标相同，行号不同的多个单元格组成列。

6. 当前工作表（活动工作表）

正在操作的工作表称为当前工作表，也可以称为活动工作表。当前工作表标签为白色，其名称的字体颜色为绿色，标签底部有一条横线，用以区别其他工作表，创建新工作簿时系统默认名为"Sheet1"的工作表为当前工作表。单击工作表标签可以切换当前工作表。

7. 活动单元格

活动单元格是指当前正在操作的单元格，与其他非活动单元格的区别是活动单元格呈现为粗线边框 ▭。它的右下角处有一个小黑方块，称为填充柄。活动单元格是工作表中数据编辑的基本单元。

4.2 Excel 2016 基本操作

4.2.1 启动与退出 Excel 2016

【操作 4-1】启动与退出 Excel 2016

扫描二维码，熟悉电子活页中的内容。选择合适的方法完成启动 Excel 2016、退出 Excel 2016 等操作。

电子活页 4-2

启动与退出
Excel 2016

4.2.2 Excel 工作簿基本操作

【操作 4-2】Excel 工作簿基本操作

扫描二维码，熟悉电子活页中的内容。选择合适的方法完成以下各项操作。

电子活页 4-3

Excel 工作簿
基本操作

1. 创建 Excel 工作簿

启动 Excel 2016 时，系统自动创建一个新 Excel 工作簿。

2. 保存 Excel 工作簿

在新工作簿的工作表"Sheet1"中，输入标题"小组考核成绩"，然后将新创建的工作簿以名称"【操作 4-2】Excel 工作簿基本操作"予以保存，保存位置为"模块 4"。

3. 关闭 Excel 工作簿

关闭 Excel 工作簿"【操作 4-2】Excel 工作簿基本操作.xlsx"。

4. 打开 Excel 工作簿

再一次打开 Excel 工作簿"【操作 4-2】Excel 工作簿基本操作.xlsx"，然后关闭并退出 Excel 2016。

4.2.3 Excel 工作表基本操作

在 Excel 2016 中，默认情况下一个工作簿包括一个工作表，可以插入、删除多个工作表，还可以对工作表进行复制、移动和重命名等操作。

电子活页 4-4

Excel 工作表基
本操作

【操作 4-3】Excel 工作表基本操作

扫描二维码，熟悉电子活页中的内容。选择合适的方法完成以下各项操作。

1．插入工作表

启动 Excel 2016 时，创建并保存 Excel 工作簿"【操作 4-3】Excel 工作表基本操作.xlsx"。在该工作簿默认工作表"Sheet1"右侧添加两个工作表"Sheet2""Sheet3"。

2．复制与移动工作表

在 Excel 工作簿"【操作 4-3】Excel 工作表基本操作.xlsx"中复制工作表"Sheet2"，然后将工作表"Sheet2"移动到工作表"Sheet3"右侧。

3．选中工作表

完成选中单个工作表、选中多个工作表、选中全部工作表等操作。

4．切换工作表

完成切换工作表的操作。

5．重命名工作表

在 Excel 工作簿"【操作 4-3】Excel 工作表基本操作.xlsx"中，将工作表"Sheet1"重命名为"第 1 次考核成绩"，将工作表"Sheet2"重命名为"第 2 次考核成绩"。

6．删除工作表

在 Excel 工作簿"【操作 4-3】Excel 工作表基本操作.xlsx"中删除工作表"Sheet3"。

7．数据查找与替换

打开 Excel 工作簿"客户通讯录.xlsx"，在工作表"Sheet1"中查找"长沙市""数据中心"，将"187 号"替换为"188 号"。

4.2.4　工作表窗口基本操作

1．拆分工作表窗口

Excel 允许将工作表分区。如果在滚动工作表时需要始终显示某一列或某一行的标题，可以拆分工作表窗口，从而实现在一个工作区域内滚动时，在另一个分割区域中显示标题。

单击"视图"选项卡"窗口"组中的"拆分"按钮，窗口即可分为两个垂直窗口和两个水平窗口，如图 4-2 所示。拆分的窗口拥有各自的垂直和水平滚动条。当拖曳其中一个滚动条时，只有一个窗口中的数据滚动，如果需要调整已拆分的区域，拖曳拆分栏即可。

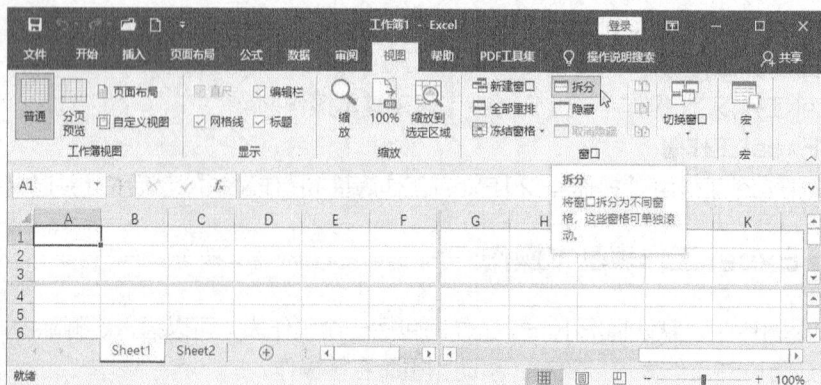

图 4-2　拆分工作表窗口

2．冻结工作表窗口

如果需要让工作表中的某些部分固定不动，可以使用"冻结窗格"命令。可以先将窗口拆分成区域，也可以先冻结工作表标题。如果在冻结之前拆分窗口，窗口将冻结在拆分位置，而不是冻结在活动单元格位置。

如果要冻结第 1 行的水平标题或第 1 列的垂直标题，可以单击"视图"选项卡"窗口"组中的"冻结窗格"按钮，在弹出的下拉菜单中选择"冻结首行"或"冻结首列"命令即可，如图 4-3 所示。冻结了某一标题之后，可以任意滚动标题下方的行或标题右边的列，而标题固定不动，这对操作一个有很多行或列的工作表来说很方便。

如果将第 1 行的水平标题和第 1 列的垂直标题都冻结，那么选中第 2 行第 2 列的单元格，然后在"冻结窗格"下拉菜单中选择"冻结窗格"命令，则单元格上方所有的行和左侧所有的列都会被冻结。

3. 取消拆分和冻结

如果要取消对窗口的拆分，单击"视图"选项卡"窗口"组中的"拆分"按钮即可。

如果要取消标题或取消拆分区域的冻结，可以单击"视图"选项卡"窗口"组中的"冻结窗格"按钮，在弹出的下拉菜单中选择"取消冻结窗格"命令，如图 4-4 所示。

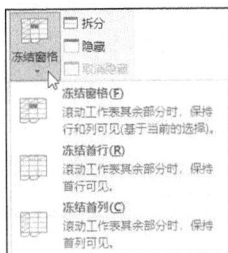

图 4-3　选择"冻结首行"或"冻结首列"命令　　图 4-4　在"冻结窗格"下拉菜单中选择"取消冻结窗格"命令

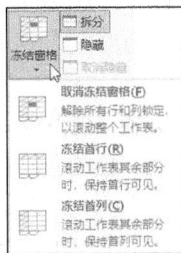

4.2.5　Excel 行与列基本操作

电子活页 4-5

【操作 4-4】Excel 行与列基本操作

Excel 行与列基本操作

扫描二维码，熟悉电子活页中的内容。选择合适的方法完成选中行、选中列、插入行与列、复制整行与整列、移动整行与整列、删除整行与整列、调整行高、调整列宽等操作。

4.2.6　Excel 单元格基本操作

电子活页 4-6

【操作 4-5】Excel 单元格基本操作

Excel 单元格基本操作

扫描二维码，熟悉电子活页中的内容。选择合适的方法完成选中单元格、选中单元格区域、插入单元格、复制单元格、移动单元格、移动单元格数据、复制单元格数据、删除单元格、撤销和恢复等操作。

【任务 4-1】Excel 工作簿"企业通讯录.xlsx"基本操作

【任务描述】

①打开 Excel 文档"企业通讯录.xlsx"，将其另存为"企业通讯录 2.xlsx"。

②在工作表"Sheet1"之前插入新工作表"Sheet2""Sheet3"，将工作表"Sheet2"移动到"Sheet3"的右侧。

③将工作表"Sheet1"重命名为"企业通讯录"。

④将工作表"Sheet2"删除。

⑤在工作表"企业通讯录"序号为 4 的行下方插入一行。删除新插入的行。

⑥在标题为"联系人"的列的左侧插入一列。删除新插入的列。

⑦打开 Excel 工作簿"企业通讯录 2.xlsx"，在企业名称为"鹰拓国际广告有限公司"的单元格上方插入一个单元格。删除新插入的单元格。

⑧将企业名称为"鹰拓国际广告有限公司"的单元格复制到单元格 B12 的位置。

【任务实现】

1. 打开 Excel 文档"企业通讯录.xlsx"

①启动 Excel 2016。

②选择左下方的"打开其他工作簿"超链接，显示"打开"界面，单击"浏览"按钮，弹出"打开"对话框，在该对话框中选中待打开的 Excel 文档"企业通讯录.xlsx"。单击"打开"按钮，打开 Excel 文档。

2. 将 Excel 文档"企业通讯录.xlsx"另存为"企业通讯录 2.xlsx"

打开 Excel 文档"企业通讯录.xlsx"后，单击"文件"选项卡，显示"信息"界面，选择"另存为"命令，显示"另存为"界面，单击"浏览"按钮，弹出"另存为"对话框，在该对话框的"文件名"列表框中输入"企业通讯录 2.xlsx"，单击"保存"按钮。

3. 插入与移动工作表

①选中工作表"Sheet1"，单击"开始"选项卡"单元格"组中的"插入"按钮，在其下拉菜单中选择"插入工作表"命令，即可在工作表"Sheet1"之前插入一个新工作表"Sheet2"。以同样的方法再次插入一个新工作表"Sheet3"。

②选中工作表标签"Sheet2"，按住鼠标左键将其拖曳到工作表"Sheet3"的右侧。

4. 工作表的重命名

双击工作表标签"Sheet1"，"Sheet1"变为选中状态时，直接输入新的工作表标签名称"企业通讯录"，确定名称无误后按"Enter"键即可重命名该工作表。

5. 删除工作表

在工作表"Sheet2"标签位置单击鼠标右键，在弹出的快捷菜单中选择"删除"命令即可删除该工作表。

6. 插入与删除行

①在工作表"企业通讯录"序号为 5 的行中选中一个单元格。

②单击"开始"选项卡"单元格"组中的"插入"按钮，在其下拉菜单中选择"插入工作表行"命令，在选中的单元格的上方插入新的一行。

③选中新插入的行，单击"开始"选项卡"单元格"组中的"删除"按钮，在其下拉菜单中选择"删除工作行"命令，选中的行将被删除，其下方的行自动上移一行。

7. 插入与删除列

①在标题为"联系人"的列中选中一个单元格。

②单击"开始"选项卡"单元格"组中的"插入"按钮，在其下拉菜单中选择"插入工作表列"命令，在选中单元格的左边插入新的一列。

③选中新插入的列，单击"开始"选项卡"单元格"组中的"删除"按钮，在其下拉菜单中选择"删除工作列"命令，选中的列将被删除，其右侧的列自动左移一列。

8. 插入与删除单元格

①选中企业名称为"鹰拓国际广告有限公司"的单元格。

②单击鼠标右键，在弹出的快捷菜单中选择"插入"命令，打开"插入"对话框。

③在"插入"对话框中选择"活动单元格下移"单选按钮。

④单击"确定"按钮，则在选中单元格上方插入新的单元格。

⑤先选中新插入的单元格，再单击鼠标右键，在弹出的快捷菜单中选择"删除"命令，弹出"删除"对话框。在该对话框中选择"下方单元格上移"单选按钮，单击"确定"按钮，即可完成单元格的删除操作。

9. 复制单元格数据

①先选中企业名称为"鹰拓国际广告有限公司"的单元格。

②移动鼠标指针到选中单元格的边框处，鼠标指针呈空心箭头时，按住"Ctrl"键的同时按住鼠标左键，并拖曳鼠标指针到单元格 B12，然后松开鼠标左键即可。

4.3 在 Excel 2016 中输入与编辑数据

在工作表中输入与编辑数据是 Excel 2016 最基本的操作之一。选中要输入数据的单元格后即可开始输入数字或文字，按"Enter"键确认输入的内容，活动单元格自动下移一格。也可以按"Tab"键确认输入的内容，活动单元格自动右移一格。如果在按"Enter"键之前按"Esc"键，则可以取消输入的内容；如果已经按"Enter"键确认了，则可以单击快速访问工具栏中的"撤销"按钮撤销操作。

在单元格中输入数据时，其输入的内容同时也显示在编辑栏的编辑框中，因此也可以在编辑框中向活动单元格输入数据。当在编辑框中输入数据时，编辑栏左侧显示"输入"按钮✓和"取消"按钮×，单击"输入"按钮✓，将编辑栏中的数据输入当前单元格中；单击"取消"按钮×，取消输入的操作。

4.3.1 输入文本数据

在中文环境下，文本是指当作字符串处理的数据，包括汉字、字母、数字字符、空格，以及各种符号。邮政编码、身份证号码、电话号码、存折编号、学号、职工编号之类的纯数字形式的数据，也可以被视为文本数据。

一般的文本数字直接选中单元格输入即可，对于纯文本形式的数字数据，如邮政编号、身份证号，应先输入半角单引号"'"，然后输入对应的数字，表示所输入的数字作为文本处理，不可以参与求和之类的数学计算。

默认状态下，单元格中输入的文本数据左对齐显示。当数据宽度超过单元格的宽度时，如果其右侧单元格内没有数据，则单元格的内容会扩展到右侧的单元格内显示；如果其右侧单元格内有数据，则输入结束后，单元格内的文本数据被截断显示，但内容并没有丢失，选中单元格后，完整的内容即显示在编辑框中。

当单元格内的文本内容比较长时，可以按"Alt+Enter"组合键实现单元格内换行，单元格的高度自动增加，以容纳多行文本。通过设置单元格的格式也可以实现单元格的自动换行。

4.3.2　输入数值数据

1. 输入数字字符

在单元格中可以直接输入整数、小数和分数。

2. 输入数学符号

单元格中除了可以输入 0~9 的数字字符，也可以输入以下数学符号。

①正负号："+""-"。

②货币符号："¥""$""€"。

③左右括号："(""")"。

④分数线"/"、千位分隔符","、小数点"."和百分号"%"。

⑤指数标识"E""e"。

3. 输入特殊形式的数值数据

（1）输入负数

输入负数可以直接输入负号"-"和数字，也可以输入带括号的数字，如输入"(100)"，在单元格中显示的是"-100"。

（2）输入分数

输入分数时，应在分数前加"0"和一个空格，如输入"1/2"时，应在单元格内输入"0　1/2"，在单元格中显示的是"1/2"。

> **注意**　如果输入分数时，在分数前不加限制或只加"0"，则输出的结果为日期，即"1/2"变成"1月2日"的形式。如果在分数前只加 1 个空格，则输出的分数为文本形式的数字。

（3）输入多位的长数据

输入多位的长数据时，一般带千位分隔符","输入，但在编辑栏中显示的数据没有千位分隔符","。输入的数据位数较多时，一般情况下会自动显示成科学计数法的形式。

无论在单元格输入数值时显示的位数是多少，Excel 2016 只保留 15 位的精度，如果数值长度超出了 15 位，Excel 2016 会将多余的数字显示为"0"。

4.3.3　输入日期和时间

输入日期时，按照年、月、日的顺序输入，并且使用斜杠"/"或连字符"-"分隔表示年、月、日的数字。输入时间时按照时、分、秒的顺序输入，并且使用半角冒号":"分隔表示时、分、秒的数字。在同一单元格同时输入日期和时间时，必须使用空格分隔。

输入当前系统日期时可以按"Ctrl+;"组合键，输入当前系统时间时可以按"Ctrl+Shift+;"组合键。

单元格中日期或时间的显示形式取决于所在单元格的数字格式。如果输入了 Excel 2016 可以识别的日期或时间数据，单元格格式会从"常规"数字格式自动转换为内置的日期或时间格式，对齐方式默认为右对齐。如果输入了 Excel 2016 不能识别的日期或时间，输入的内容将被视为文本数据，在单元格中左对齐。

4.3.4 输入有效数据

【操作 4-6】在 Excel 工作表中设置数据有效性

扫描二维码，熟悉电子活页中的内容。选择合适的方法完成以下各项操作。

打开 Excel 工作簿"输入有效数据.xlsx"。将数据输入的限制条件设置为"最小值为 0，最大值为 100"。将提示信息标题设置为"输入成绩时:"，将提示信息内容设置为"必须为 0～100 之间的整数"。

如果在设置了数据有效性的单元格中输入不符合限定条件的数据，会弹出"警告信息"对话框。将该对话框标题设置为"不能输入无效的成绩"，提示信息设置为"请输入 0～100 之间的整数"。

电子活页 4-7

在 Excel 工作表中设置数据有效性

4.3.5 自动填充数据

【操作 4-7】在 Excel 工作表中自动填充数据

扫描二维码，熟悉电子活页中的内容。打开 Excel 工作簿"技能竞赛成绩统计.xlsx"，完成复制填充、鼠标拖曳填充、自动填充序列等操作。

电子活页 4-8

在 Excel 工作表中自动填充数据

4.3.6 自定义填充序列

【操作 4-8】在 Excel 工作表中自定义填充序列

扫描二维码，熟悉电子活页中的内容。创建并打开 Excel 工作簿"技能竞赛抽签序号.xlsx"，在工作表"Sheet1"第 1 列输入序号数据"1、2、3、4"，第 2 列输入序列数据"A1、A2、A3、A4"，然后完成将工作表中已有的序列导入并定义成序列、删除自定义序列、定义新序列等操作。

电子活页 4-9

在 Excel 工作表中自定义填充序列

4.3.7 编辑工作表中的内容

1. 编辑单元格中的内容

①将光标定位到单元格或编辑栏中。

【方法 1】将鼠标指针✛移至待编辑内容的单元格上，双击鼠标左键或者按"F2"键即可进入编辑状态，单元格内的鼠标指针变为Ⅰ形状。

【方法 2】将鼠标指针移到编辑栏的编辑框中并单击。

②对单元格或编辑框中的内容进行修改。

③确认修改的内容。按"Enter"键确认所做的修改，如果按"Esc"键则取消所做的修改。

2. 清除/删除单元格或单元格区域

清除单元格只是删除单元格中的内容、格式或批注，清除内容后的单元格仍然保留在工作表中。

删除单元格时，会从工作表中移去单元格，并调整周围单元格填补删除的空缺。

【方法1】先选中需要清除的单元格，再按"Delete"键或"BackSpace"键，只清除单元格的内容，而保留该单元格的格式和批注。

【方法 2】先选中需要清除的单元格或单元格区域，单击"开始"选项卡"编辑"组中的"清除"按钮，弹出图 4-5 所示的下拉菜单，在该下拉菜单中选择"全部清除""清除格式""清除内容""清除批注"或"清除超链接"命令，分别可以清除单元格或单元格区域中的全部信息（包括内容、格式、批注和超链接）、格式、内容、批注或超链接。

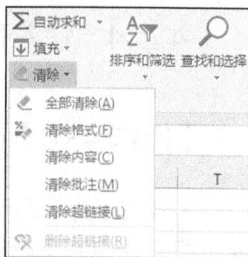

图 4-5 "清除"下拉菜单

【任务 4-2】在 Excel 工作簿中输入与编辑"客户通讯录 1.xlsx"的数据

【任务描述】

创建 Excel 工作簿"客户通讯录 1.xlsx"，在工作表"Sheet1"中输入图 4-6 所示的数据。要求"序号"列数据"1～8"使用鼠标拖曳填充的方法输入，"称呼"列第 2 行到第 9 行的数据先使用命令方式复制填充，内容为"先生"，然后修改部分称呼不是"先生"的数据，E8 单元格中的"女士"文字使用鼠标拖曳的方式复制填充。

	A	B	C	D	E	F	G
1	序号	客户名称	通讯地址	联系人	称呼	联系电话	邮政编码
2	1	蓝思科技（湖南）有限公司	湖南浏阳长沙生物医药产业基地	蒋鹏飞	先生	83285001	410311
3	2	高期贝尔数码科技股份有限公司	湖南郴州苏仙区高期贝尔工业园	谭琳	女士	82666666	413000
4	3	长城信息产业股份有限公司	湖南长沙经济技术开发区东三路6号	赵梦仙	先生	84932856	410100
5	4	湖南宏梦卡通传播有限公司	长沙经济技术开发区祭龙体枢路27号	彭运泽	先生	58295215	411100
6	5	青苹果数据中心有限公司	湖南省长沙市青竹湖大道399号	高首	先生	88239060	410152
7	6	益阳搜空高科软件有限公司	益阳高新区迎宾西路	文云	女士	82269226	413000
8	7	湖南浩丰文化传播有限公司	长沙市芙蓉区嘉雨路187号	陈芳	女士	82282200	410001
9	8	株洲时代电子技术有限公司	株洲市天元区黄河南路199号	廖时才	先生	22837219	412007

图 4-6 客户通讯录 1

【任务实现】

1. 创建 Excel 工作簿"客户通讯录 1.xlsx"

①启动 Excel 2016，创建一个名为"工作簿 1"的空白工作簿。

②单击快速访问工具栏中的"保存"按钮🖫，出现"另存为"界面，单击"浏览"按钮，弹出"另存为"对话框。在该对话框的"文件名"下拉列表框中输入文件名称"客户通讯录 1"，保存类型默认为".xlsx"，然后单击"保存"按钮进行保存。

2. 输入数据

在工作表"Sheet1"中输入图 4-6 所示的数据，这里暂不输入"序号""称呼"两列的数据。

3. 自动填充数据

（1）自动填充"序号"列数据

在"序号"列的首单元格 A2 中输入数据"1"并确认，选中数据序列的首单元格，按住"Ctrl"

键的同时按住鼠标左键拖曳填充柄到末单元格，自动生成步长为 1 的等差序列。

（2）自动填充"称呼"列数据

选中"称呼"列的首单元格 E2，输入起始数据"先生"，选中序列单元格区域 E2:E9；然后单击"开始"选项卡"编辑"组中的"填充"按钮 ↓ 填充 ，在其下拉列表中选择"向下"命令，系统自动将首单元格中的数据"先生"复制填充到选中的各个单元格中。

4．编辑单元格中的内容

将单元格 E3 中的"先生"修改为"女士"，将单元格 E7 中的"先生"修改为"女士"，然后移动鼠标指针到填充柄处，鼠标指针呈黑十字形状 ✚。按住鼠标左键拖曳填充柄到单元格 E8，松开鼠标左键，将单元格 E7 中的"女士"复制填充至单元格 E8。

5．保存 Excel 工作簿

单击快速访问工具栏中的"保存"按钮 🖫，对工作表中输入的数据进行保存。

4.4 Excel 工作表格式设置

在 Excel 2016 中，可以自动套用系统提供的格式，也可以自行定义格式。单元格的格式决定了数据在工作表中的显示和输出方式。

单元格的格式包括数字格式、对齐方式、字体、边框、底纹等方面。单元格的格式可以使用"开始"选项卡的命令进行常见的格式设置，也可以使用"设置单元格格式"对话框进行设置。

4.4.1 设置数字格式和对齐方式

【操作 4-9】在 Excel 工作表中设置数字格式和对齐方式

扫描二维码，熟悉电子活页中的内容。打开 Excel 工作簿"第 2 季度产品销售情况表.xlsx"，尝试并掌握电子活页中介绍的各种 Excel 工作表格式设置方法。

电子活页 4-10

在 Excel 工作表中设置数字格式和对齐方式

1．设置数字格式

①使用"会计数字格式"下拉菜单中的命令设置单元格中数字的货币格式。

②使用"开始"选项卡"数字"组中的按钮设置单元格中数字的其他格式。

③使用"设置单元格格式"对话框的"数字"选项卡设置数字的格式。

2．设置对齐方式

①使用"开始"选项卡"对齐方式"组中的按钮设置单元格文本的对齐方式。

②使用"设置单元格格式"对话框的"对齐"选项卡设置单元格文本的对齐方式。

4.4.2 设置字体格式

在 Excel 2016 窗口中，可以直接使用"开始"选项卡"字体"组中的"字体"下拉列表框、"字号"下拉列表框、"加粗"按钮、"倾斜"按钮、"下划线"按钮、"字体颜色"按钮设置字体格式；也可以单击"开始"选项卡"字体"组中的"字体设置"按钮 ⌐，打开"设置单元格格式"对话框，利用该对话框的"字体"选项卡进行字体设置，如图 4-7 所示。

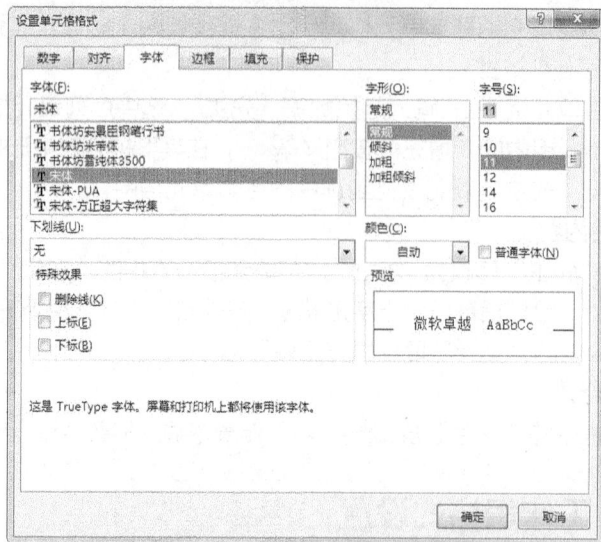

图 4-7 "设置单元格格式"对话框的"字体"选项卡

4.4.3　设置单元格边框

在"设置单元格格式"对话框中切换到"边框"选项卡，可以为选中的单元格添加或去除边框，可以对选中单元格的全部边框线进行设置，也可以选中单元格的部分边框线（上、下、左、右边框线，外框线，内框线和斜线）进行单独设置。在该选项卡的"线条"区域可以设置边框的样式和颜色，如图 4-8 所示。

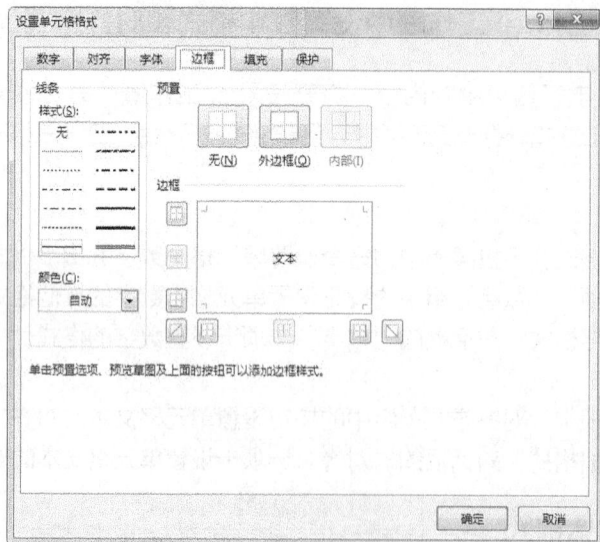

图 4-8 "设置单元格格式"对话框的"边框"选项卡

4.4.4　设置单元格的填充颜色和图案

在"设置单元格格式"对话框中切换到"填充"选项卡，可以在"背景色"列表中选择所需的颜色，在"图案颜色"下拉列表框中选择所需的图案颜色，在"图案样式"下拉列表框中选择所需的图案样式，如图 4-9 所示。

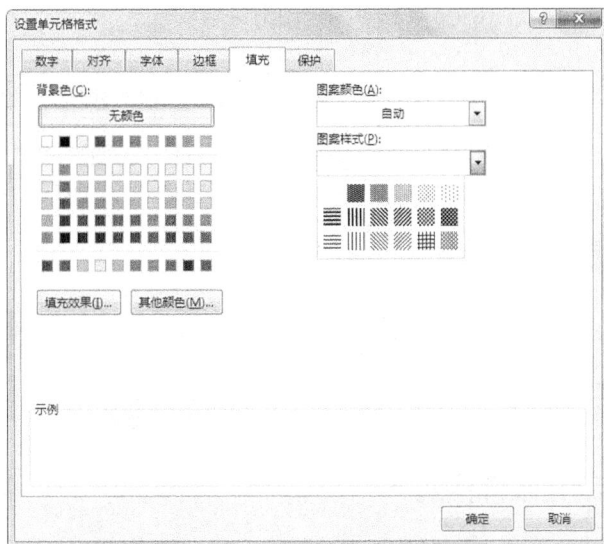

图 4-9 "设置单元格格式"对话框的"填充"选项卡

单元格的格式设置完成后，单击"确定"按钮即可。

4.4.5 自动套用表格格式

Excel 2016 提供了自动套用表格格式功能。用户通过这一项功能可以快速地为表格设置格式，非常方便、快捷。"套用表格格式"可自动用于工作表中选中的单元格区域，这些格式为工作表设置了专业化的外观，使数据的表示更加清楚、可读性更强。自动套用表格格式是数字格式、字体、对齐、边框、图案、列宽、行高和颜色的组合。

单击"开始"选项卡"样式"组中的"套用表格格式"按钮，在弹出的下拉列表中选择一种合适的表格样式，如图 4-10 所示。弹出"套用表格式"对话框，勾选"表包含标题"复选框，如图 4-11 所示，单击"确定"按钮，即可套用表格格式。

可以发现在工作表中选中的单元格区域 $A$1:$E$6 已套用了选择的表格格式，如图 4-12 所示。拖曳套用格式区域右下角的按钮，可以将区域变大。

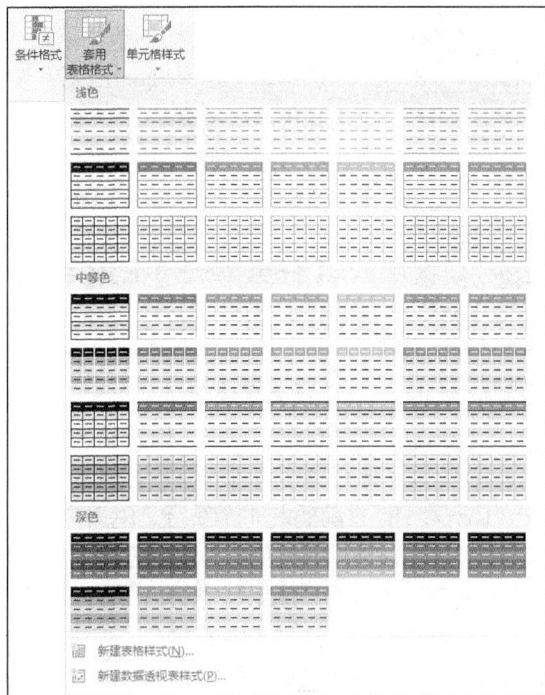

图 4-10 "套用表格格式"下拉列表

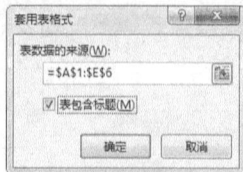

图4-11 "套用表格式"对话框

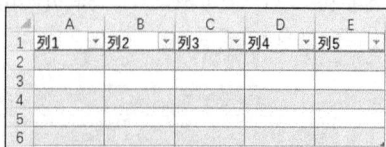

图4-12 套用了表格格式的单元格区域$A$1:$E$6

选中套用了表格格式的单元格区域，在"表格工具-设计"选项卡的"表格样式"组中有多种表格格式和颜色，可以方便地选择其他表格格式和颜色，如图4-13所示。

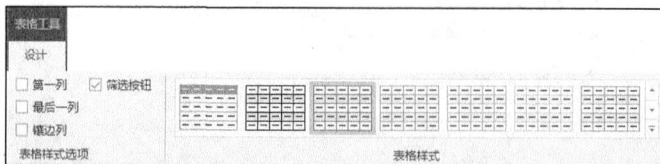

图4-13 "表格工具-设计"选项卡的"表格样式"组

4.4.6 设置单元格条件格式

【操作4-10】在Excel工作表中设置单元格条件格式

电子活页4-11

在Excel工作表中设置单元格条件格式

微课视频

【任务4-3】Excel工作簿"客户通讯录2.xlsx"格式设置与效果预览

扫描二维码，熟悉电子活页中的内容。打开Excel工作簿"第1小组考核成绩.xlsx"，尝试并掌握电子活页中介绍的在Excel工作表中设置单元格条件格式的方法，并完成以下操作。

1. 设置单元格的条件格式

选中单元格区域A1:B6，设置所有小于60的数据所在的单元格都显示为"浅红填充色深红色文本"。

2. 清除规则

清除单元格区域A1:B6设置的规则。

【任务4-3】Excel工作簿"客户通讯录2.xlsx"格式设置与效果预览

【任务描述】

打开文件夹"模块4"中的Excel工作簿"客户通讯录2.xlsx"，按照以下要求进行操作。

①在第1行之前插入1个新行，输入内容"客户通讯录"。

②使用"设置单元格格式"对话框将第1行"客户通讯录"字体设置为"宋体"，将字号设置为"20"，将字形设置为"加粗"；将水平对齐方式设置为"跨列居中"，将垂直对齐方式设置为"居中"。

③使用"开始"选项卡中的命令，将其他行文字的字体设置为"仿宋"，字号设置为"10"；将垂直对齐方式设置为"居中"。

④使用"开始"选项卡中的命令，将"序号"所在的工作表标题行数据的水平对齐方式设置为"居中"。

⑤使用"开始"选项卡中的命令，将"序号""称呼""联系电话""邮政编码"4列数据的水平

对齐方式设置为"居中"。

⑥使用"开始"选项卡"数字"组的"数字格式"下拉列表框将"联系电话""邮政编码"两列数据设置为"文本"类型。

⑦使用"行高"对话框将第 1 行（标题行）的行高设置为"35"，将其他数据行（第 2 行至第 10 行）的行高设置为"20"。

⑧使用"开始"选项卡中的命令将各数据列的宽度自动调整为至少能容纳单元格中的内容的宽度。

⑨使用"设置单元格格式"对话框的"边框"选项卡为包含数据的单元格区域设置边框线。

⑩设置纸张方向为"横向"，然后预览页面的整体效果。

【任务实现】

1. 打开 Excel 文档

打开 Excel 文档"客户通讯录 2.xlsx"。

2. 插入新行

①选中"序号"所在的标题行。

②在"开始"选项卡"单元格"组的"插入"下拉菜单中选择"插入工作表行"命令，完成在"序号"所在的标题行上方插入新行的操作。

③在新插入行的单元格 A1 中输入"客户通讯录"。

3. 使用"设置单元格格式"对话框设置单元格格式

①选中 A1:G1 单元格区域，单击鼠标右键，在弹出的快捷菜单中选择"设置单元格格式"命令，打开"设置单元格格式"对话框，切换到"字体"选项卡。在"字体"选项卡中依次设置字体为"宋体"、字形为"加粗"、字号为"20"。

②切换到"对齐"选项卡，设置水平对齐方式为"跨列居中"，垂直对齐方式为"居中"。

设置完成后，单击"确定"按钮。

4. 使用"开始"选项卡中的按钮设置单元格格式

①选中 A2:G10 单元格区域，在"开始"选项卡"字体"组中设置字体为"仿宋"，字号为"10"；在"对齐方式"组中单击"垂直居中"按钮，设置该单元格区域的垂直对齐方式为居中。

②选中 A2:G2 单元格区域，即"序号"所在的标题行数据，然后单击"对齐方式"组中的"居中"按钮，设置该单元格区域的水平对齐方式为"居中"。

③选中"A3:A10""E3:G10"两个不连续的单元格区域，即"序号""称呼""联系电话""邮政编码"4 列数据，然后单击"对齐方式"组中的"居中"按钮，设置两个单元格区域的水平对齐方式为"居中"。

④选中 F3:G10 单元格区域，即"联系电话""邮政编码"两列数据，在"开始"选项卡"数字"组的"数字格式"下拉列表框中选择"文本"选项。

5. 设置行高和列宽

①选中第 1 行（"客户通讯录"标题行），单击鼠标右键，在弹出的快捷菜单中选择"行高"命令，打开"行高"对话框。在"行高"文本框中输入"35"，单击"确定"按钮。

②以同样的方法设置其他数据行（第 2 行至第 10 行）的行高为"20"。

③选中 A 列至 G 列，然后在"开始"选项卡"单元格"组的"格式"下拉菜单中选择"自动调整列宽"命令。

6. 使用"设置单元格格式"对话框设置边框线

选中 A2:G10 单元格区域，单击鼠标右键，在弹出的快捷菜单中选择"设置单元格格式"命令，打开"设置单元格格式"对话框，切换到"边框"选项卡。在该选项卡的"预置"区域中单击"外边框""内部"按钮，为包含数据的单元格区域设置边框线，如图 4-14 所示。

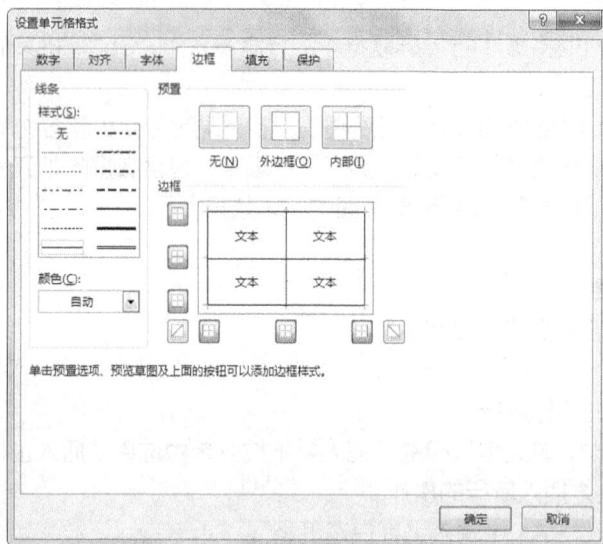

图 4-14　"设置单元格格式"对话框的"边框"选项卡

7. 页面设置与页面整体效果预览

①单击"页面布局"选项卡"页面设置"组中的"纸张方向"按钮，在其下拉菜单中选择"横向"命令，如图 4-15 所示。

图 4-15　在"纸张方向"下拉菜单中选择"横向"命令

②在 Excel 2016 窗口中单击"文件"选项卡，在"信息"窗口中单击"打印"按钮，切换到"打印"界面，即可预览页面的整体效果。

4.5　Excel 2016 中的数据计算

数据计算与统计是 Excel 2016 的重要功能，它能根据各种不同要求，通过公式和函数完成各类计算和统计。

4.5.1　单元格引用

Excel 2016 可以方便、快速地进行数据计算与统计。进行数据计算与统计时一般需要引用单元格中的数据。单元格的引用是指在计算公式中使用单元格地址作为运算项，单元格地址代表了单元格的数据。

1. 单元格地址

单元格地址由"列标""行号"组成，"列标"在前，"行号"在后，A1、B4、D8 等。

2. 单元格区域地址

（1）连续的矩形单元格区域

连续的矩形单元格区域的地址引用为"单元格区域左上角的单元格地址:单元格区域右下角的单元格地址"，中间使用半角冒号":"分隔，如 B3:E12，其中 B3 表示单元格区域左上角的单元格地址，E12 表示单元格区域右下角的单元格地址。

（2）不连续的多个单元格或单元格区域

不连续的多个单元格或单元格区域的地址引用规则为：使用半角逗号","分隔多个单元格或单元格区域的地址，如 A2,B3:D12,E5,F6:H10，其中 A2 和 E5 表示两个单元格的地址，B3:D12 和 F6:H10 表示两个单元格区域的地址。

3. 单元格引用

（1）相对引用

相对引用是指单元格地址直接使用"列标""行号"表示，如 A1、B2、C3 等。将含有单元格相对地址的公式移动或复制到一个新位置时，公式中的单元格地址会随之发生变化。如单元格 F3 应用的公式中包含了单元格 D3 的相对引用，将单元格 F3 中的公式复制到单元格 F4 时，公式所包含的单元格相对引用会自动变为 D4。

（2）绝对引用

绝对引用是指单元格地址中的"列标""行号"前各加一个"$"符号，如$A$1、$B$2、$C$3 等。将含有单元格绝对地址的公式移动或复制到一个新的位置时，公式中的单元格地址不会发生变化。如单元格 F32 应用的公式中包含了单元格 F31 的绝对引用$F$31，将单元格 F32 中的公式复制到单元格 F33 时，公式所包含的单元格绝对引用不变，为同一个单元格 F31 中的数据。

（3）混合引用

混合引用是指单元格地址的"列标""行号"中，一个使用绝对地址，另一个使用相对地址，如$A1、B$2 等。对于混合引用的地址，在公式移动或复制时，绝对引用部分不会发生变化，而相对引用部分会随之变化。

如果列标为绝对引用，行号为相对引用，如$A1，那么在公式移动或复制时，列标不会发生变化（如 A），但行号会发生变化（如 1、2、3 等），即同一列不同行对应单元格的数据（如 A1、A2、A3 等）。

如果行号为绝对引用，列标为相对引用，如 A$1，那么在公式移动或复制时，行号不会发生变化（如 1），但列标会发生变化（如 A、B、C 等），即同一行不同列对应单元格的数据（如 A1、B1、C1 等）。

（4）跨工作表的单元格引用

在公式中引用同一工作簿其他工作表中的单元格的形式为<工作表名称>!<单元格地址>。"工作表名称""单元格地址"之间使用半角感叹号"!"分隔。

（5）跨工作簿的单元格引用

在公式中引用不同工作簿中的单元格的形式为<[工作簿文件名]><工作表名称>!<单元格地址>。

> **注意** "工作簿文件名"加半角中括号"[ ]"，要使用绝对路径且带扩展名；"工作表名称""单元格地址"之间使用半角感叹号"!"分隔，<[工作簿文件名]><工作表名称>还需要加半角单引号，例如，'E:\[考核成绩.xlsx]sheet1'!A6。

4.5.2　自动计算

单击"公式"选项卡"函数库"组中的"自动求和"按钮，可以对指定或默认区域的数据进行求和运算。其运算结果值显示在选中列的下方第 1 个单元格中或者选中行的右侧第 1 个单元格中。

单击"自动求和"按钮下方的 ▾ 按钮，在其下拉菜单中包括多个自动计算命令，如图 4-16 所示。

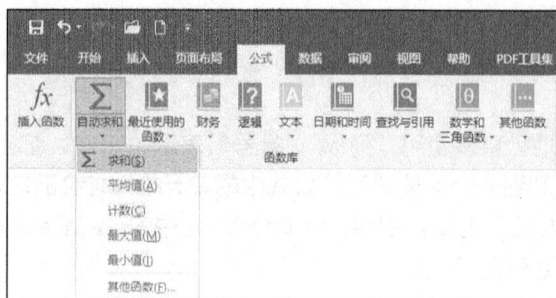

图 4-16　"自动求和"下拉菜单

4.5.3　使用公式计算

1. 公式的组成

Excel 2016 中的公式由常量数据、单元格引用、函数、运算符组成。运算符主要包括 3 种类型：算术运算符、字符运算符、比较运算符。算术运算符包括+（加号）、−（减号）、*（乘号）、/（除号）、%（百分号）、^（乘幂）；字符连接运算符&可以将多个字符串连接起来；比较运算符包括=（等号）、<（小于）、<=（小于等于）、>（大于）、>=（大于等于）、<>（不等于）。

如果公式中同时用到了多个运算符，其运算优先顺序如表 4-1 所示。

表 4-1　公式中有多个运算符时的运算优先顺序

运算符	运算优先顺序
−（减号）	1
%（百分号）	2
^（乘幂）	3
*、/（乘号、除号）	4
+、−（加号、减号）	5
&（字符连接运算符）	6
=（等号）、<（小于）、<=（小于等于）、>（大于）、>=（大于等于）、<>（不等于）	7

公式中同一级别的运算，按从左到右的顺序进行，使用括号优先，注意括号应使用半角的括号"( )"，不能使用全角的括号。

2．公式的输入与计算

【操作 4-11】Excel 工作表中公式的输入与计算

扫描二维码，熟悉电子活页中的内容。打开 Excel 工作簿"计算销售额.xlsx"，尝试并掌握电子活页中介绍的 Excel 工作中公式的输入与计算方法，使用公式计算各种产品的销售额，将计算结果填入对应单元格中。

电子活页 4-12

Excel 工作表中
公式的输入与
计算

3．公式的移动与复制

公式的移动是指把一个公式从一个单元格中移动到另一个单元格中，其操作方法与单元格中数据的移动方法相同。

公式的复制可以使用填充柄、功能区命令和快捷菜单命令等多种方法实现，与单元格中数据的复制方法基本相同。

4.5.4　使用函数计算

函数是 Excel 2016 中事先已定义好的具有特定功能的内置公式，如 SUM（求和）、AVERAGE（求平均值）、COUNT（计数）、MAX（求最大值）、MIN（求最小值）等。

扫描二维码，熟悉电子活页中的内容。熟悉在 Excel 工作表中使用函数计算的相关内容。

电子活页 4-13

在 Excel 工作表
中使用函数计算

4.6　Excel 2016 数据统计与分析

Excel 2016 提供了极强的数据排序、筛选，以及分类汇总等功能。使用这些功能可以方便地统计与分析数据。排序是指按照一定的顺序重新排列工作表中的数据。通过排序，可以根据其特定列的内容来重新排列工作表的行。排序并不改变行的内容。当两行中有完全相同的数据或内容时，Excel 2016 会保持它们的原始顺序。筛选是查找和处理工作表中数据子集的快捷方法，筛选结果仅显示满足条件的行，该条件由用户针对某列指定。筛选与排序不同，它并不重排工作表中的行，而只是将不必显示的行暂时隐藏。可以使用"自动筛选"或"高级筛选"功能将那些符合条件的数据显示在工作表中。分类汇总是将工作表中某个关键字段进行分类，值相同的分为一类，然后对各类进行汇总。利用分类汇总功能可以对一项或多项指标进行汇总。

4.6.1　数据排序

数据的排序是指对选中单元格区域中的数据以升序或降序方式重新排列，便于浏览和分析。

电子活页 4-14

Excel 工作表中
的数据排序

【操作 4-12】Excel 工作表中的数据排序

扫描二维码，熟悉电子活页中的内容。打开 Excel 工作簿"产品销售数据排序.xlsx"，尝试并掌握电子活页中介绍的在 Excel 工作表中进行数据排序的方法，完成简单排序、多条件排序等操作。

4.6.2　数据筛选

如果用户需要浏览或者操作的只是数据表中的部分数据，为了方便操作和加快操作速度，往往把需要的记录数据筛选出来作为操作对象，而将无关的记录数据隐藏起来，使之不参与操作。

Excel 2016 同时提供了"自动筛选""高级筛选"两种命令来筛选数据。自动筛选可以满足大部分需求，当需要按更复杂的条件来筛选数据时，则需要使用高级筛选。

【操作 4-13】Excel 工作表中的数据筛选

电子活页 4-15

Excel 工作表中的数据筛选

扫描二维码，熟悉电子活页中的内容。尝试并掌握电子活页中介绍的在 Excel 工作表中进行数据筛选的方法，完成以下筛选操作。

1. 自动筛选

打开 Excel 工作簿"计算机配件销售数据筛选 1.xlsx"，筛选出价格为 500～1000 元（包含 500 元，但不包含 1000 元）的计算机配件。

2. 高级筛选

打开 Excel 工作簿"计算机配件销售数据筛选 2.xlsx"，筛选出价格为 500～1000 元（不包含 500 元，但包含 1000 元），同时销售额在 50000 元以上的计算机配件。

4.6.3　数据分类汇总

对工作表中的数据按列值进行分类，并按类进行汇总（包括求和、求平均值、求最大值、求最小值等），可以提供清晰且有价值的报表。

在进行分类汇总之前，应对工作表中的数据进行排序，将待分类字段相同的记录集中在一起，并且工作表中第一行里必须有列标题。

【操作 4-14】Excel 工作表中的数据分类汇总

电子活页 4-16

Excel 工作表中的数据分类汇总

微课视频

【任务 4-4】产品销售数据处理与计算

扫描二维码，熟悉电子活页中的内容。打开 Excel 工作簿"计算机配件销售数据分类汇总.xlsx"，尝试并掌握电子活页中介绍的在 Excel 工作表中进行数据分类汇总的方法，按以下要求完成分类汇总操作。

分类字段为"产品名称"，汇总方式为"求和"，汇总项分别为"数量""销售额"。

【任务 4-4】产品销售数据处理与计算

【任务描述】

打开 Excel 工作簿"蓝天易购电器商城产品销售情况表 1.xlsx"，按照以下要求进行计算与统计。

①单击"开始"选项卡"编辑"组的"自动求和"按钮，计算产品销售总数量，将计算结果存放在单元格 E31 中。

②在编辑栏常用函数列表中选择所需的函数，计算产品销售总额，将计算结果存放在单元格 F31 中。

③使用"插入函数"对话框和"函数参数"对话框计算产品的最高价格和最低价格，将计算结

果分别存放在单元格 D33 和 D34 中。

④手动输入计算公式，计算产品平均销售额，将计算结果存放在单元格 F35 中。

【任务实现】

打开 Excel 工作簿"蓝天易购电器商城产品销售情况表 1.xlsx"，完成以下操作。

1. 计算产品销售总数量

【方法 1】 将光标定位到单元格 E31 中，单击"开始"选项卡"编辑"组中的"自动求和"按钮，此时自动选中 E3:E30 单元格区域，且在单元格 E31 和编辑框中显示计算公式"=SUM(E3:E30)"。按"Enter"键或"Tab"键确认，也可以在编辑栏中单击"输入"按钮✔确认，单元格 E31 中将显示计算结果"2167"。

【方法 2】 先选中待求和的单元格区域 E3:E30，然后单击"自动求和"按钮，自动为单元格区域计算总和，计算结果显示在单元格 E31 中。

2. 计算产品销售总额

先选中单元格 F31，输入半角等号"="，然后在编辑栏中的"名称框"位置展开常用函数列表，在该函数列表中选择"SUM"函数，打开"函数参数"对话框，在该对话框的"Number1"地址框中输入"F3:F30"，单击"确定"按钮即可完成计算，单元格 F31 显示计算结果为"¥11,928,220.0"。

3. 计算产品的最高价格和最低价格

（1）计算最高价格

先选中单元格 D33，输入等号"="，然后在常用函数列表中选择函数"MAX"，打开"函数参数"对话框。在该对话框中单击"Number1"地址框右侧的"折叠"按钮🔳，折叠"函数参数"对话框，且进入工作表中。按住鼠标左键拖曳鼠标选中单元格区域 D3:D30，该单元格区域四周会出现一个框，同时"函数参数"对话框变成图 4-17 所示的折叠状态，显示工作表中选中的单元格区域。

图 4-17 "函数参数"对话框的折叠状态

在图 4-17 所示对话框中单击折叠后的地址框右侧的"返回"按钮🔳，返回图 4-18 所示的"函数参数"对话框，单击"确定"按钮，完成公式输入和计算。

在单元格 D33 中显示计算结果为"¥19,999.0"。

图 4-18 "函数参数"对话框

（2）计算最低价格

先选中单元格 D34，然后单击编辑栏中的"插入函数"按钮 *fx*，在打开的"插入函数"对话框中选择函数"MIN"。在该对话框的"Number1"地址框中直接输入计算范围"D3:D30"，也可以先单击地址框右侧的"折叠"按钮，然后在工作表中拖曳鼠标指针选中单元格区域 D3:D30，再单击"返回"按钮返回"函数参数"对话框，最后单击"确定"按钮，完成数据计算。

在单元格 D34 中显示计算结果为"¥729.0"。

4．计算产品平均销售额

先选中单元格 F35，输入半角等号"="，然后输入公式"AVERAGE(F3:F30)"，单击编辑栏的"输入"按钮✔确认。单元格 F35 显示计算结果为"¥426,007.9"。

单击快速访问工具栏中的"保存"按钮，对产品销售数据的处理与计算结果进行保存。

微课视频

【任务 4-5】产品
销售数据排序

【任务 4-5】产品销售数据排序

【任务描述】

将 Excel 工作簿"蓝天易购电器商城产品销售情况表 2.xlsx"工作表 Sheet1 中的销售数据按"产品名称"升序和"销售额"降序排列。

【任务实现】

①打开 Excel 工作簿"蓝天易购电器商城产品销售情况表 2.xlsx"。

②选中工作表 Sheet1 中数据区域的任意一个单元格。

③单击"数据"选项卡"排序和筛选"组中的"排序"按钮，打开"排序"对话框。在该对话框中先勾选"数据包含标题"复选框，然后在"主要关键字"下拉列表框中选择"产品名称"，在"排序依据"下拉列表框中选择"数值"，在"次序"下拉列表框中选择"升序"。

④单击"添加条件"按钮，添加第二个排序条件，在"次要关键字"下拉列表框中选择"销售额"，在"排序依据"下拉列表框中选择"数值"，在"次序"下拉列表框中选择"降序"。在"排序"对话框中设置主要关键字和次要关键字，如图 4-19 所示。

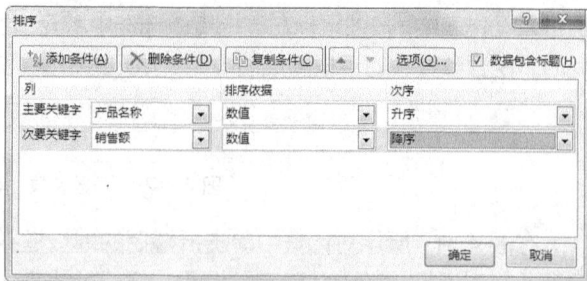

图 4-19 在"排序"对话框中设置主要关键字和次要关键字

⑤在"排序"对话框中单击"确定"按钮，关闭该对话框。这时，系统就会根据选中的排序范围按指定的关键字条件重新排列记录。排序结果的部分数据如图 4-20 所示。

图 4-20 排序结果的部分数据

单击快速访问工具栏中的"保存"按钮，对产品销售数据的排序结果进行保存。

【任务 4-6】产品销售数据筛选

微课视频

【任务描述】

①打开 Excel 工作簿"蓝天易购电器商城产品销售情况表 3.xlsx",在工作表 Sheet1 中筛选出价格在 3000 元以上(不包含 3000 元)、5000 元以内(包含 5000 元)的洗衣机。

②打开 Excel 工作簿"蓝天易购电器商城产品销售情况表 3.xlsx",在工作表 Sheet2 中筛选出价格为 900~3000 元(不包含 900 元,但包含 3000 元),同时销售额在 20000 元以上的洗衣机,以及价格低于 7000 元的空调。

【任务实现】

1. 产品销售数据的自动筛选

①打开 Excel 工作簿"蓝天易购电器商城产品销售情况表 3.xlsx"。

②在待筛选数据区域 A2:F14 中选中任意一个单元格。

③单击"数据"选项卡"排序和筛选"组中的"筛选"按钮,该按钮呈现选中状态,同时系统自动在工作表中每个列的列标题右侧插入一个下拉箭头按钮。

④单击列标题"价格"右侧的下拉箭头按钮,会出现一个"筛选"下拉菜单。在该下拉菜单中指向"数字筛选",在其级联菜单中选择"自定义筛选"命令,打开"自定义自动筛选方式"对话框。

⑤在"自定义自动筛选方式"对话框中,将条件 1 设置为"大于""3000",条件 2 设置为"小于或等于""5000",逻辑运算方式设置为"与"。单击"确定"按钮,自定义自动筛选的结果如图 4-21 所示。

	A	B	C	D	E	F
1		蓝天易购电器商城产品销售情况表				
2	产品名称	品牌规格型号	单位	价格	数量	销售额
5	空调	美的(Midea)新能效大3匹变频冷暖空调柜机	台	¥4,599.0	187	¥860,013.0
9	洗衣机	小天鹅(LittleSwan)滚筒全自动10kg洗烘一体机	台	¥3,299.0	45	¥148,455.0

图 4-21   自定义自动筛选的结果

2. 产品销售数据的高级筛选

(1)打开 Excel 工作簿

打开 Excel 工作簿"蓝天易购电器商城产品销售情况表 3.xlsx"。

(2)设置条件区域

在单元格 A16 中输入"产品名称",在单元格 D16 中输入"价格",在单元格 E16 中输入"价格",在单元格 F16 中输入"销售额"。

设置"洗衣机"的筛选条件。在单元格 A17 中输入"洗衣机",在单元格 D17 中输入条件">900",在单元格 E17 中输入条件"<=3000",在单元格 F17 中输入条件">20000"。

设置"空调"的筛选条件。在单元格 A18 中输入"空调",在单元格 D18 中输入条件"<7000"。

条件区域设置结果如图 4-22 所示。

				价格	价格	销售额
16	产品名称			价格	价格	销售额
17	洗衣机			>900	<=3000	>20000
18	空调			<7000		

图 4-22   条件区域设置结果

（3）选中单元格

在待筛选数据区域 A2:F14 中选中任意一个单元格。

（4）在"高级筛选"对话框中设置

单击"数据"选项卡"排序和筛选"组中的"高级"按钮，打开"高级筛选"对话框，在该对话框中进行以下设置。

①在"方式"区域选择"将筛选结果复制到其他位置"单选按钮。

②在"列表区域"地址框中利用"折叠"按钮🔳在工作表中选中数据区域$A$2:$F$14。

③在"条件区域"编辑框中利用"折叠"按钮🔳在工作表中选中设置好的条件区域$A$16:$F$18。

④在"复制到"编辑框中利用"折叠"按钮🔳在工作表中选中存放筛选结果的区域$A$20:$F$25。

⑤勾选"选择不重复的记录"复选框。

"高级筛选"对话框设置完成的效果如图 4-23 所示。

（5）执行高级筛选

在"高级筛选"对话框中单击"确定"按钮，执行高级筛选。高级筛选的结果如图 4-24 所示。

图 4-23 "高级筛选"对话框

产品名称	品牌规格型号	单位	价格	数量	销售额
空调	格力（GREE）3匹 新能效 变频冷暖	台	¥6,899.0	243	¥1,676,457.0
空调	美的（Midea）新能效大3匹变频冷暖空调柜机	台	¥4,599.0	187	¥860,013.0
洗衣机	小天鹅（LittleSwan）10kg波轮洗衣机全自动	台	¥1,699.0	63	¥107,037.0
洗衣机	小天鹅（LittleSwan）迷你洗衣机全自动3kg波轮	台	¥999.0	96	¥95,904.0
洗衣机	美的（Midea）10kg滚筒全自动	台	¥1,699.0	48	¥81,552.0

图 4-24 高级筛选的结果

单击快速访问工具栏中的"保存"按钮🖫，对产品销售数据的筛选结果进行保存。

微课视频

【任务 4-7】产品销售数据分类汇总

【任务 4-7】产品销售数据分类汇总

【任务描述】

打开 Excel 工作簿"蓝天易购电器商城产品销售情况表 4.xlsx"，在工作表 Sheet1 中按"产品名称"分类汇总"数量"的总数和"销售额"的总额。

【任务实现】

（1）打开 Excel 工作簿

打开 Excel 工作簿"蓝天易购电器商城产品销售情况表 4.xlsx"。

（2）按"产品名称"进行排序

对工作表中的数据按"产品名称"进行排序，将待分类字段"产品名称"相同的记录集中在一起。

（3）执行"分类汇总"操作

将光标置于待分类汇总数据区域 A2:F30 的任意一个单元格中。单击"数据"选项卡"分级显示"组中的"分类汇总"按钮，打开"分类汇总"对话框，在该对话框中进行以下设置。

①在"分类字段"下拉列表框中选择"产品名称"。

②在"汇总方式"下拉列表框中选择"求和"。

③在"选定汇总项"列表框中选择"数量""销售额"。

④底部的 3 个复选框都采用默认设置。

单击"确定"按钮，完成分类汇总。

单击工作表左侧分级显示区顶端的 2 按钮，在工作表中将只显示列标题、各个分类汇总结果和总计结果，如图 4-25 所示。

		A	B	C	D	E	F
	1	蓝天易购电器商城产品销售情况表					
	2	产品名称	品牌规格型号	单位	价格	数量	销售额
+	7	冰箱 汇总				571	￥2,684,529.0
+	20	电视机 汇总				533	￥3,611,928.0
+	26	空调 汇总				630	￥4,418,916.0
+	34	洗衣机 汇总				433	￥1,212,847.0
-	35	总计				2167	￥11,928,220.0

图 4-25 列标题、各个分类汇总结果和总计结果

单击快速访问工具栏中的"保存"按钮，对产品销售数据的分类汇总结果进行保存。

4.7 Excel 2016 管理数据

对工作簿、工作表和单元格中的数据进行有效保护，可以防止他人在未经允许的情况下打开和修改数据。

4.7.1 Excel 数据安全保护

扫描二维码，熟悉电子活页中的内容。熟悉有关 Excel 数据安全保护的内容，完成保护单元格中的数据、保护工作表、撤销工作表保护、保护工作簿、撤销对工作簿的保护、对 Excel 文档进行加密处理、撤销 Excel 文档的密码等操作。

电子活页 4-17

Excel 数据安全保护

4.7.2 隐藏行、列与工作表

扫描二维码，熟悉电子活页 4-18 中的内容。熟悉有关隐藏行、列与工作表的内容，完成隐藏行、隐藏列、隐藏工作表等操作。

电子活页 4-18

隐藏行、列与工作表

【任务 4-8】尝试保护文档"蓝天易购电器商城产品销售情况表 5.xlsx"及其工作表

【任务描述】

①打开文件夹"模块 4"中的 Excel 工作簿"蓝天易购电器商城产品销售情况表 5.xlsx"，尝试保护工作表 Sheet1，将密码设置为"123456"。

②打开文件夹"模块 4"中的 Excel 工作簿"蓝天易购电器商城产品销售情况表 5.xlsx"，尝试保护该工作簿，将密码设置为"123456"。

③对 Excel 文档"蓝天易购电器商城产品销售情况表 5.xlsx"设置打开权限密码和修改权限密

码，将密码都设置为"123456"。

【任务实现】

1. 保护工作表

打开文件夹"模块4"中的Excel工作簿"蓝天易购电器商城产品销售情况表5.xlsx"，在工作表标签名称"Sheet1"上单击鼠标右键，在弹出的快捷菜单中选择"保护工作表"命令，如图4-26所示。

打开"保护工作表"对话框，在该对话框中勾选"保护工作表及锁定的单元格内容"复选框，在"取消工作表保护时使用的密码"密码框中输入密码"123456"，在"允许此工作表的所有用户进行"列表框中勾选允许用户进行的操作，这里勾选"选定锁定单元格""选定未锁定的单元格"两个复选框，如图4-27所示。单击"确定"按钮，在弹出的"确认密码"对话框的"重新输入密码"密码框中输入相同的密码，如图4-28所示，单击"确定"按钮。

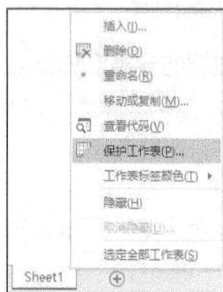

图4-26　在快捷菜单中选择"保护工作表"命令

图4-27　"保护工作表"对话框

这时，在设置了工作表保护的Excel文档中的工作表的单元格中删除数据或者输入数据，就会弹出图4-29所示的提示信息对话框。

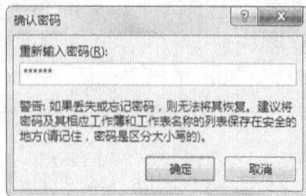

图4-28　"确认密码"对话框

图4-29　提示信息对话框

2. 保护工作簿

单击Excel 2016窗口功能区的"文件"选项卡，显示"信息"界面，在右侧单击"保护工作簿"按钮，在弹出的下拉菜单中选择"保护工作簿结构"命令，如图4-30所示。

打开"保护结构和窗口"对话框，在该对话框的"保护工作簿"区域勾选"结构"复选框；该对话框中的密码是可选的，在"密码（可选）"密码框中输入"123456"，如图4-31所示。单击"确定"按钮后，弹出"确认密码"对话框，在该对话框的"重新输入密码"密码框中输入相同的密码，如图4-32所示，单击"确定"按钮。

这时，如果对被保护的工作簿中的工作表进行重命名操作，会弹出图4-33所示的提示信息对话框。

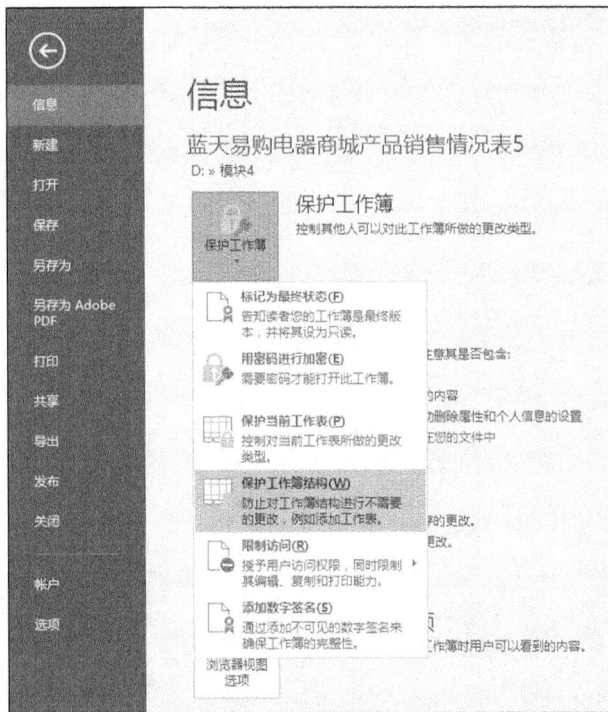

图 4-30　在"保护工作簿"下拉菜单中选择"保护工作簿结构"命令

图 4-31　"保护结构和窗口"对话框　　图 4-32　"确认密码"对话框　　图 4-33　提示信息对话框

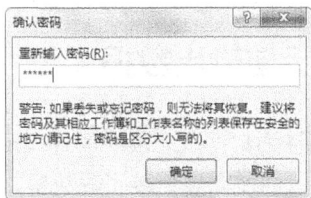

3. 对 Excel 文档设置打开权限密码和修改权限密码

打开要设置密码的 Excel 文档"蓝天易购电器商城产品销售情况表 5.xlsx"，单击 Excel 2016 窗口功能区的"文件"选项卡，显示"信息"界面，单击"另存为"按钮，显示"另存为"界面。单击"浏览"按钮，打开"另存为"对话框，在该对话框下方单击"工具"按钮，在其下拉菜单中选择"常规选项"命令，如图 4-34 所示，打开"常规选项"对话框。

在"常规选项"对话框中分别设置"打开权限密码""修改权限密码"，这里都输入密码"123456"，如图 4-35 所示。单击"确定"按钮完成密码设置，在弹出的两个"确认密码"对话框中输入相同的密码，即"123456"，单击"确定"按钮，返回"另存为"对话框。

在"另存为"对话框中确定保存位置（这里设置为"模块 4/任务 4-8"）和文件名（这里保持不变），单击"保存"按钮，该文件便被加密保存。

设置了打开权限密码的 Excel 文档，当再一次打开时，会弹出确认打开权限的"密码"对话框。在该对话框中输入正确的密码"123456"，如图 4-36 所示。单击"确定"按钮，弹出确认写权限的"密码"对话框，在该对话框中输入密码以获取写权限，这里输入密码"123456"，如图 4-37 所示。再单击"确定"按钮，就能打开设置了打开权限密码的 Excel 文档了。

图 4-34　选择"常规选项"命令

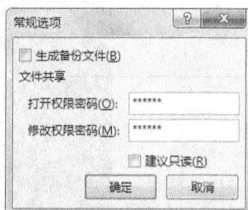

图 4-35　"常规选项"对话框

图 4-36　确认打开权限的"密码"对话框

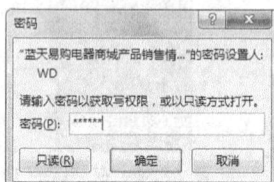

图 4-37　确认写权限的"密码"对话框

4.8　Excel 2016 展示与输出数据

Excel 提供的图表功能，可以将系列数据以图表的形式表示出来，使数据更加清晰易懂，使数据的含义更加形象直观，并且用户可以通过图表直接了解数据之间的关系和数据的变化趋势。

4.8.1　初识 Excel 图表的作用与类型选择

1. Excel 图表的作用

图表是 Excel 的一个重要对象，它以图形方式来表示工作表中数据之间的关系和数据变化的趋势。在工作表中创建一个合适的图表，有助于直观、形象地分析、对比数据，更容易理解主题和观点；通过对图表中数据的颜色和字体等信息的设置，可以有效地传达出问题的重点。

2. Excel 图表的常用类型

Excel 2016 提供了多种类型的图表，如柱形图、折线图、饼图、条形图、面积图、XY（散点图）、股价图、曲面图、雷达图、树状图、旭日图、直方图、箱形图、瀑布图，以及组合图等。"插入图表"对话框中的图表类型如图 4-38 所示。

3. 合理选择 Excel 图表类型

展示数据间的成分结构一般使用饼图、柱形图和条形图，比较数据间的数量关系一般使用柱形图和条形图，反映数据的变化趋势一般使用折线图和柱形图，表示数据的频率分布一般使用柱形图、条形图和折线图，衡量数据的相关性一般使用柱形图、散点图和气泡图，比较多重数据一般使用簇状柱形图和雷达图。

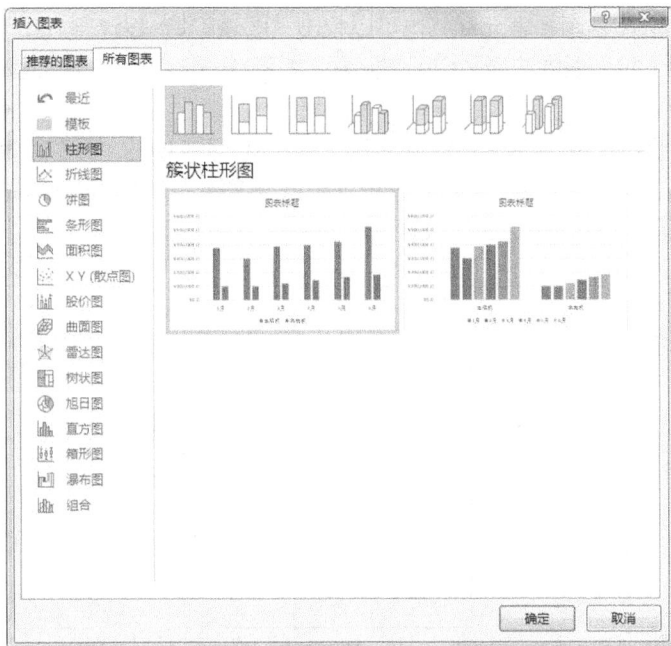

图 4-38 "插入图表"对话框中的图表类型

4.8.2 Excel 图表基本操作

建立了基于工作表选中区域的图表后，Excel 2016 使用工作表单元格中的数据，并将其当作数据点在图表上予以显示。数据点用条形、折线、柱形、饼图、散点及其他形状表示，这些形状称为数据标签。

图表中的数据源自工作表中的数据列，一般图表包含图例、坐标轴、数据标签、图标标题、坐标轴标题等图表元素。

建立图表后，可以通过增加、修改图表元素，如数据标签、图表标题、坐标轴标题等，来美化图表及强调某些重要信息。大多数图表项是可以被移动和调整的，也可以用图案、颜色、对齐、字体及其他格式属性来设置这些图表项的格式。

在工作表中插入的图表也可以进行复制、移动和删除操作。

1. 图表的复制

可以采用复制与粘贴的方法复制图表，还可以按住"Ctrl"键用鼠标直接拖曳复制图表。

2. 图表的移动

可以采用剪切与粘贴的方法移动图表，还可以将鼠标指针移至图表区域的边缘位置，然后按住鼠标左键将图表拖曳到新的位置。

3. 图表的删除

选中图表后按"Delete"键即可将其删除。

4.8.3 设置图表元素的布局

1. 设置图表元素

图表元素主要包括坐标轴、坐标轴标题、图表标题、数据标签、数据表、网格线、图例等，可以直接在图表中单击选择各个图表元素，也可以单击"图表工具-设计"选项卡中的"添加图表元素"按钮，在弹出的下拉列表中选择各个图表元素，如图4-39所示，同时设置其布局位置。

2. 调整图表布局

在工作表中选中图表，然后单击"图表工具-设计"选项卡中的"添加图表元素"按钮，在弹出的下拉列表中选择各个图表元素，在其级联选项中进行选择，调整图表元素的布局。"坐标轴"级联选项如图4-40所示，"坐标轴标题"级联选项如图4-41所示。

图4-39 "图表工具-设计"选项卡中的
"添加图表元素"下拉列表

图4-40 "坐标轴"级联选项

图4-41 "坐标轴标题"级联选项

4.8.4 初识数据透视表和数据透视图

数据透视表是最常用、功能最全的Excel数据分析工具之一，数据透视表综合了数据排序、筛选、分类汇总等数据统计分析功能。

Excel 2016的数据透视表和数据透视图比普通的分类汇总功能更强大，可以按多个字段进行分类，便于从多方面分析数据。如分析集团公司的商品销售情况，可以按不同类型的商品进行分类汇总，也可以按不同的销售员进行分类汇总，还可以综合分析某一种商品不同销售员的销售业绩，或者同一位销售员销售不同类型商品的情况，前两种情况使用普通分类汇总即可实现，后两种情况则需要使用数据透视表或数据透视图实现。

数据透视表是对Excel数据表中的各个字段进行快速分类汇总的一种分析工具，它是一种交互式报表。利用数据透视表可以方便地调整分类汇总的方式，以多种不同方式灵活地展示数据的特征。

在一张数据透视表中，仅靠鼠标拖曳字段位置，即可变换出各种类型的分析报表。用户只需指定要分析的字段、数据透视表的组织形式，以及计算类型（如求和、计数、求平均值等）。如果原始数据发生更改，则可以刷新数据透视表以更改汇总结果。

4.8.5 Excel工作表页面设置

Excel工作表打印之前，可以对页面格式进行设置，包括"页面""页边距""页眉/页脚""工作表"等方面，这些设置都可以通过"页面设置"对话框完成。

单击"页面布局"选项卡"页面设置"组中的"页面设置"按钮，打开"页面设置"对话框。

【操作 4-15】Excel 工作表页面设置

扫描二维码，熟悉电子活页中的内容。熟悉有关 Excel 工作表页面设置的相关内容，完成设置页面方向、缩放、纸张大小、打印质量和起始页码，设置页边距，设置页眉和页脚，设置工作表等操作。

电子活页 4-19

Excel 工作表页面设置

4.8.6 工作表预览与打印

【操作 4-16】Excel 工作表预览与打印

扫描二维码，熟悉电子活页中的内容。熟悉有关工作表预览与打印的相关内容，完成打印预览、打印等操作。

电子活页 4-20

Excel 工作表预览与打印

【任务 4-9】创建与编辑产品销售情况图表

【任务描述】

①打开 Excel 工作簿"电视机与洗衣机销售情况展示.xlsx"，在工作表"Sheet1"中创建图表，图表类型为"簇状柱形图"，图表标题为"第 1、2 季度产品销售情况"，分类轴标题为"月份"，数值轴标题为"销售额"，并在图表中添加图例。图表创建完成后对其格式进行设置，设置图表标题的字体为宋体，字号为 12。

②将图表类型更改为"带数据标记的折线图"，使用鼠标拖曳的方式调整图表大小并将图表移动到合适的位置。

③将图表移至工作簿的其他工作表中。

微课视频

【任务 4-9】创建与编辑产品销售情况图表

【任务实现】

1. 创建图表

①打开 Excel 工作簿"电视机与洗衣机销售情况展示.xlsx"。

②选中需要建立图表的单元格区域 A2:G4，如图 4-42 所示，图表的数据源自选中的单元格区域中的数据。

产品名称	1月	2月	3月	4月	5月	6月	总计
		电视机与洗衣机第1、2季度销售情况表					
电视机	¥376,210.0	¥300,400.0	¥385,400.0	¥398,600.0	¥420,650.0	¥526,700.0	¥2,407,960.0
洗衣机	¥102,240.0	¥100,600.0	¥123,400.0	¥145,600.0	¥168,000.0	¥185,600.0	¥825,440.0

图 4-42 选中需要建立图表的单元格区域 A2:G4

③单击"插入"选项卡"图表"组中的"插入柱形图或条形图"按钮 ▮▮▾，在其下拉列表中选择"二维柱形图"区域的"簇状柱形图"选项，如图 4-43 所示。

创建的簇状柱形图如图 4-44 所示。

单击快速访问工具栏中的"保存"按钮▣，对 Excel 文档进行保存。

2. 添加图表的坐标轴标题

①单击激活要添加坐标轴标题的图表，这里选中前面创建的簇状柱形图。

图 4-43　选择"二维柱形图"
区域的"簇状柱形图"选项

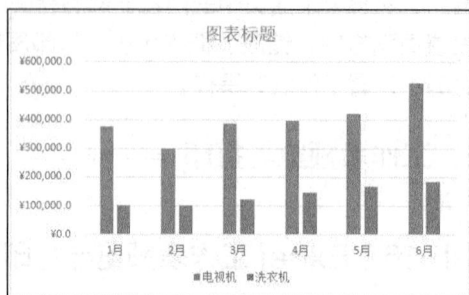

图 4-44　创建的簇状柱形图

②单击图表右上角的"图表元素"按钮，在其下拉列表中勾选"坐标轴标题"复选框，在其级联选项中勾选"主要横坐标轴""主要纵坐标轴"两个复选框，如图 4-45 所示。在图表区域出现横向和纵向两个"坐标轴标题"文本框。

③在横向"坐标轴标题"文本框中输入"月份"，在纵向"坐标轴标题"文本框中输入"销售额"。单击快速访问工具栏中的"保存"按钮 📟，对 Excel 文档进行保存。

3．添加图表标题

①单击激活要添加图表标题的图表，这里选中前面创建的簇状柱形图。

②单击图表右上角的"图表元素"按钮，在其下拉列表中勾选"图表标题"复选框，在其级联选项中选择"图表上方"选项，如图 4-46 所示。

③在图表区域的"图表标题"文本框中输入合适的图表标题"第 1、2 季度产品销售情况"。

④设置图表标题的字体为"宋体"，字号为"12"。

单击快速访问工具栏中的"保存"按钮 📟，对 Excel 文档进行保存。

4．设置图表的图例位置

①单击激活要设置图例位置的图表，这里选中前面创建的簇状柱形图。

②单击图表右上角的"图表元素"按钮，在其下拉列表中勾选"图例"复选框，在其级联选项中选择"右"选项，如图 4-47 所示。

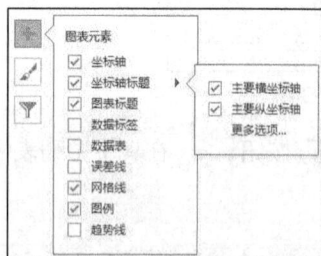

图 4-45　在"图表元素"下拉列表中
勾选"坐标轴标题"复选框

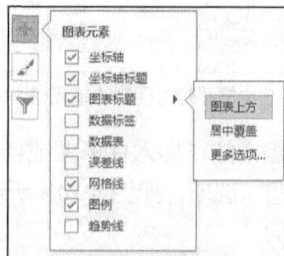

图 4-46　在"图表标题"级联
选项中选择"图表上方"选项

图 4-47　在"图例"级联选项中
选择"右"选项

单击快速访问工具栏中的"保存"按钮 📟，对 Excel 文档进行保存。

添加了标题的簇状柱形图如图 4-48 所示。

5. 更改图表类型

①单击激活要更改类型的图表，这里选中前面创建的簇状柱形图。

②单击"图表工具-设计"选项卡"类型"组中的"更改图表类型"按钮，打开"更改图表类型"对话框。

③在"更改图表类型"对话框中选择一种合适的图表类型，这里选择"带数据标记的折线图"，如图 4-49 所示。

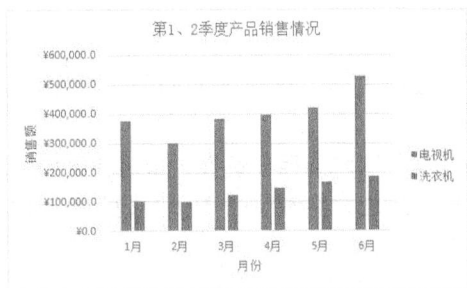

图 4-48 添加了标题的簇状柱形图

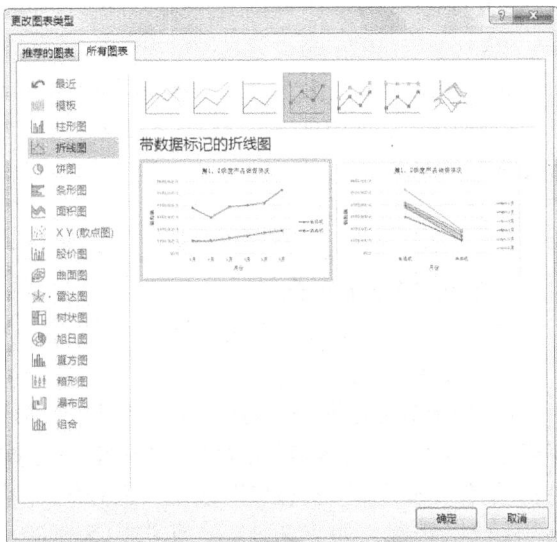

图 4-49 在"更改图表类型"对话框中选择"带数据标记的折线图"

④单击"确定"按钮，完成图表类型的更改。带数据标记的折线图如图 4-50 所示。

6. 缩放与移动图表

①单击激活图表，这里选中前面创建的折线图。

②将鼠标指针移至右下角的控制点，当鼠标指针变成斜向双箭头 时，拖曳鼠标调整图表大小，直到满意为止。

③将鼠标指针移至图表区域，按住鼠标左键将图表拖曳到合适的位置。

7. 将图表移至工作簿的其他工作表中

选中前面创建的折线图，单击"图表工具-设计"选项卡"位置"组中的"移动图表"按钮，在弹出的"移动图表"对话框中选择"新工作表"单选按钮，新工作表的名称采用默认名称"Chart1"，如图 4-51 所示。单击"确定"按钮，自动创建新工作表"Chart1"，并将图表移至工作表"Chart1"中。

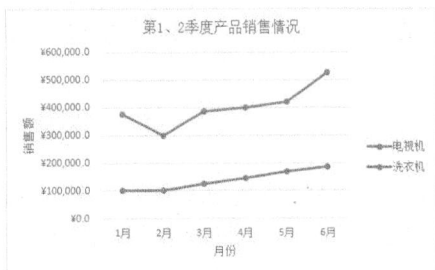

图 4-50 带数据标记的折线图

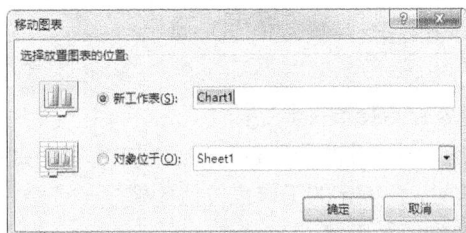

图 4-51 "移动图表"对话框

单击快速访问工具栏中的"保存"按钮🖫，对 Excel 文档进行保存。

【任务 4-10】创建产品销售数据透视表

【任务描述】

打开 Excel 工作簿"电视机与洗衣机销售统计表 1.xlsx"，创建数据透视表，将工作表 Sheet1 中的销售数据按"业务员"将每种产品的销售额汇总求和，并存入新工作表 Sheet2 中。根据数据透视表分析以下问题。

①电视机与洗衣机总销售额各是多少？

②各业务员中谁的业绩最好（销售额最高）？谁的业绩最差（销售额最低）？

③业务员赵毅的电视机销售额为多少？

【任务实现】

1．打开 Excel 工作簿

打开 Excel 工作簿"电视机与洗衣机销售统计表 1.xlsx"。

2．启动数据透视表向导

单击"插入"选项卡"表格"组中的"数据透视表"按钮，打开"创建数据透视表"对话框。

3．选择要分析的数据

在"创建数据透视表"对话框的"请选择要分析的数据"区域选择"选择一个表或区域"单选按钮，然后在"表/区域"地址框中直接输入数据源区域的地址，或者单击"表/区域"编辑框右侧的"折叠"按钮🔳，折叠该对话框，在工作表中拖曳鼠标指针选择数据区域，如 A2:C12，所选中区域的绝对地址值 $A$2:$C$12 在折叠对话框的地址框中显示，如图 4-52 所示。在折叠对话框中单击"返回"按钮🔳，返回折叠之前的对话框。

图 4-52　折叠对话框

> **提示** 数据透视表的数据源可以是一个单元格区域，也可以是多列数据。如果需要经常更新或添加数据，建议选择多列，这样当有新数据增加时，只要刷新数据透视表即可，不必重新选择数据源。

4．选择放置数据透视表的位置

在"创建数据透视表"对话框的"选择放置数据透视表的位置"区域选择"新工作表"单选按钮，如图 4-53 所示。

> **提示** 如果数据较少，也可以选择"现有工作表"单选按钮，然后在"位置"地址框中输入放置数据透视表的区域地址。

5．设置数据透视表字段

①在"创建数据透视表"对话框中单击"确定"按钮，进入数据透视表设计环境，如图 4-54 所示。这时，在指定的工作表位置创建了一个空白的数据透视表框架，同时在窗口右侧显示一个"数据透视表字段"窗格。

图 4-53　选择"新工作表"单选按钮

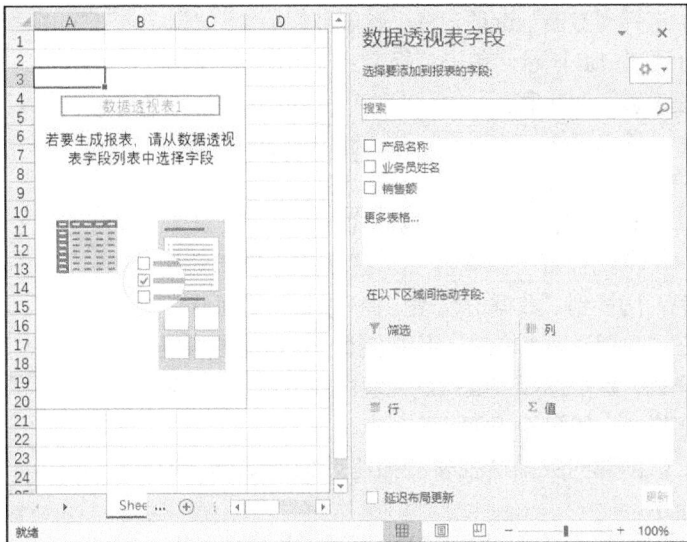

图 4-54　数据透视表设计环境

②在"数据透视表字段"窗格中，勾选"选择要添加到报表的字段"列表框中的"产品名称"复选框，则在"在以下区域间拖动字段"区域的"行"列表框中会自动显示"产品名称"字段；勾选"业务员姓名"复选框，并将"业务员姓名"字段拖曳到"列"列表框中；勾选"销售额"复选框，则在"值"列表框中会自动显示"求和项:销售额"字段。添加了对应字段的"数据透视表字段"窗格如图 4-55 所示。

③在"数据透视表字段"窗格右下方的"值"列表框中单击"求和项:销售额"字段，在弹出的下拉菜单中选择"值字段设置"命令，如图 4-56 所示。打开"值字段设置"对话框，在该对话框的"值字段汇总方式"列表框中可以选择其他汇总方式，这里保持默认的"求和"选项不变，如图 4-57 所示。

图 4-55　添加了对应字段的
"数据透视表字段"窗格

图 4-56　选择"值字段设置"命令

图 4-57　"值字段设置"对话框

④单击"数字格式"按钮，打开"设置单元格格式"对话框，在该对话框左侧"分类"列表框

中选择"数值"选项，将小数位数设置为"1"，如图 4-58 所示，单击"确定"按钮返回"值字段设置"对话框。

⑤在"值字段设置"对话框中单击"确定"按钮，完成数据透视表的创建。

6. 设置数据透视表的样式

将光标置于数据透视表区域的任意单元格中，切换到"数据透视表工具-设计"选项卡，在"数据透视表样式"组中选择一种合适的表格样式，这里选择"数据透视表样式浅色 15"表格样式，如图 4-59 所示。

创建的数据透视表的最终效果如图 4-60 所示。

图 4-58 "设置单元格格式"对话框

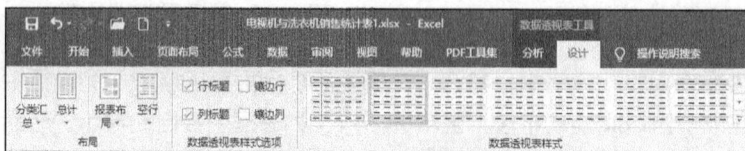
图 4-59 在"数据透视表工具-设计"选项卡中选择一种数据透视表样式

图 4-60 数据透视表的最终效果

由图 4-60 所示的数据透视表可得出以下结果。

①电视机与洗衣机总销售额各是 81200 元、36850 元。

②各业务员中肖海雪的业绩最好，销售额为 40400 元；赵毅的业绩最差，销售额为 16350 元。

③业务员赵毅的电视机销售额为 8600 元。

提示 创建数据透视表后，还可以编辑数据透视表。

7. 编辑数据透视表

切换到"数据透视表工具-分析"选项卡，如图 4-61 所示，利用该选项卡中的命令可以对创建的"数据透视表"进行多项设置，也可以对"数据透视表"进行编辑修改。

图 4-61 "数据透视表工具-分析"选项卡

数据透视表的编辑包括增加或删除数据字段、改变汇总方式、更改透视表选项等操作，大部分操作都可以借助"数据透视表工具-分析"选项卡中的相关按钮完成。

（1）增加或删除数据字段

单击"数据透视表工具-分析"选项卡"显示"组中的"字段列表"按钮，显示"数据透视表字段"窗格，可以将所需字段拖曳到相应区域。

（2）改变汇总方式

单击"数据透视表工具-分析"选项卡"活动字段"组中的"字段设置"按钮，打开"值字段设置"对话框，在该对话框中可以改变汇总方式。

（3）更改数据透视表选项

单击"数据透视表工具-分析"选项卡"数据透视表"组中的"选项"按钮，打开图 4-62 所示的"数据透视表选项"对话框，在该对话框中可以更改相关设置。

创建数据透视图的方法与创建数据透视表类似，由于篇幅的限制，这里不作叙述。

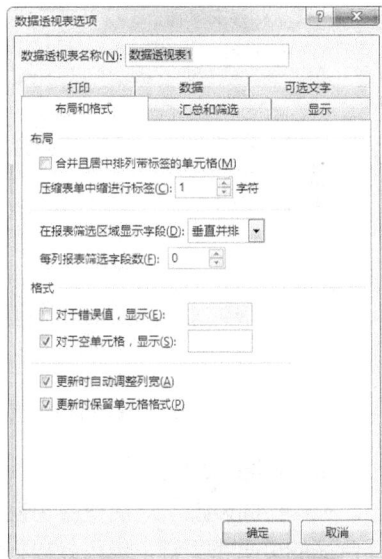

图 4-62 "数据透视表选项"对话框

【任务 4-11】产品销售情况页面设置与打印输出

【任务描述】

①打开 Excel 工作簿"蓝天易购电器商城产品销售情况表 6.xlsx"，对工作表"Sheet1"进行页面设置。

②插入分页符，实现分页打印。

【任务实现】

打开 Excel 工作簿"蓝天易购电器商城产品销售情况表 6.xlsx"，对工作表"Sheet1"进行设置。

1. 设置页面的方向、缩放、纸张大小、打印质量和起始页码

单击"页面布局"选项卡"页面设置"组右下角的"页面设置"按钮，打开"页面设置"对话框。在该对话框的"页面"选项卡中可以设置打印方向（纵向或横向打印）、缩小或放大打印的内容、选择合适的纸张类型、设置打印质量和起始页码。在"缩放"区域中选择"缩放比例"单选按钮，可以设置缩小或者放大打印的比例；选择"调整为"单选按钮，可以按指定的页数打印工作表。"页宽"为表格横向分隔的页数，"页高"为表格纵向分隔的页数。"打印质量"是指打印时所用的分

辨率，分辨率以每英寸打印的点数为单位，点数越大，表示打印质量越好。

这里的"方向"选择"纵向"，其他都采用默认设置，如图 4-63 所示。

2. 设置页边距

在"页面设置"对话框中切换到"页边距"选项卡，然后设置上、下、左、右边距，以及页眉和页脚边距，还可以设置居中方式。这里将左、右页边距设置为"1.5"，其他都采用默认设置，如图 4-64 所示。

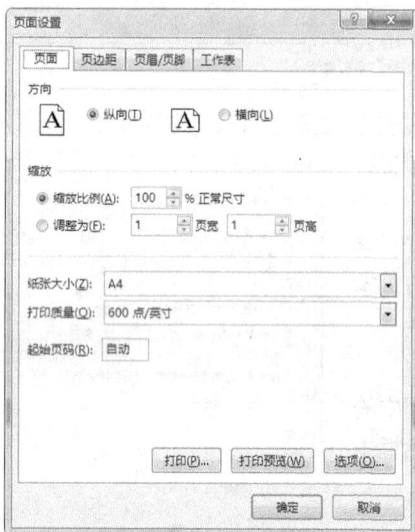

图 4-63 "页面设置"对话框的"页面"选项卡

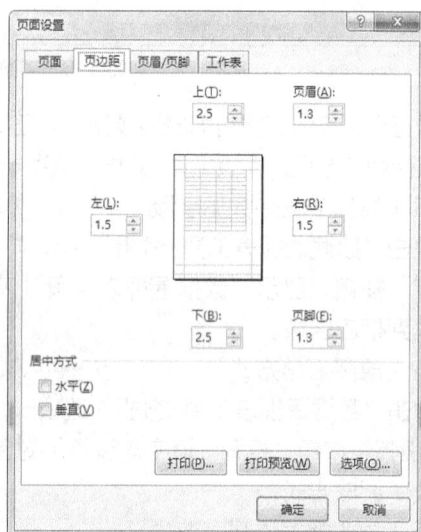

图 4-64 "页面设置"对话框的"页边距"选项卡

3. 设置页眉和页脚

在"页面设置"对话框中切换到"页眉/页脚"选项卡，在"页眉"或"页脚"下拉列表框中选择合适的页眉或页脚。也可以自行定义页眉或页脚，操作方法如下。

①在"页眉/页脚"选项卡中单击"自定义页眉"按钮，打开"页眉"对话框，将光标定位到"左"、"中"或"右"文本框中，然后单击对话框中相应的按钮，按钮包括"格式文本""插入页码""插入页数""插入日期""插入时间""插入文件路径""插入文件名""插入数据表名称""插入图片"等。如果要在页眉中添加其他文字，在编辑框中输入相应文字即可；如果要在某一位置换行，按"Enter"键即可。

这里在"中"文本框输入"第1、2季度产品销售情况表"并选中文字，然后单击"格式文本"按钮🅰，在弹出的"字体"对话框中将字体设置为"宋体"，将字形设置为"常规"，将大小设置为"10"，如图 4-65 所示。字体设置完成后单击"确定"按钮返回"页眉"对话框，如图 4-66 所示。

在"页眉"对话框中单击"确定"按钮返回"页面设置"对话框的"页眉/页脚"选项卡。

②在"页眉/页脚"选项卡中单击"自定义页脚"按钮，打开"页脚"对话框，将光标定位到"左"、"中"或"右"文本框中，然后单击对话框中相应的按钮。如果要在页脚中添加其他文字，在编辑框中输入相应文字即可；如果要在某一位置换行，按"Enter"键即可。

这里在"右"文本框中输入"第页　共页"，将光标置于"第""页"之间，单击"插入页码"按钮🄳，插入页码（&[页码]）；将光标置于"共""页"之间，单击"插入页数"按钮🄳，插入总页数（&[总页数]），如图 4-67 所示。单击"格式文本"按钮🅰，在弹出的"字体"对话框中将字体设置为"宋体"，将字形设置为"常规"，将大小设置为"10"，字体设置完成后单击"确定"按钮返回"页脚"对话框，如图 4-67 所示。

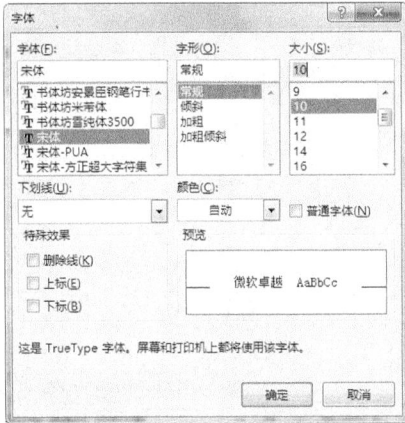

图 4-65 "字体"对话框

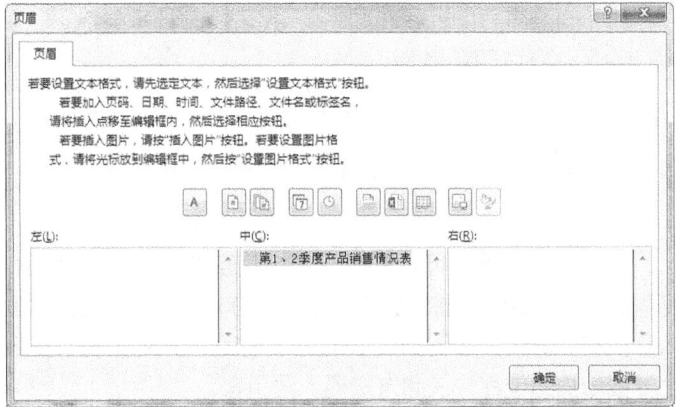

图 4-66 "页眉"对话框

在"页脚"对话框中单击"确定"按钮，返回"页面设置"对话框的"页眉/页脚"选项卡，如图 4-68 所示。

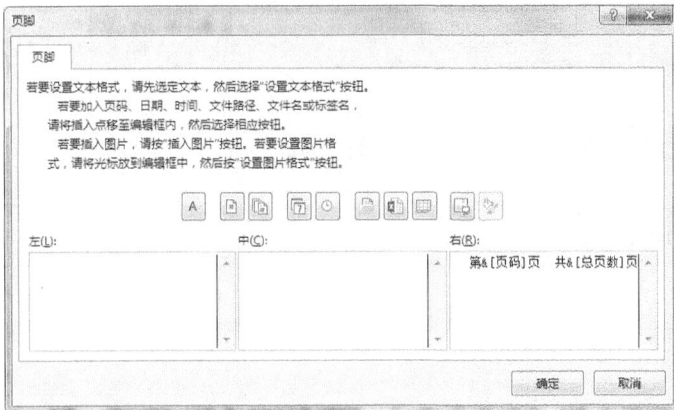

图 4-67 "页脚"对话框

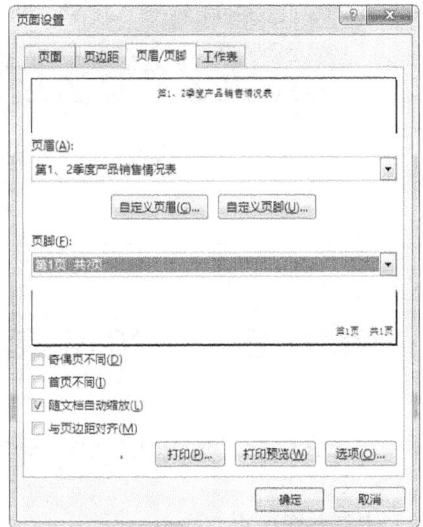

图 4-68 "页面设置"对话框的"页眉/页脚"
选项卡

4. 设置工作表

在"页面设置"对话框中切换到"工作表"选项卡，在该选项卡中进行以下设置。

（1）定义打印区域

根据需要在"打印区域"地址框中设置打印的范围为$A$1:$F$30，如果不设置，系统默认打印工作表中的全部数据。

（2）定义打印标题

如果在工作表中包含行列标志，可以使其出现在每页打印输出的工作表中。在"顶端标题行"地址框中指定顶端标题行所在的单元格区域$1:$1，在"左端标题列"地址框中指定左端标题行所在的单元格区域，这里为空。

（3）指定打印选项

选择是否打印网格线，是否为单色打印，是否按草稿品质打印（是否不打印框线和图表），是否打印行号列标。

（4）设置打印顺序

选择"先行后列"的打印顺序。

工作表设置完成，如图 4-69 所示，单击"确定"按钮关闭"页面设置"对话框。

5. 分页打印

单击新起页第 1 行对应的行号，如第 20 行，在"页面布局"选项卡"页面设置"组"分隔符"的下拉菜单中选择"插入分页符"命令，如图 4-70 所示，即可插入分页符。在其他需要分页的位置也按此方法插入分页符。

在 Excel 2016 窗口功能区单击"文件"选项卡，显示"信息"界面，单击左侧的"打印"按钮，切换到"打印"界面。在"打印"界面对打印输出的多项设置设定完成后，连接打印机，单击右侧的"打印"按钮，即可开始打印。

图 4-69　工作表设置完成

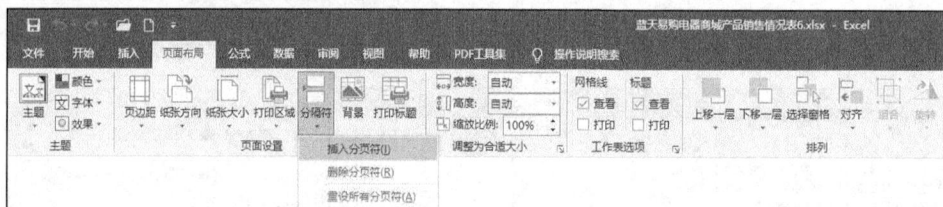

图 4-70　在"分隔符"下拉菜单中选择"插入分页符"命令

4.9　Excel 2016 综合性任务

【任务 4-12】制作班级成绩表

【任务描述】

期末考试后，班主任根据全班同学的成绩制作了一张本班同学的成绩表，并以"成绩表"为文件名进行保存。制作完成后的效果如图 4-71 所示，相关操作如下。

①新建并保存工作表。新建一个空白工作簿，并以文件名"成绩表"保存。

②输入表格内容。在 A1 单元格中输入"计算机应用 1 班学生成绩表"，然后在 A2:H2 单元格区域输入各字段（列）名。

③自动填充序列。在 A3 单元格中输入"1"，使用自动填充序列填充序号；在 B3 单元格中输入第一

计算机应用1班学生成绩表

序号	学号	姓名	英语	高数	计算机基础	大学语文	上机实训
1	3301190101	王豪	90	80	74	89	优
2	3301190102	李浩	55	65	87	75	优
3	3301190103	王昆	65	75	63	78	良
4	3301190104	周应文	87	86	74	72	及格
5	3301190105	李艳	68	90	91	98	优
6	3301190106	高旭	69	66	72	61	良
7	3301190107	李莉	89	75	83	68	优
8	3301190108	何梦	72	68	63	65	不及格
9	3301190109	于梦溪	78	61	81	81	优
10	3301190110	张潇	64	42	65	60	良
11	3301190111	夏纾	59	55	78	82	及格

图 4-71　成绩表效果图

个学号，使用自动填充序列填充学号。

④设置数据有效性。在 H3 单元格中输入"上机实训"，使用数据有效性设置每位学生的上机实训成绩。

⑤设置单元格格式。输入每个学生的成绩。合并 A1:H1 单元格区域，设置工作表的标题文字居中，字体为"方正粗黑简体"，字号为"26"。

⑥设置行高列宽对齐方式。设置第 2～13 行行高为"28"，F 列列宽为"10"，除标题行外其余单元格的对齐方式为水平居中和垂直居中。

⑦设置单元格样式。设置 A2:H2 单元格区域样式为"输入"。

⑧设置条件格式。用"条件格式"将 D3:G13 单元格区域中不及格的分数设置成红色，并加粗倾斜；将 H3:H13 单元格区域中的"不及格"设置成红色，并加粗倾斜。

⑨设置冻结窗格。用冻结窗格的方法查看学号为 11 的学生各门课的成绩。

⑩设置表格内外边框。用最粗单实线给表格加外边框，最细单实线给表格加内边框。

【任务实现】

1. 新建并保存工作表

①启动 Excel 2016，如图 4-72 所示，单击"空白工作簿"，系统会新建一个名为"工作簿 1"的空白工作簿。或者单击左侧"新建"按钮，选择"空白工作簿"，也可以新建一个名为"工作簿 1"的空白工作簿。单击"打开"按钮，可以打开已有的电子表格文件，或者打开最近打开过的电子表格文件。

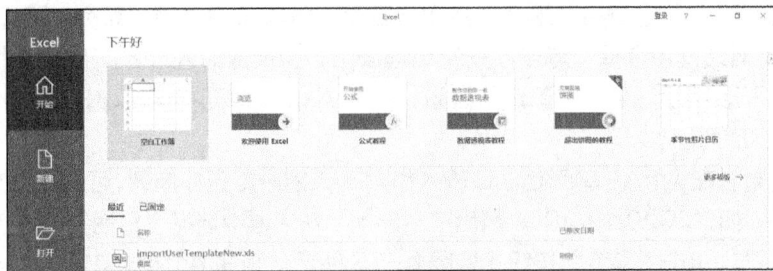

图 4-72　新建文件

②选择"文件"选项卡中的"保存"命令，打开"另存为"对话框，在对话框中选择文件要保存的位置，输入文件名"成绩表"，单击"保存"按钮，即可保存文件。

2. 输入表格内容

①单击 A1 单元格，输入"计算机应用 1 班学生成绩表"文本，然后按"Enter"键切换到 A2 单元格，输入"序号"文本，按"→"键或按"Tab"键，切换到 B2 及右侧其他单元格，依次输入"学号""姓名"等文本（字段名）。

②用同样的方法在 C3:G13 单元格区域输入学生的姓名及各科分数。

> **知识词典**　如果要在单元格中输入身份证号码，正常输入的话，超过 15 位的数据会用科学记数法显示，第 15 位后面的数据变成 0。此时，可以在单元格中先输入英文的单引号"'"，然后继续输入身份证号码，这样一来，此单元格中的数据就变成了文本型的数据，身份证号码就可以完整地显示出来了，如图 4-73 所示。

```
3.20404E+17
320404200010223232
```

图 4-73　输入身份证号码的错误状态和正确状态

3. 自动填充序列输入序号列和学号列内容

①单击 A3 单元格，输入"1"后将光标移到 A3 单元格右下角的填充柄上，如图 4-74 所示。光标从 ✥ 变成 **+** 后。按住"Ctrl"键，拖曳填充柄到 A13 单元格，松开鼠标，则在 A3:A13 单元格区域填充了 1，2，3，…，11 序列。

②用同样的方法在 B3 单元格中输入"3301190101"，按住"Ctrl"键，拖曳填充柄到 B13 单元格，则在 B3:B13 单元格区域填充了各学生的学号。

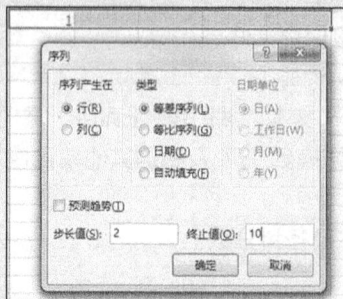

图 4-74　填充柄

知识词典

通过拖曳填充柄的方法可以顺序填充序列或者在不同单元格填充同样的内容。此外，使用"序列"对话框可以完成填充等差、等比序列，填充相隔相同天数的日期序列等操作。

例如，选中 A1 单元格，输入"1"，然后选中 A1:E1 单元格区域，单击"开始"选项卡"编辑"组中的"填充"按钮，在其下拉菜单中选择"系列"命令。在打开的"序列"对话框中选择"等差序列"单选按钮，步长值输入"2"，终止值输入"10"，如图 4-75 所示。单击"确定"按钮，则在 A1:E1 单元格区域出现了"1，3，5，7，9"数字序列。

如果想在 A1:A6 单元格区域输入每隔 7 天的一组日期序列，可以在 A1 单元格中输入日期，如"2020/12/20"，然后在"序列"对话框中选择"日期"单选按钮，步长值输入"7"，单击"确定"按钮，如图 4-76 所示。则在 A1:A6 单元格区域出现了日期序列，如图 4-77 所示。

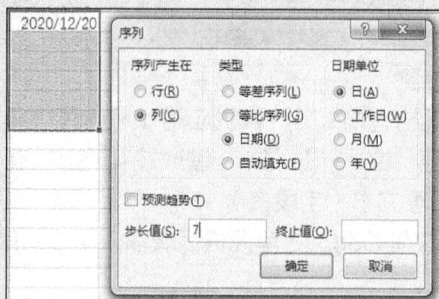

图 4-75　等差序列　　　　图 4-76　填充序列　　　　图 4-77　自动填充日期

---

4. 设置数据有效性

数据有效性是对单元格或单元格区域输入的数据从内容到数量上进行限制。对于符合条件的数据，允许输入；对于不符合条件的数据，禁止输入。这样就可以依靠系统检查数据的正确性和有效性，避免错误的数据录入。

在 Excel 2016 中输入数据时，可以通过给选中的单元格设置数据有效性，来避免错误的数据录入。

①选中 H3:H13 单元格区域，单击"数据"选项卡"数据工具"组中的"数据验证"按钮，打开"数据验证"对话框，在"设置"选项卡的"允许"下拉列表框中选择"序列"选项，在"来源"文本框中输入"优,良,及格,不及格"文本，如图 4-78 所示。

②此时，在 H3 单元格后面出现三角形按钮，单击打开下拉列表，选择相应的成绩即可，如图 4-79 所示。

图 4-78　数据验证

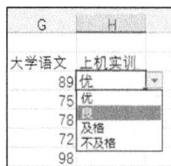

图 4-79　数据有效性选项

> 知识词典
>
> 对英语、高数、计算机基础、大学语文 4 门课的分数设置数据有效性，可以保证输入的数据在指定范围内，降低出错率。
>
> ①选中 4 门课程的单元格区域，在"数据验证"对话框"设置"选项卡的"允许"下拉列表框中选择"整数"选项，在"数据"下拉列表框中选择"介于"选项，在"最小值""最大值"文本框中分别输入"0""100"，如图 4-80 所示。
>
> ②在"输入信息"选项卡中输入信息提示，如图 4-81 所示。
>
> 图 4-80　设置数据有效性
>
> 图 4-81　输入信息提示
>
> ③在"出错警告"选项卡中输入警告内容，如图 4-82 所示。
>
> ④单击"确定"按钮，选中分数单元格，则出现输入的数据有效性提示信息，如图 4-83 所示。

图 4-82　输入警告内容　　　　图 4-83　数据有效性提示信息

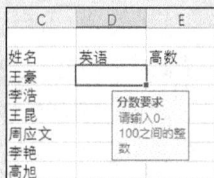

5. 设置单元格格式

①选中 A1:H1 单元格区域，在"开始"选项卡"对齐方式"组中单击 合并后居中 按钮，打开"合并后居中"下拉列表，选择"合并后居中"选项，则 A1:H1 单元格区域合并为一个单元格，同时里面的文本"计算机应用 1 班学生成绩表"在单元格内居中。

②选中 A1:H1 单元格区域，在"开始"选项卡"字体"组中单击"字体"按钮，设置表格标题字体为"方正粗黑简体"，单击"字号"按钮，设置表格标题字号为"26"。

6. 设置行高列宽对齐方式

①拖曳鼠标选中 Excel 窗口左侧的行号 2～13，在"开始"选项卡"单元格"组中，单击"格式"按钮，打开"行高"对话框，输入行高"28"，单击"确定"按钮。

②单击 Excel 窗口上方的"F"列列号，选中 F 列，在"开始"选项卡"单元格"组中，单击"格式"按钮，打开"列宽"对话框，输入列宽"10"，单击"确定"按钮。

③选中 A2:H13 单元格区域，在"开始"选项卡"对齐方式"组中单击"垂直居中"按钮 ≡ 和"居中"按钮 ≡，则单元格内的内容在单元格内部的垂直方向和水平方向都居中显示。

7. 设置单元格样式

选中 A2:H2 单元格区域，在"开始"选项卡"样式"组中单击"单元格样式"按钮，在弹出的下拉列表中选择"数据和模型"下面的"输入"选项。

8. 设置条件格式

①选中 D3:G13 单元格区域，在"开始"选项卡"样式"组中单击"条件格式"按钮，在弹出的下拉菜单中选择"新建规则"命令，打开"新建格式规则"对话框。在"选择规则类型"列表中选择"只为包含以下内容的单元格设置格式"选项，在"编辑规则说明"中单击"介于"后面的三角形按钮，在下拉列表中选择"小于"选项，在后面一个文本框中输入"60"，如图 4-84 所示。单击"格式"按钮，打开"设置单元格格式"对话框，单击"字体"选项卡，在"字形"中选择"加粗倾斜"，"颜色"选择"标准色红色"，如图 4-85 所示，单击"确定"按钮完成设置。

②选中 H3:H13 单元格区域，在"开始"选项卡"样式"组中单击"条件格式"按钮，在弹出的下拉菜单中选择"新建规则"命令，打开"新建格式规则"对话框。在"选择规则类型"列表中选择"只为包含以下内容的单元格设置格式"选项，在"编辑规则说明"中单击"介于"后面的三

角形按钮，在下拉列表中选择"等于"选项，在后面一个文本框中输入"不及格"。单击"格式"按钮，打开"设置单元格格式"对话框，单击"字体"选项卡，在"字形"中选择"加粗倾斜"，"颜色"选择"标准色红色"，单击"确定"按钮完成设置。

图 4-84　新建格式规则

图 4-85　"设置单元格格式"对话框的"字体"选项卡

9. 设置冻结窗格

当表格中内容过多时，使用鼠标滚轮向下滚动，才能看到学号为 11 的学生各门课的成绩。但是此时，字段名不在显示窗口内，只能看到学生的分数，看不到对应的课程名称。此时，可以用冻结窗格的方法查看学号为 11 的学生各门课的成绩。

选中 A3 单元格，在"视图"选项卡"窗口"组中单击"冻结窗格"按钮，在弹出的下拉菜单中选择"冻结窗格"命令。滚动鼠标滚轮，即可看到学号为 11 的学生各门课的成绩，如图 4-86 所示。

> **知识词典**
>
> 当工作表的内容较多，不能完全在当前窗口中显示，又希望能同时看到几个位置的内容时，可以使用拆分窗口的方法来实现。拆分窗口某种意义上有类似冻结窗格和在当前工作表中监视窗口的功能。
>
> 注意，拆分窗口与冻结窗格在任何时候只有一个起作用，不能同时使用。

10. 设置表格内外边框

选中 A2:H13 单元格区域，在"开始"选项卡"对齐方式"组中，单击右下角的对话框启动器按钮，打开"设置单元格格式"对话框。选择"边框"选项卡，选择直线样式中的最粗实线，单击预置的"外边框"；选择直线样式中的最细实线，选择一种预置的"边框"，单击"确定"按钮，如图 4-87 所示。

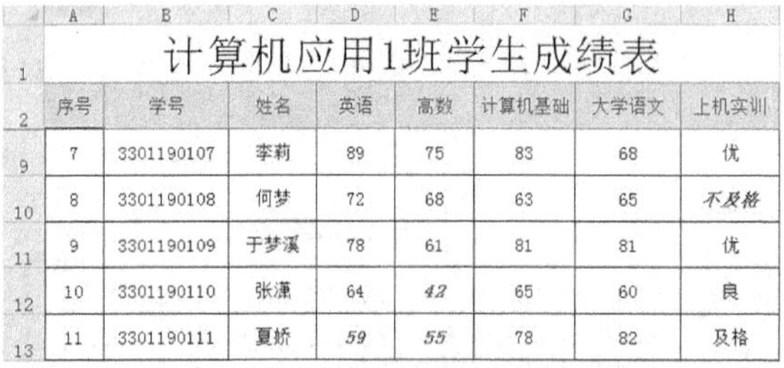

	A	B	C	D	E	F	G	H
1	计算机应用1班学生成绩表							
2	序号	学号	姓名	英语	高数	计算机基础	大学语文	上机实训
9	7	3301190107	李莉	89	75	83	68	优
10	8	3301190108	何梦	72	68	63	65	*不及格*
11	9	3301190109	于梦溪	78	61	81	81	优
12	10	3301190110	张潇	64	*42*	65	60	良
13	11	3301190111	夏娇	*59*	*55*	78	82	及格

图 4-86　冻结窗格

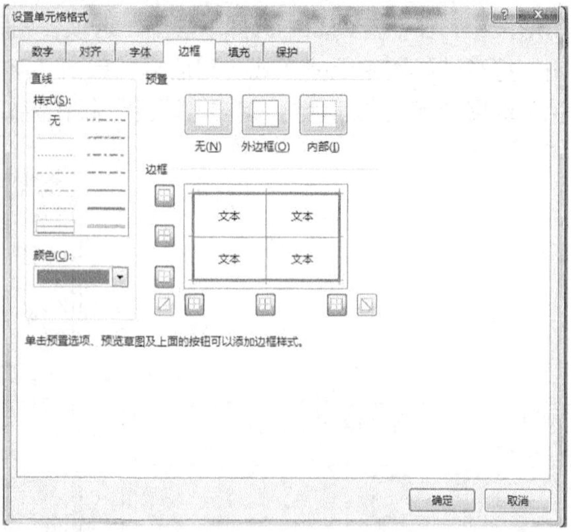

图 4-87　“设置单元格格式”对话框的“边框”选项卡

知识词典

在打印工作表之前，最好通过“打印预览”来预先查看文档的打印效果。如果效果不满意，先修改好再打印。

①预览及设置打印参数。

选择“文件”菜单的“打印”命令，可在窗口右侧预览区预览工作表的打印效果，如图 4-88 所示。在窗口中间列表框的设置栏，可以设置纸张大小、纸张方向（纵向/横向）、页边距等打印参数。也可以单击最下方的“页面设置”超链接，打开“页面设置”对话框，进行打印参数的设置。在“页面设置”对话框中，除“页面”“页边距”与在设置栏设置参数相同外，在“页眉/页脚”选项卡中可以给工作表添加页眉和页脚，如图 4-89 所示。在“工作表”选项卡中可以通过在“顶端标题行”中添加工作表表头，使多页的工作表的每一页都显示统一的表头，如图 4-90 所示。

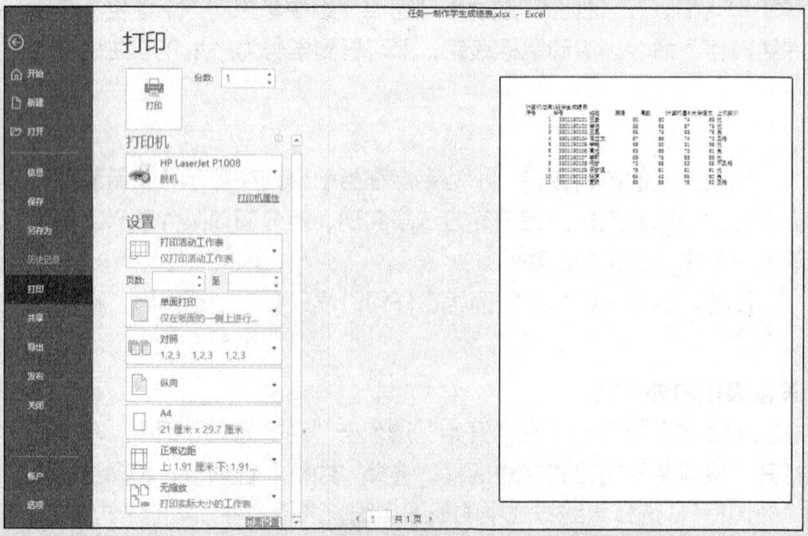

图 4-88　预览打印效果并且设置打印参数

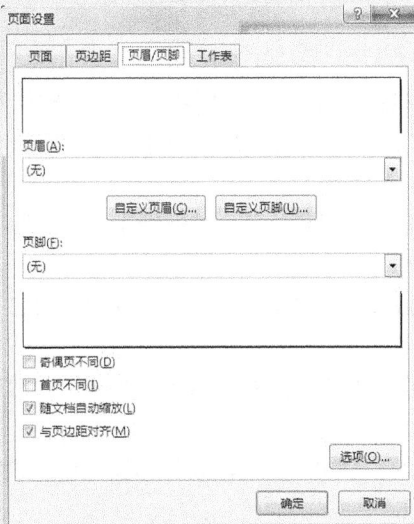

图 4-89 "页眉/页脚"选项卡

图 4-90 "工作表"选项卡

②打印工作表。

在窗口中间的"份数"数值微调框中输入打印份数，点击"打印"按钮，打印工作表，如图 4-91 所示。

③打印选中区域。

在工作表中拖曳鼠标指针选中要打印的单元格区域 A2:H5，选择"文件"菜单中的"打印"命令，在图 4-91 窗口中间列表框的设置栏，选择"打印选定区域"选项，在窗口右侧预览区预览只打印工作表 A2:H5 单元格区域的打印效果，然后选择打印份数，单击"打印"按钮即可打印工作表选中区域。

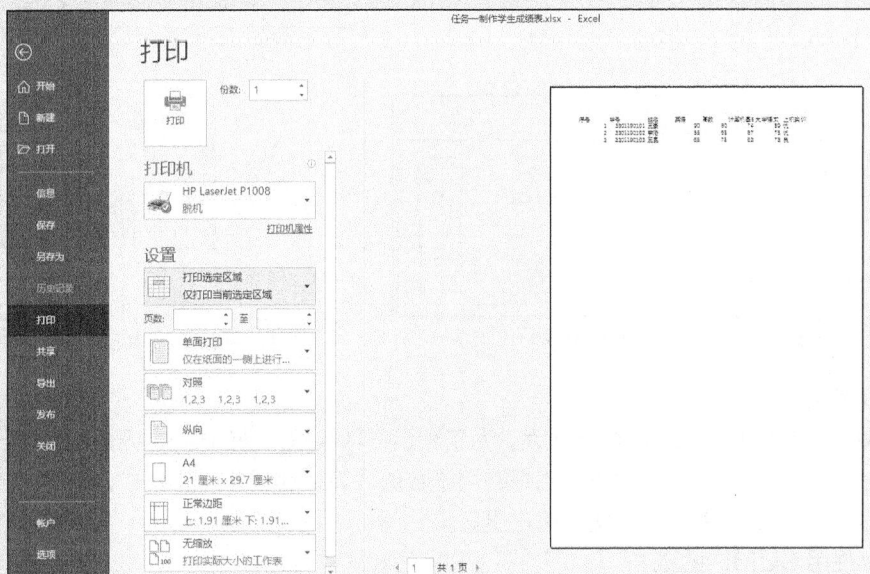

图 4-91 预览及设置打印工作表选中区域

【任务 4-13】分析学生成绩表

【任务描述】

老师把全体学生的成绩输入工作表后，需要对学生的成绩进行分析和统计，得出单科最高分、最低分、平均分，全班成绩排名等，便于分析学生的成绩，找出存在的问题，或者评奖学金等，制作完成后的效果如图 4-92 和图 4-93 所示，相关要求如下。

①使用 SUM()函数。用 SUM()函数计算每个人的 4 门课总分，并把结果放在 J3:J13 单元格区域。

②使用 AVERAGE()函数。用 AVERAGE()函数计算每个人的平均分，并把结果放在 K3:K13 单元格区域，保留 1 位小数。

③使用 RANK()函数。用 RANK()函数求出每个人的总分排名，降序，并把结果放在 L3:L13 单元格区域。

④使用公式。计算每个人的出勤率，并把结果放在 M3:M13 单元格区域，出勤率=出勤天数/全勤天数，将结果设置为百分比类型，保留 1 位小数。

⑤使用 IF()函数。根据出勤率，用 IF()函数求每个人是否有资格评奖，如果出勤率大于 95%，N3:N13 单元格显示"是"，否则显示"否"。

⑥使用 IF()函数的嵌套功能。用 IF()函数的嵌套功能在 H3:H13 单元格区域计算"计算机基础"科目的成绩对应的等级，规则是大于或等于 90 分的等级是"优"，大于或等于 75 分的等级是"良"，大于或等于 60 分的等级是"及格"，小于 60 分的等级是"不及格"。

⑦使用 MAX()函数。用 MAX()函数在 D14:G14 单元格区域计算每门课成绩的最高分。

⑧使用 MIN()函数。用 MIN()函数在 D15:G15 单元格区域计算每门课成绩的最低分。

⑨图表的创建和编辑。选择"姓名""英语""高数""大学语文"列的数据，生成簇状柱形图。图表标题为"分数比较图"，图例置右侧，纵坐标标题为"分数"。将"英语"列的填充颜色改为"蓝色"，设置绘图区填充效果为"蓝色面巾纸"的纹理填充。将图表插入工作表的 B17：J33 单元格区域。

图 4-92　分析学生成绩表效果图

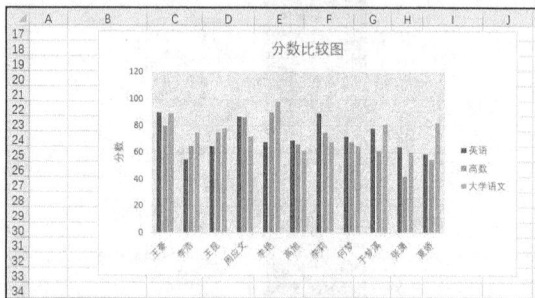

图 4-93　"分数比较图"图表效果图

【任务实现】

Excel 2016 的计算功能相当强大。为了满足各种数据处理的要求，Excel 2016 提供了大量函数供用户使用。函数是系统预先编制好的用于数值计算和数据处理的公式，使用函数可以简化或缩短工作表中的公式，使数据处理简单方便。

1. 使用 SUM( )函数

①选中 J3 单元格，在"公式"选项卡的"函数库"组中，单击"插入函数"按钮，在弹出

的"插入函数"对话框中选择"SUM"选项，如图 4-94 所示，单击"确定"按钮。

②打开"函数参数"对话框。单击"Number1"文本框右侧的⬆按钮，此时该对话框收缩，拖曳鼠标指针选中要求和的 D3:G3 单元格区域，单击文本框右侧的⬇按钮，返回"函数参数"对话框，如图 4-95 所示，单击"确定"按钮。

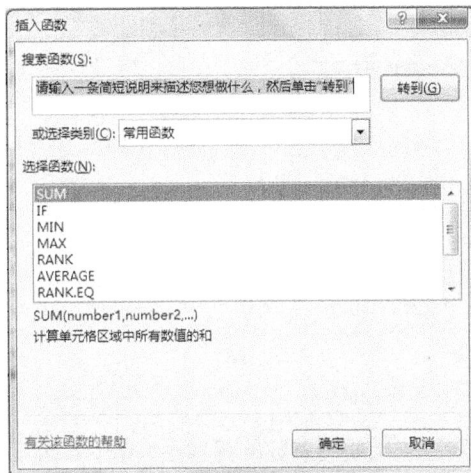

图 4-94　插入 SUM()函数　　　　　　图 4-95　SUM()函数参数

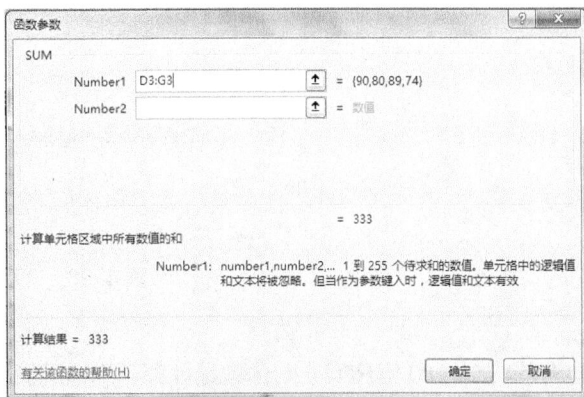

③向下拖曳 J3 单元格的填充柄至 J13 单元格，计算每个人的总分。

> **知识词典**
>
> 　　SUM()函数是求和函数，作用是返回某一单元格区域中数字、逻辑值及数字的文本表达式之和。如果参数中有错误值或为不能转换成数字的文本，将会导致错误。
> 　　【语法形式】
> 　　SUM(number1,number2,…)
> 　　【参数说明】
> 　　number1（必需参数）：要相加的第一个参数。该参数可以是数字，可以是 A1 之类的单元格引用，也可以是 A2:A8 之类的单元格区域。
> 　　number2,…：要相加的第二个参数及后面若干个需要求和的参数。

2. 使用 AVERAGE()函数

①选中 K3 单元格，在"公式"选项卡的"函数库"组中，单击"插入函数"按钮 fx，在弹出的"插入函数"对话框中选择"AVERAGE"选项，单击"确定"按钮。

②打开"函数参数"对话框。单击"Number1"文本框右侧的⬆按钮，此时该对话框收缩，拖曳鼠标指针选中要求平均值的 D3:G3 单元格区域，单击文本框右侧的⬇按钮，返回"函数参数"对话框，单击"确定"按钮。

③向下拖曳 K3 单元格的填充柄至 K13 单元格，计算每个人的 4 门课平均分。

④选中 K3:K13 单元格区域，单击"开始"选项卡"数字"组右下角的对话框启动器按钮◪，在弹出的设置"单元格格式"对话框的"分类"列表框中选择"数值"选项，小数位数选择"1"，单击"确定"按钮，如图 4-96 所示。

图 4-96　设置小数位数

> **知识词典**
>
> 　　　AVERAGE()函数是计算平均值的函数。作用是求出所有参数的算术平均值。如果某个单元格为空或包含文本，它将不参与计算平均数；如果单元格数值为 0，将参与计算平均数。
>
> 【语法形式】
>
> AVERAGE(number1, number2,⋯)
>
> 【参数说明】
>
> 　　number1,number2，⋯：要计算平均值的 1～30 个参数。这些参数可以是数字，也可以是涉及数字的名称、数组或引用。

3.　使用 RANK()函数

　　①选中 L3 单元格，在"公式"选项卡"函数库"组中，单击"插入函数"按钮 *fx*，在弹出的"插入函数"对话框中选择"RANK"，单击"确定"按钮。

　　②打开"函数参数"对话框。单击"Number"文本框，选中 J3 单元格（要查找排名的总分），单击"Ref"文本框，选中 J3:J13 单元格区域（一组人的总分），单击"确定"按钮。因为按降序排序，所以将"Order"文本框忽略。

　　③单击编辑栏，在显示的文本"=RANK(J3, J3: J13)"中的 J3:J13 的 J 和 3、13 前面分别输入"$"符号（绝对引用），如图 4-97 所示，然后单击编辑栏的 ✓ 按钮。

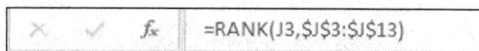

图 4-97　绝对引用

　　④向下拖曳 L3 单元格的填充柄至 L13 单元格，计算每个人的总分排名。

> **知识词典**
>
> 　　①RANK()函数。
>
> 　　RANK()函数是排名函数。RANK()函数最常见的作用是求某一个数值在某一区域内的排名，即返回一个数字在数字列表中的排位。

【语法形式】

RANK(number,ref,[order])

【参数说明】

number（必需参数）：需要找到排位的数字。

ref（必需参数）：数字列表数组或对数字列表的引用，Ref 中的非数值型值将被忽略。

order（可选参数）：数字，指明数字排位的方式。

如果 order 为 0（零）或省略，Excel 2016 对数字的排位则基于 Ref 按照降序排列的列表进行。

如果 order 不为零，Excel 2016 对数字的排位则基于 Ref 按照升序排列的列表进行。

②RANK.EQ()函数和 RANK.AVE()函数。

RANK.EQ()函数和 RANK.AVG()函数是 RANK()函数之后的新增函数，从运算结果上看，RANK()函数和 RANK.EQ()函数一样，而 RANK.AVG()函数在排名一样的情况下，会返回排名的平均值。

RANK.AVG()和 RANK.EQ()函数在参数形式上是一样的，其中 RANK.AVG()函数的第三个参数默认是降序。

③单元格的引用。

【相对引用】

直接用列号和行号表示单元格，这是 Excel 2016 默认的引用方式，如 C1。单元格公式"= A1+ B1"就是相对引用。当使用相对地址时，单元格公式中的引用地址会随目标单元格的变化而发生相应变化，但其引用单元格地址之间的相对地址不变，通过拖曳单元格的控制柄实现。

【绝对引用】

单元格地址由两部分组成：字母部分表示的列号；数字部分表示的行号，如 C2。"$"符号表示绝对引用，字母前面加"$"表示绝对引用列，数字前面加$表示绝对引用行，字母和数字前面都加"$"即表示绝对引用该单元格，如$F$6。

单元格中的绝对单元格引用，如 $F$6，指的是总是在指定位置引用单元格 F6。即使公式所在单元格的位置改变，绝对引用的单元格始终保持不变（依然是 F6）。如果多行或多列地复制公式，绝对引用将不做调整（默认情况下，新公式使用相对引用，需要将它们转换为绝对引用）。例如，如果将单元格 B2 中的绝对引用复制到单元格 B3，则在两个单元格中都是$F$6。

【混合引用】

混合引用具有绝对列和相对行，或是绝对行和相对列。绝对引用列的形式如 $A1、$B1 等。绝对引用行的形式如 A$1、B$1 等。如果公式所在单元格的位置改变，则相对引用改变，而绝对引用不变。如果多行或多列地复制公式，相对引用自动调整，而绝对引用不做调整。例如，如果将一个混合引用从 A2 复制到 B3 单元格，它将从 A$1 调整到 B$1。

4. 使用公式

①选中 M3 单元格，单击编辑栏，在编辑栏中输入"=I3/90"，单击编辑栏的 ✓ 按钮。拖曳 M3 单元格的填充柄，计算每个人的出勤率。

②选中 M3:M13 单元格区域，单击"开始"选项卡"数字"组右下角的对话框启动器按钮，在弹出的"设置单元格格式"对话框"数字"选项卡的"分类"列表框中选择"百分比"选项，小数位数选择"1"，单击"确定"按钮。

> **知识词典**
> Excel 2016 中的公式是对 Excel 工作表中的值进行计算的等式。在 Excel 2016 中可以使用常量和算术运算符"+、-、*、/、( )、%"等创建简单的公式。
> 复杂一些的公式可能包含函数、引用、运算符和常量。
> 公式以输入"="开始。

5. 使用 IF()函数

①选中 N3 单元格，在"公式"选项卡"函数库"组中单击"插入函数"按钮，在弹出的"插入函数"对话框中选择"IF"选项，单击"确定"按钮。

②单击"Logical_test"文本框，选中 M3 单元格，文本框中出现 M3，在 M3 后面输入">95%"。

③单击"Value_if_true"文本框，输入"是"；单击"Value_if_false"文本框，输入"否"，如图 4-98 所示。单击"确定"按钮。

④向下拖曳 M3 单元格的填充柄至 M13 单元格，计算每个人是否可评奖。

6. 使用 IF()函数的嵌套功能

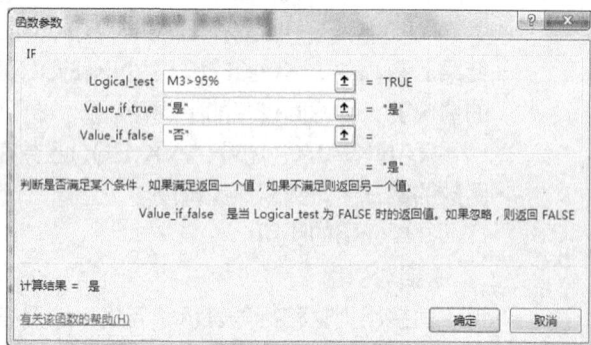
图 4-98　IF()函数参数

选中 H3 单元格，单击编辑栏，在编辑栏中输入"=IF(G3>=90,"优秀",IF(G3>=75,"良好",IF(G3>=60,"及格","不及格")))"，单击编辑栏的 √ 按钮。拖曳 H3 单元格的填充柄，计算每个人计算机基础课成绩的等级。

> **知识词典**
> ①IF()函数。
> IF()函数是条件函数，根据指定的条件是否成立来判断其"真"（TRUE）、"假"（FALSE），根据逻辑计算的真假值，从而返回相应的内容。如果指定条件的计算结果为 TRUE，IF()函数将返回某个值；如果该条件的计算结果为 FALSE，则返回另一个值。
> 【语法形式】
> IF(logical_test,value_if_true,value_if_false)
> 【参数说明】
> logical_test：计算结果为 TRUE 或 FALSE 的任意值或表达式。
> value_if_true: logical_test 为 TRUE 时返回的值。
> value_if_false: logical_test 为 FALSE 时返回的值。
> ②IF()函数的嵌套。
> 用 value_if_false 及 value_if_true 参数可以构造复杂的检测条件。例如，本例中成绩的等级有"优、良、及格、不及格"4 种，只用一层 IF()函数无法得出两种结果，要得出 4 种结果需要使用 IF()函数的嵌套。在本例中，"=IF(G3>=90,"优秀",IF(G3>=75,"良好",IF(G3>=60,"及格","不及格")))"的第二个 IF()语句同时也是第一个 IF()语句的参数 value_if_false。同样，第三个 IF 语句是第二个 IF 语句的参数 value_if_false。

③IF()函数多个条件的表示。

如果 logical_test 有两个，对两个表达式的判断可表示成 AND(logical_test1, logical_test2)或者 OR(logical_test1, logical_test2)。AND 表示两个条件同时满足，OR 表示满足其中一个条件。例如，如果英语和高数的成绩均大于 90 分，总评"优秀"，否则总评"合格"，用函数表示为"=IF（AND(D3>90,E3>90），"优秀","合格")"。如果英语和高数的成绩有一门大于 90 分总评就是"优秀"，否则总评"合格"，用函数表示为"=IF（OR(D3>90,E3>90），"优秀","合格")"。

7. 使用 MAX()函数

①选中 D14 单元格，在"公式"选项卡"函数库"组中，单击"插入函数"按钮，在弹出的"插入函数"对话框中选择"MAX"，单击"确定"按钮。

②打开"函数参数"对话框。单击"Number1"文本框右侧的按钮，此时该对话框收缩，拖曳鼠标指针选中要求最大值的 D3:D13 单元格区域，单击文本框右侧的按钮，返回"函数参数"对话框，单击"确定"按钮。

③拖曳 D14 单元格的填充柄，计算每门课的最高分。

> **知识词典**
>
> MAX()函数是最大值函数，用于求向量或者矩阵的最大元素，或几个指定值中的最大值。如果参数中有错误值或无法转换成数值的文字，将引起错误。
>
> 【语法形式】
>
> MAX(number1,number2,…)
>
> 【参数说明】
>
> number1 （必需参数）：要查找的第一个参数。
>
> number2,…：要查找的第二个参数及后面若干个需要查找最大值的参数。

8. 使用 MIN( )函数

①选中 D15 单元格，在"公式"选项卡"函数库"组中，单击"插入函数"按钮，在弹出的"插入函数"对话框中选择"MIN"，单击"确定"按钮。

②打开"函数参数"对话框。单击"Number1"文本框右侧的按钮，此时该对话框收缩，拖曳鼠标指针选中要求最大值的 D3:D13 单元格区域，单击文本框右侧的按钮，返回"函数参数"对话框，单击"确定"按钮。

③拖曳 D15 单元格的填充柄，计算每门课的最低分。

> **知识词典**
>
> MIN()函数是最小值函数，作用是返回给定参数表中的最小值。函数参数可以是数字、空白单元格、逻辑值或表示数值的文字串，如果参数中有错误值或无法转换成数值的文字，将引起错误。如果参数中不含数字，则函数 MIN()返回 0。
>
> 【语法形式】
>
> MIN(number1,number2, …)
>
> 【参数说明】
>
> number1, number2,…：要从中找出最小值的参数。

9. 图表的创建和编辑

①选中 C2:F13 单元格区域，在"插入"选项卡"图表"组中，单击"插入柱形图或条形图"按钮 ，在弹出的下拉列表中选择"二维柱形图"中的"簇状柱形图"选项。

②单击并选择"图表标题"，输入"分数比较图"。选中图例，在图例上单击鼠标右键，在弹出的快捷菜单中选择"设置图例格式"命令，打开相应对话框，在"图例位置"中选择"靠右"选项。

③在"设计"选项卡"图表布局"组中，单击"添加图表元素"按钮 ，在下拉列表中选择"坐标轴标题"的"主要纵坐标轴"选项，在图表区"坐标轴标题"文本框中输入"分数"。

④选择柱形图"英语"系列，在"英语"系列上单击鼠标右键，在弹出的快捷菜单中选择"设置数据系列格式"命令，在弹出的对话框中单击"填充与线条"按钮 ，填充颜色 选择标准色"蓝色"，关闭"设置数据系列格式"对话框。

⑤选中图表绘图区，在绘图区上单击鼠标右键，在弹出的快捷菜单中选择"设置绘图区格式"命令。在弹出的对话框中单击"填充与线条"按钮 ，填充选择"图片或纹理填充"。单击纹理右侧的三角形按钮 ，在下拉列表中选择"蓝色面巾纸"纹理，关闭"设置绘图区格式"对话框。

⑥通过拖曳鼠标将图表移到 B17:J33 单元格区域，适当调整图表大小，让图表的左上角在 B17 单元格，右下角在 J33 单元格。

> **知识词典**
>
> 图表可以将工作表中的数据用图形表示出来。当基于工作表选中区域建立图表时，Excel 2016 使用来自工作表的值，并将其当作数据点在图表上显示。数据点用条形、线条、柱形、切片、点及其他形状表示，相应地生成条形、拆线、柱形等图表图形。
>
> 选择相邻几列的数据时，可以拖曳鼠标实现。选择不相邻的列的数据时，在拖曳鼠标选中一列后，需要按住"Ctrl"键的同时拖曳鼠标选择其他几列来实现。
>
> 建立了图表后，可以通过增加图表项，如数据标记、图例、标题、文字、趋势线、误差线及网格线来美化图表及强调某些信息。大多数图表项可被移动或调整大小。也可以用图案、颜色、对齐、字体及其他格式属性来设置这些图表项的格式。

【任务 4-14】制作公司销售情况表

【任务描述】

临近年底，总经理让小李制作近两年公司第四季度产品销售情况表，对成交的订单进行梳理，了解销售出了哪些产品，并统计成交单数和销售额，为公司来年的发展做一个参考。制作完成后的效果如图 4-99 和图 4-100 所示，相关操作如下。

①选择 Sheet1 工作表，在第二列数据前插入两列，在 B2 和 C2 单元格中分别输入文字"年份""月份"，将 Sheet1 工作表重命名为"销售情况表"。

②利用"结算单日期"列的数值和 TEXT()函数，计算出"年份"列的内容（将年显示为 4 位数字）和"月份"列的内容（将月显示为不带前导零的数字）。

③利用 VLOOKUP()函数给出"单价"列 G3:G13 单元格区域的内容，与名称对应的单价在"产品价格表"工作表的"单价"列中。

④在 H3:H13 单元格区域计算出销售额，并设置为货币型，保留两位小数。

⑤为单元格区域 A2:H13 套用表格格式"橙色，表样式中等深浅 3"。

⑥新建工作表，并命名为"季度统计表"。

⑦在"季度统计表"中，将 D5:G5 单元格区域填充为"蓝色"。

⑧在"季度统计表"中，使用 COUNTIF()函数计算 2019 年和 2020 年第四季度各结算多少笔订单。

⑨在"季度统计表"中，使用 SUMIF()函数计算 2019 年和 2020 年第四季度的销售额总和。

⑩在"季度统计表"中，使用 AVERAGEIF()函数计算 2019 年和 2020 年第四季度的平均销售额，并保留两位小数。

⑪利用条件格式修饰"季度统计表"的 F6:F7 单元格区域，将单元格设置为"实心填充"的"浅蓝色数据条"。

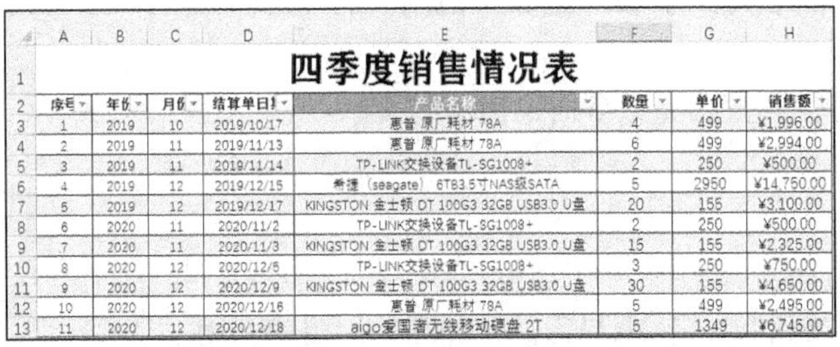

图 4-99　2019 年、2020 年第四季度销售情况表效果图　　　图 4-100　2019 年、2020 年第四季度统计表效果图

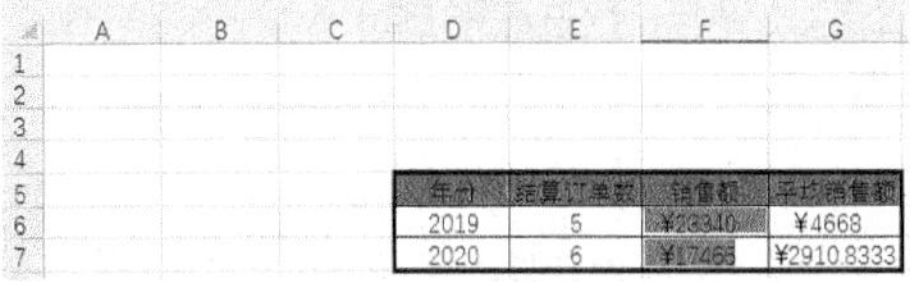

【任务实现】

1. 插入工作表列

单击工作表名称"Sheet1"，打开 Sheet1 工作表，在列号"B"上单击鼠标右键，在弹出的快捷菜单中选择"插入"命令，则在"结算单日期"列的前面插入一列，列号为"B"，原"B"列变成"C"列。同理，继续在列号"B"上单击鼠标右键，再插入一列。分别在 B2 和 C2 单元格中输入文字"年份""月份"。右键单击工作表名称"Sheet1"，在弹出的快捷菜单中选择"重命名"命令，输入工作表名称"销售情况表"后按"Enter"键或用鼠标在任意单元格单击即可。

> **知识词典**
>
> ①工作表的重命名。在工作表名上单击鼠标右键，在弹出的快捷菜单中选择"重命名"命令，当前工作表名被选中，此时可以修改工作表名，输入新工作表名后按"Enter"键或者用鼠标在任意单元格单击即可。
>
> ②插入工作表行或列。在行号上单击鼠标右键，在弹出的快捷菜单中选择"插入"命令，即可在当前行前面插入一个空白行。在列号上单击鼠标右键，在弹出的快捷菜单中选择"插入"命令，即可在当前列前面插入一个空白列。也可以选中一个单元格，在"开始"选项卡"单元格"组中单击"插入"按钮，打开"插入"下拉菜单，选择"插入工作表行"或"插入工作表列"命令实现插入工作表行或列。

2. 使用 TEXT()函数

①选中 B3 单元格，在"公式"选项卡"函数库"组中，单击"插入函数"按钮 f_x，在弹出的"插入函数"对话框中，单击"搜索函数"文本框，输入"TEXT"，单击"转到"按钮，选择函数列表第一项出现"TEXT"，选择"TEXT"，单击"确定"按钮。

②打开"函数参数"对话框，单击"Value"文本框右侧的 按钮，此时该对话框收缩，选中 D3 单元格，单击文本框右侧的 按钮，返回"函数参数"对话框。在"Format_text"文本框中输

入"yyyy"（不区分大小写），单击"确定"按钮。

③向下拖曳 B3 单元格的填充柄至 B13 单元格，计算"结算单日期"的"年份"。

④选中 C3 单元格，在"公式"选项卡"函数库"组中，单击"插入函数"按钮 fx，在弹出的"插入函数"对话框中选择"TEXT"（刚刚用过的函数会在"常用函数"里），单击"确定"按钮。

⑤打开"函数参数"对话框，单击"Value"文本框右侧的 按钮，此时该对话框收缩，选中 D3 单元格，单击文本框右侧的 按钮，返回"函数参数"对话框。在"Format_text"文本框中输入"m"（不区分大小写），单击"确定"按钮。

⑥向下拖曳 C3 单元格的填充柄至 C13 单元格，计算"结算单日期"的"月份"。

> **知识词典**
>
> Text()函数的作用是将数值转化为按指定数字格式表示的文本。
>
> 【语法形式】
>
> TEXT(value,format_text)
>
> 【参数说明】
>
> value：数值、计算结果为数值的公式，或对包含数值的单元格的引用。
>
> format_text：文字形式的数字格式。文字形式来自"单元格格式"对话框"数字"选项卡的"分类"框（不是"常规"选项卡）。
>
> 本例中，"yyyy"表示四位数的年份，"m"表示不带前导零的月份。

3. 使用 VLOOKUP()函数

①选中 G3 单元格，在"公式"选项卡"函数库"组中，单击"插入函数"按钮 fx，在弹出的"插入函数"对话框中，单击"搜索函数"文本框，输入"VLOOKUP"。单击"转到"按钮，选择函数列表第一项出现"VLOOKUP"，选择"VLOOKUP"，单击"确定"按钮。

②打开"函数参数"对话框。在"Lookup_value"文本框中选中 E3 单元格；在"Table_array"文本框中单击"产品价格表"工作表名，打开"产品价格表"工作表，拖曳鼠标指针选中 A2:B39 单元格区域；在"Col_index_num"文本框中输入"2"；在"Range_lookup"文本框中输入"0"，如图 4-101 所示。

③选中 G3 单元格，编辑栏出现 G3 单元格里的函数，在 A2:B39 的"A、2、B、39"前分别加上"$"，修改成$A$2:$B$39，单击输入按钮 ✓ 。

图 4-101　VLOOKUP()函数参数

④拖曳 G3 单元格的填充柄至 G13 单元格，计算每个产品对应的单价。

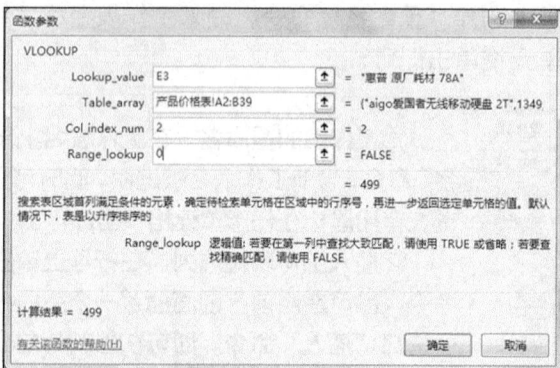

> **知识词典**
>
> VLOOKUP()函数是 Excel 2016 中的一个纵向查找函数，它与 LOOKUP()函数和 HLOOKUP()函数属于一类函数，在工作中都有广泛应用，如可以用来核对数据，在多个表格之间快速导入数据等。VLOOKUP()函数的功能是按列查找，最终返回该列所需查询序列所对应的值；而 HLOOKUP()函数是按行查找的。

【语法形式】

VLOOKUP 函数的语法形式为：VLOOKUP(lookup_value,table_array, col_index_num,range_lookup)。其参数简单说明及输入数据类型如下表所示。

参数	简单说明	输入数据类型
lookup_value	要查找的值	数值、引用或文本字符串
table_array	要查找的区域	数据表区域
col_index_num	返回数据在查找区域的第几列	正整数
range_lookup	精确匹配/近似匹配	FALSE（0）/TRUE（1或不填）

【参数说明】

lookup_value：需要在数据表第一列中进行查找的数值。lookup_value 可以为数值、引用或文本字符串。当 VLOOKUP()函数第一参数省略查找值时，表示用 0 查找。

table_array：需要在其中查找数据的数据表，使用对区域或区域名称的引用。

col_index_num：table_array 中查找数据的数据列序号。col_index_num 为 1 时，返回 table_array 第一列的数值；col_index_num 为 2 时，返回 table_array 第二列的数值，以此类推。如果 col_index_num 小于 1，函数 VLOOKUP()返回错误值"#VALUE!"；如果 col_index_num 大于 table_array 的列数，函数 VLOOKUP()返回错误值"#REF!"。

range_lookup：逻辑值，指明函数 VLOOKUP()查找时是精确匹配还是近似匹配。如果为 FALSE 或 0，则返回精确匹配；如果找不到，则返回错误值"#N/A"；如果为 TRUE 或 1，函数 VLOOKUP()将查找近似匹配值，也就是说，如果找不到精确匹配值，则返回小于 lookup_value 的最大数值。应注意 VLOOKUP()函数在进行近似匹配时的查找规则是从第一个数据开始匹配，没有匹配到一样的值就继续与下一个值进行匹配，直到遇到大于查找值的值，此时返回上一个数据（近似匹配时应对查找值所在列进行升序排列）。如果 range_lookup 省略，则默认为 1。

4. 使用公式

①选中 H3 单元格，单击编辑栏，输入"=F3*G3"，单击输入按钮 ✓ 。

②拖曳 H3 单元格的填充柄至 H13 单元格，计算每个结算单的销售额。

③选中 H3:H13 单元格区域，单击"开始"选项卡"数字"组右下角的对话框启动器按钮 ⤢，在弹出的"设置单元格格式"对话框的"分类"列表框中选择"货币"选项，小数位数选择"2"，单击"确定"按钮。

5. 套用表格格式

选中 A2:H13 单元格区域，在"开始"选项卡"样式"组中，单击"套用表格格式"按钮，在弹出的下拉列表中选择"中等色"的"橙色，表样式中等深浅 3"选项，在弹出的"套用表格式"对话框中单击"确定"按钮。

6. 新建工作表

①单击"产品价格表"右侧的新建工作表按钮 ⊕，在"产品价格表"右侧新建一个名为"Sheet3"

的工作表。

②在"Sheet3"工作表名称上单击鼠标右键，在弹出的快捷菜单中选择"重命名"命令，将"Sheet3"改为"季度统计表"，按"Enter"键或用鼠标单击其他单元格。

> **知识词典**
>
> 在 Excel 工作簿窗口中，在任意工作表名称上单击鼠标右键，在弹出的快捷菜单中选择"插入"命令，并选择"工作表"选项即可新建工作表；在工作簿窗口底部工作表标签位置单击 ⊕ 按钮，即可在工作簿末尾新建一张工作表。
>
> 在要删除的工作表名称上单击鼠标右键，在弹出的快捷菜单中选择"删除"命令，即可删除当前工作表。

7. 填充单元格底纹

选中 D5:G5 单元格区域，单击"开始"选项卡"数字"组右下角的对话框启动器按钮 ，在弹出的"设置单元格格式"对话框中选择"填充"选项卡，选择"蓝色"，单击"确定"按钮。

8. 使用 COUNTIF()函数

①选中 E6 单元格，在"公式"选项卡"函数库"组中，单击"插入函数"按钮 。在弹出的"插入函数"对话框中,单击"搜索函数"文本框，输入"COUNTIF"，单击"转到"按钮，选择函数列表第一项出现"COUNTIF"，选择"COUNTIF"，单击"确定"按钮。

②打开"函数参数"对话框，在"Range"文本框中单击工作表"销售情况表"表名，打开"销售情况表"，选中 B3:B13 单元格区域。单击"Criteria"文本框，回到"产品价格表"，在文本框中选中 D6 单元格，如图 4-102 所示，单击"确定"按钮。

③用同样的方法选中 E7 单元格，使用 COUNTIF()函数计算 2020 年结算订单数。"函数参数"对话框如图 4-103 所示。

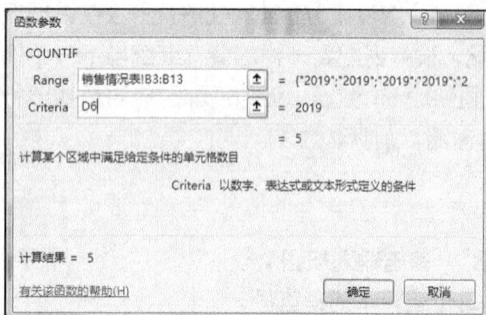

图 4-102 用 COUNTIF()函数计算 2019 年结算订单数　　图 4-103 用 COUNTIF()函数计算 2020 年结算订单数

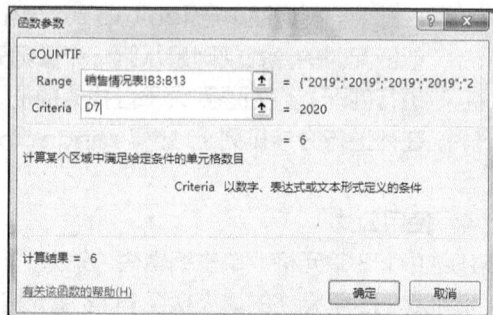

> **知识词典**
>
> COUNTIF()函数是对指定区域中符合指定条件的单元格计数的函数。
>
> 【语法形式】
>
> COUNTIF（range，criteria）
>
> 【参数说明】
>
> range：要计算其中非空单元格数目的区域。
>
> criteria：以数字、表达式或文本形式定义的条件。

跨工作表引用数据。

在本例中计算结算订单数时，当前工作表"季度统计表"中并没有可以计算的数据，此时需要使用跨工作表引用数据的功能，引用"销售情况表"中相关的数据进行计算。

跨工作表引用数据的格式为"工作表名!单元格地址"。在本例中，引用"销售情况表"的 B3:B13 单元格区域的数据，表示成"销售情况表! B3:B13"。

在本例的"3. 使用 VLOOKUP()函数"步骤中，也使用了跨工作表引用数据的功能，在"Table_array"文本框中输入的是"产品价格表!A2:B39"，实现了在"产品价格表"中查找"销售情况表"的"产品名称"列对应的价格。

9. 使用 SUMIF()函数

①选中 F6 单元格，在"公式"选项卡"函数库"组中，单击"插入函数"按钮 f_x，在弹出的"插入函数"对话框中，单击"搜索函数"文本框，输入"SUMIF"，单击"转到"按钮，选择函数列表第一项出现"SUMIF"，选择"SUMIF"，单击"确定"按钮。

②打开"函数参数"对话框，在"Range"文本框中单击工作表"销售情况表"表名，打开"销售情况表"，选中 B3:B13 单元格区域。单击"Criteria"文本框，回到"产品价格表"，在文本框中选中 D6 单元格。单击"Sum_range"文本框，单击工作表"销售情况表"表名，打开"销售情况表"，选中 H3:H13 单元格区域，如图 4-104 所示，单击"确定"按钮。

③用同样的方法，选中 F7 单元格，使用 SUMIF()函数计算 2020 年销售额。"函数参数"对话框如图 4-105 所示。

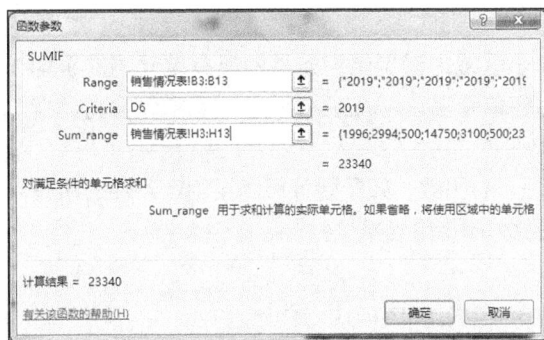

图 4-104　用 SUMIF()函数计算 2019 年销售额

图 4-105　用 SUMIF()函数计算 2020 年销售额

> **知识词典**
>
> SUMIF()函数的功能是对报表范围中符合指定条件的单元格、区域或引用求和。
>
> 【语法形式】
>
> SUMIF(range，criteria，sum_range)
>
> 【参数说明】
>
> range：条件区域，用于条件判断的单元格区域。
>
> criteria：求和条件，是由数字、逻辑表达式等组成的判定条件。
>
> sum_range：实际求和区域，是需要求和的单元格、区域或引用。
>
> 当省略第三个参数时，条件区域就是实际求和区域。

10. 使用 AVERAGEIF()函数

①选中 G6 单元格，在"公式"选项卡"函数库"组中，单击"插入函数"按钮 ，在弹出的"插入函数"对话框中，单击"搜索函数"文本框，输入"AVERAGEIF"，单击"转到"按钮，选择函数列表第一项出现"AVERAGEIF"，选择"AVERAGEIF"，单击"确定"按钮。

②打开"函数参数"对话框，在"Range"文本框单击工作表"销售情况表"表名，打开"销售情况表"，选中 B3:B13 单元格区域。单击"Criteria"文本框，回到"产品价格表"，在文本框中选中 D6 单元格。单击"Average_range"文本框，单击工作表"销售情况表"表名，打开"销售情况表"，选中 H3:H13 单元格区域，如图 4-106 所示，单击"确定"按钮。

③用同样的方法选中 G7 单元格，使用 AVERAGEIF()函数计算 2020 年平均销售额。"函数参数"对话框如图 4-107 所示。

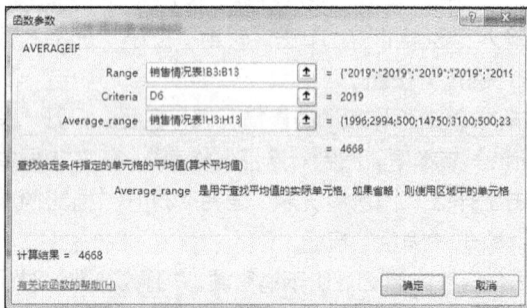

图 4-106　用 AVERAGEIF()函数计算 2019 年平均销售额　　图 4-107　用 AVERAGEIF()函数计算 2020 年平均销售额

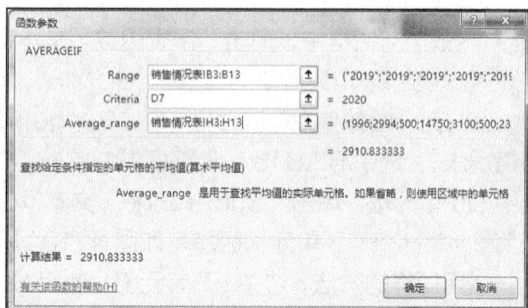

> **知识词典**
>
> AVERAGEIF()函数的功能是返回某个区域内满足给定条件的所有单元格的平均值（算术平均值）。如果条件中的单元格为空单元格，AVERAGEIF()函数就会将其视为 0。
>
> 在 Excel 2010 中，没有 AVERAGEIF()函数，如果要计算满足给定条件的所有单元格的平均值，则公式为"=SUMIF()函数求和/单元格个数"。
>
> 【语法形式】
>
> AVERAGEIF(range, criteria, [average_range])
>
> 【参数说明】
>
> range（必需参数）：代表要计算平均值的一个或多个单元格，其中包含数字或包含数字的名称、数组或引用。
>
> criteria（必需参数）：代表形式为数字、表达式、单元格引用或文本的条件，用来定义将计算平均值的单元格。
>
> average_range（可选参数）：代表计算平均值的实际单元格组。如果省略，则使用 range。

11. 使用条件格式

选中 F6:F7 单元格区域，在"开始"选项卡"样式"组中，单击"条件格式"按钮 条件格式，在弹出的下拉列表中选择"数据条"级联选项"实心填充"中的"浅蓝色数据条"选项。

【任务 4-15】分析产品销售情况表

【任务描述】

公司销售部要对上半年产品销售情况进行分析，得出几种产品在每个分店各个季度的销售情况，以便制订下半年几种产品在每个分店的投放量及销售策略，要求如下。

①工作表排序。对产品销售情况按主关键字“分店名称”的升序和次要关键字“季度”的升序进行排序，以查看每个分店第一、二季度的销售情况。

②自动筛选。筛选出第一季度销售排名在前十名的产品。

③自动筛选。筛选出销售额在 10 万元～20 万元之间的电冰箱的销售情况。

④高级筛选。用高级筛选筛选出第一季度销售排名在前十名的产品。

⑤高级筛选。用高级筛选筛选出第一季度或销售排名在前十名的产品。

⑥分类汇总。对工作表“产品销售情况表”内数据清单的内容按主要关键字“季度”的升序和次要关键字“产品名称”的降序进行排序，完成对各季度产品销售额总和的分类汇总，统计每个季度的销售额总和及每个季度每种产品的销售额总和，汇总结果显示在数据下方。

⑦创建数据透视表。使用数据透视表，统计出每种产品在不同分店各个季度的销售额总和。行标签为“分店名称”“季度”，列标签为“产品名称”“产品型号”，求和项为“销售额（万元）”。

完成后的部分数据分析统计效果如图 4-108 所示。

	A	B	C	D	E	F	G	H
1				产品销售情况表				
2	分店名称	季度	产品型号	产品名称	单价（元）	数量	销售额（万元）	销售排名
3	第1分店	1	D01	电冰箱	2750	35	9.63	29
4	第1分店	1	D02	电冰箱	3540	12	4.25	35
5	第1分店	1	K01	空调	2340	43	10.06	28
6	第1分店	1	K02	空调	4460	8	3.57	36
7	第1分店	1	S01	手机	1380	87	12.01	22
8	第1分店	1	S02	手机	3210	56	17.98	11
9	第1分店	2	D01	电冰箱	2750	45	12.38	21
10	第1分店	2	D02	电冰箱	3540	23	8.14	32
11	第1分店	2	K02	空调	4460	68	30.33	3
12	第1分店	2	S01	手机	1380	91	12.56	20
13	第1分店	2	S02	手机	3210	34	10.91	25
14	第1分店	2	K01	空调	2340	79	18.49	8
15	第2分店	1	S02	手机	3210	96	30.82	2
16	第2分店	1	D02	电冰箱	3540	75	26.55	4
17	第2分店	1	K01	空调	2340	33	7.72	33
18	第2分店	1	K02	空调	4460	24	10.70	26
19	第2分店	1	S01	手机	1380	65	8.97	31
20	第2分店	1	D01	电冰箱	2750	65	17.88	12
21	第2分店	2	D01	电冰箱	2750	72	19.80	6
22	第2分店	2	D02	电冰箱	3540	36	12.74	17
23	第2分店	2	K01	空调	2340	54	12.64	19
24	第2分店	2	K02	空调	4460	37	16.50	13
25	第2分店	2	S01	手机	1380	73	10.07	27
26	第2分店	2	S02	手机	3210	43	13.80	15
27	第3分店	1	D01	电冰箱	2750	66	18.15	10
28	第3分店	1	D02	电冰箱	3540	45	15.93	14
29	第3分店	1	K01	空调	2340	39	9.13	30
30	第3分店	1	K02	空调	4460	76	33.90	1
31	第3分店	1	S01	手机	1380	84	11.59	24
32	第3分店	1	S02	手机	3210	57	18.30	9
33	第3分店	2	D01	电冰箱	2750	46	12.65	18
34	第3分店	2	D02	电冰箱	3540	64	22.66	5
35	第3分店	2	K01	空调	2340	51	11.93	23
36	第3分店	2	K02	空调	4460	42	18.73	7
37	第3分店	2	S01	手机	1380	35	4.83	34
38	第3分店	2	S02	手机	3210	43	13.80	15

图 4-108　数据分析统计效果图（部分）

【任务实现】

1. 排序销售情况表

①在“产品销售情况表”工作表名称上单击鼠标右键，在弹出的快捷菜单中选择“移动或复制”命令，打开“移动或复制工作表”对话框，选择“(移至最后)”选项，并勾选“建立副本”复选框，单击“确定”按钮，如图 4-109 所示。这样就在“Sheet3”工作表后复制了一个名为“产品销售情况表 2”的工作表。在“产品销售情况表 2”工作表名称上单击鼠标右键，在弹出的快捷菜单中选择“重命名”命令，则此工作表名被选中，此时，输入“排序”并按“Enter”键即可。

②选中“排序”工作表中除标题外的所有数据，即选中 A2:H38 单元格区域，在“开始”选项卡“编辑”组中打开“排序和筛选”下拉菜单，选择“自定义排序”命令，打开“排序”对话框。在“主要关键字”下拉列表框中选择“分店名称”选项，在“次序”下拉列表框中选择“升序”选项。单击“添加条件”按钮 添加条件(A)，在“次要关键字”下拉列表框中选择“季度”选项，在“次序”下拉列表框中选择“升序”选项，单击“确定”按钮，如图 4-110 所示。排序结果如图 4-108 所示。

图4-109　移动或复制工作表

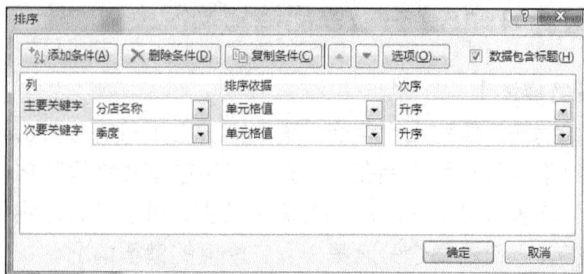

图4-110　"排序"对话框

> **知识词典**
>
> ①工作表的移动和复制。在工作表名上单击鼠标右键，在弹出的快捷菜单中选择"移动或复制"命令，打开"移动或复制工作表"对话框，并勾选"建立副本"复选框，单击"确定"按钮，可以复制当前工作表，如图 4-109 所示。如果不勾选"建立副本"复选框，只在"下列选定工作表之前"列表框中选择任意一个工作表名，单击"确定"按钮，则可以移动当前工作表。在"下列选定工作表之前"列表框中选择"（移至最后）"选项，可以将复制或移动的工作表放在最后。
>
> ②修改工作表标签颜色。在工作表名上单击鼠标右键，在弹出的快捷菜单中选择"工作表标签颜色"命令，选择需要设置的颜色即可，如图 4-111 所示。

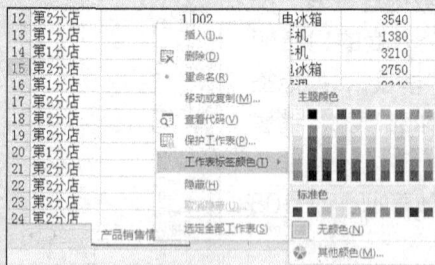

图4-111　修改工作表标签颜色

2. 用自动筛选筛选出第一季度销售排名在前十名的产品

①复制"产品销售情况表"，重命名为"自动筛选 1"。在"自动筛选 1"表中，选中 A2:H38 单元格区域，在"开始"选项卡"编辑"组中单击打开"排序和筛选"下拉菜单，选择"筛选"命令，可以在每个列标题后面显示筛选按钮 ▼ 。

②单击"季度"列标题后面的筛选按钮 ▼ ，在弹出的对话框中取消勾选"全选"复选框，勾选"1"复选框，如图 4-112 所示。

③单击"销售排名"列标题后面的筛选按钮 ▼ ，在下拉列表框中选择"数字筛选"中的"小于或等于"选项，弹出"自定义自动筛选方式"对话框。

④在"销售排名"下拉列表框中选择"小于或等于"选项，在右侧下拉列表框中输入"10"，如图 4-113 所示。单击"确定"按钮，自动筛选结果如图 4-114 所示。

3. 用自动筛选筛选出销售额在 10 万元～20 万元之间的电冰箱销售情况

①复制"产品销售情况表"，重命名为"自动筛选 2"，在"自动筛选 2"表中选中 A2:H38 单元格区域，在"开始"选项卡"编辑"组中单击打开"排序和筛选"下拉菜单，选择"筛选"命令，

可以在每个列标题后面显示筛选按钮 ⊡ 。

图 4-112　设置自动筛选条件

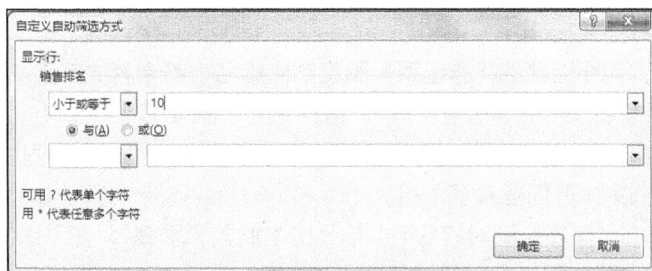

图 4-113　自定义自动筛选方式

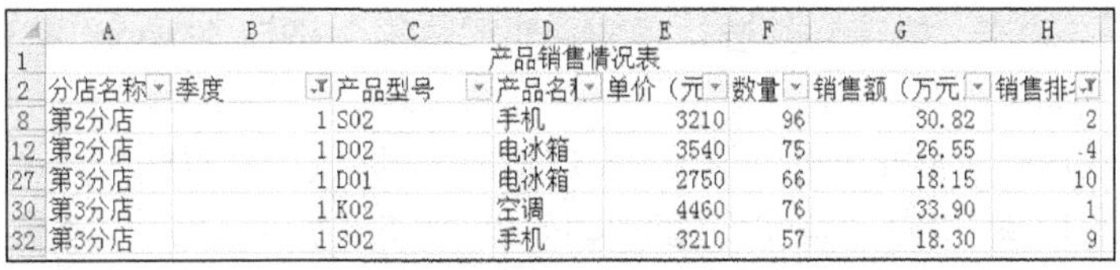

图 4-114　用"自动筛选"筛选出的第一季度且销售排名在前十名的产品

②单击"产品名称"列标题后面的筛选按钮 ⊡ ，在弹出的对话框中取消勾选"全选"复选框，勾选"电冰箱"复选框。

③单击"销售额（万元）"列标题后面的筛选按钮 ⊡ ，在下拉列表中选择"数字筛选"中的"小于或等于"选项，弹出"自定义自动筛选方式"对话框。

④在"销售额（万元）"下拉列表框中选择"小于或等于"选项，在右侧下拉列表框中输入"20"，选择"与"单选按钮，在单选按钮下方的下拉列表框中选择"大于或等于"选项，在右侧下拉列表框中输入"10"，如图 4-115 所示。单击"确定"按钮，自动筛选结果如图 4-116 所示。

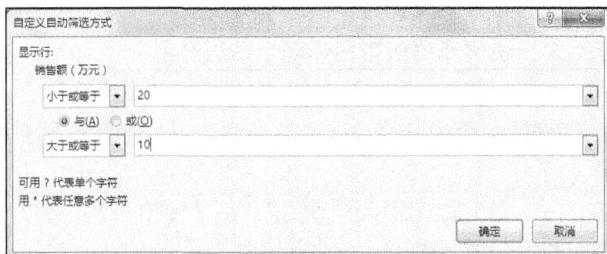

图 4-115　自定义自动筛选"销售额"在 10 万元～20 万元之间的产品

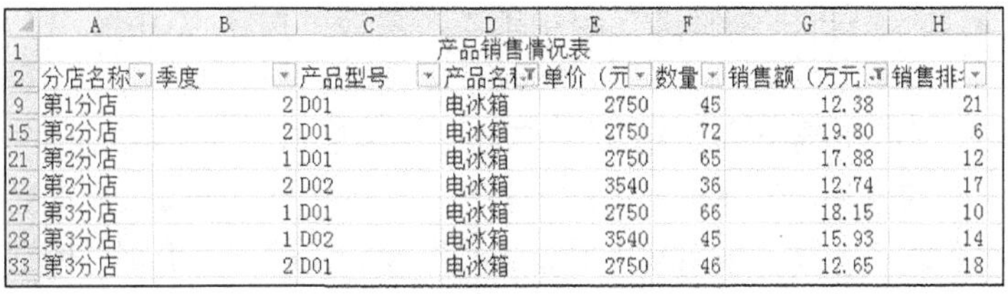

图 4-116　用自动筛选筛选出的销售额在 10 万元～20 万元之间的电冰箱

> **知识词典**　　　筛选完成后，在"排序和筛选"菜单中单击"清除"按钮 ▽ 清除(C)，可清除筛选结果，但仍保持筛选状态，即清除了全部筛选的条件，可以重新设置筛选条件进行筛选。单击筛选按钮 ▽ 筛选(F)，不仅会清除筛选结果，而且会退出筛选状态，回到筛选前的数据表。

4．用高级筛选筛选出第一季度销售排名在前十名的产品

①复制"产品销售情况表"，重命名为"高级筛选1"。在"高级筛选1"表的第一行行号"1"上单击鼠标右键，在弹出的快捷菜单中选择"插入"命令。同样的操作再做两次，就在"高级筛选1"表的第一行前插入了3行。

②在"季度"列对应的B1单元格中输入"季度"，在"销售排名"列对应的H1单元格中输入"销售排名"，即与筛选字段名相同的内容。

③在B2单元格中输入"1"，在H2单元格中输入"<=10"。

④在"数据"选项卡"排序和筛选"组中单击"高级"按钮 ▽高级，打开"高级筛选"对话框。

⑤方式选择"在原有区域显示筛选结果"，单击"列表区域"文本框右侧的 按钮，拖曳鼠标选中A5:H41单元格区域，单击文本框右侧的 按钮。单击"条件区域"文本框右侧的 按钮，拖曳鼠标选中 B1:H2 单元格区域，单击文本框右侧的 按钮。单击"确定"按钮，高级筛选结果如图4-117所示。

	A	B	C	D	E	F	G	H
1		季度						销售排名
2			1					<=10
3								
4					产品销售情况表			
5	分店名称	季度	产品型号	产品名称	单价（元）	数量	销售额（万元）	销售排名
11	第2分店	1	S02	手机	3210	96	30.82	2
15	第2分店	1	D02	电冰箱	3540	75	26.55	4
30	第3分店	1	D01	电冰箱	2750	66	18.15	10
33	第3分店	1	K02	空调	4460	76	33.90	1
35	第3分店	1	S02	手机	3210	57	18.30	9

图4-117　用高级筛选筛选出的第一季度销售排名在前十名的产品

5．用高级筛选筛选出第一季度或销售排名在前十名的产品

①复制"产品销售情况表"，重命名为"高级筛选2"。在"高级筛选2"表的第一行行号"1"上单击鼠标右键，在弹出的快捷菜单中选择"插入"命令。同样的操作再做两次，就在"高级筛选1"表的第一行前插入了3行。

②在"季度"列对应的B1单元格中输入"季度"，在"销售排名"列对应的H1单元格中输入"销售排名"，即与筛选字段名相同的内容。

③在B2单元格中输入"1"，在H3单元格中输入"<=10"。

④在"数据"选项卡"排序和筛选"组中单击"高级"按钮 ▽高级，打开"高级筛选"对话框。

⑤方式选择"在原有区域显示筛选结果"，单击"列表区域"文本框右侧的 按钮，拖曳鼠标选中A5:H41单元格区域，单击文本框右侧的 按钮。单击"条件区域"文本框右侧的 按钮，拖曳鼠标选中 B1:H3 单元格区域，单击文本框右侧的 按钮。单击"确定"按钮，高级筛选结果如图4-118所示。

	A	B	C	D	E	F	G	H
1		季度						销售排名
2			1					<=10
3								
4					产品销售情况表			
5	分店名称	季度	产品型号	产品名称	单价（元）	数量	销售额（万元）	销售排名
6	第1分店	1	D01	电冰箱	2750	35	9.63	29
7	第1分店	1	D02	电冰箱	3540	12	4.25	35
8	第1分店	1	K01	空调	2340	43	10.06	28
9	第1分店	1	K02	空调	4460	8	3.57	36
10	第1分店	1	S01	手机	1380	87	12.01	22
11	第2分店	1	S02	手机	3210	96	30.82	2
14	第1分店	2	K02	空调	4460	68	30.33	3
15	第2分店	1	D02	电冰箱	3540	75	26.55	4
18	第1分店	2	D01	电冰箱	2750	72	19.80	6
19	第2分店	2	K01	空调	2340	79	18.49	8
20	第2分店	1	K01	空调	2340	33	7.72	33
21	第2分店	1	K02	空调	4460	24	10.70	26
22	第2分店	1	S01	手机	1380	65	8.97	31
23	第1分店	1	S02	手机	3210	56	17.98	11
24	第2分店	1	D01	电冰箱	2750	65	17.88	12
30	第3分店	1	D01	电冰箱	2750	66	18.15	10
31	第3分店	1	D02	电冰箱	3540	45	15.93	14
32	第3分店	1	K01	空调	2340	39	9.13	30
33	第3分店	1	K02	空调	4460	76	33.90	1
34	第3分店	1	S01	手机	1380	84	11.59	24
35	第3分店	1	S02	手机	3210	57	18.30	9
37	第3分店	2	D02	电冰箱	3540	64	22.66	5
39	第3分店	2	K02	空调	4460	42	18.73	7

图 4-118　用高级筛选筛选出的第一季度或销售排名在前十名的产品

知识词典　　高级筛选和自动筛选都可以从数据中筛选出符合条件的信息。如果自动筛选的筛选条件是两个及以上，则这几个筛选条件必须是并列关系，才能筛选出同时满足这几个条件的数据。如果几个条件是或者关系，只要满足其一即可，那么用自动筛选无法实现，需要使用高级筛选。

　　高级筛选可以筛选出几个条件同时满足的数据，也可以筛选出几个条件满足其一的数据，即可以筛选出几个条件是并列关系的数据，也可以筛选出几个条件是或者关系的数据。高级筛选需要在工作表中无数据的地方指定一个区域用于存放筛选条件，这个区域就是条件区域。条件区域的第一行是几个筛选条件的字段名（列名）。如果几个条件要同时满足，则高级筛选条件对应的具体筛选信息都写在第二行。例如，筛选出第一季度销售排名在前十名的产品，高级筛选的条件区域如图 4-119 所示。如果几个条件满足其一即可，则高级筛选条件对应的具体筛选信息写在不同行。例如，筛选出第一季度或销售排名在前十名的产品，高级筛选的条件区域如图 4-120 所示。

	A	B	C	D	E	F	G	H
1		季度						销售排名
2			1					<=10
3								

图 4-119　高级筛选第一季度销售排名在前十名的条件区域

	A	B	C	D	E	F	G	H
1		季度						销售排名
2			1					
3								<=10

图 4-120　高级筛选第一季度或销售排名在前十名的条件区域

6. 分类汇总及分类汇总的嵌套

　　①复制"产品销售情况表"，重命名为"分类汇总"。在"分类汇总"表中，选中 A2:H38 单元格区域，在"开始"选项卡"编辑"组中，打开"排序和筛选"下拉菜单，选择"自定义排序"命

令，按主要关键字“季度”的升序和次要关键字“产品名称”的降序进行排序。

②选中 A2:H38 单元格区域，在“数据”选项卡“分级显示”组中，单击“分类汇总”按钮，打开“分类汇总”对话框。在“分类字段”下拉列表中选择“季度”选项，“汇总方式”选择“求和”，在“选定汇总项”列表框中勾选“销售额（万元）”复选框，单击“确定”按钮，如图 4-121 所示。

③选中 A2:H41 单元格区域，在“数据”选项卡“分级显示”组中，单击“分类汇总”按钮，打开“分类汇总”对话框。“分类字段”选择“产品名称”，“汇总方式”选择“求和”，在“选定汇总项”列表框中勾选“销售额（万元）”复选框，取消勾选“替换当前分类汇总”复选框，单击“确定”按钮，如图 4-122 所示。两次分类汇总（即分类汇总的嵌套）结果如图 4-123 所示。

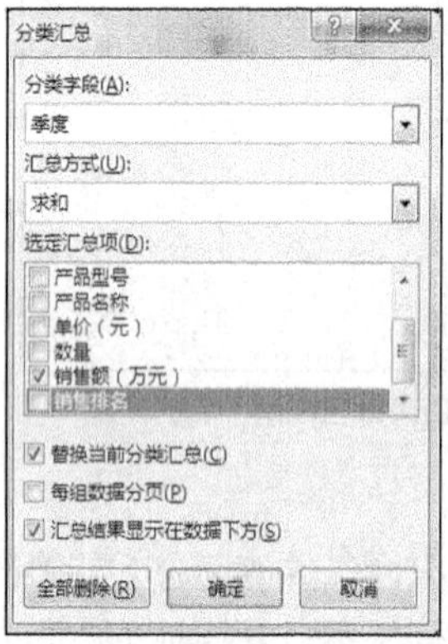

图 4-121　每季度销售额总和

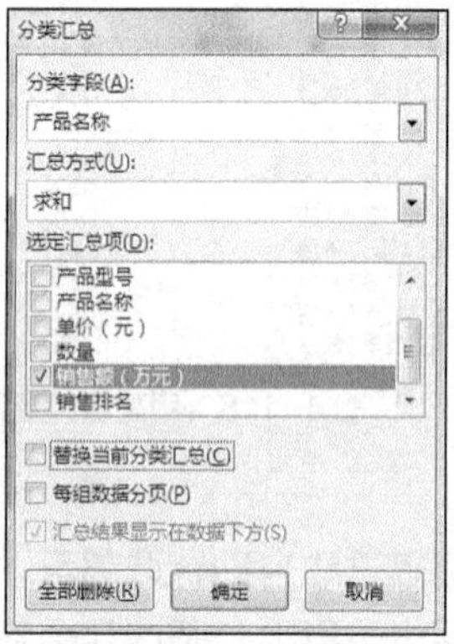

图 4-122　每季度各产品销售额总和

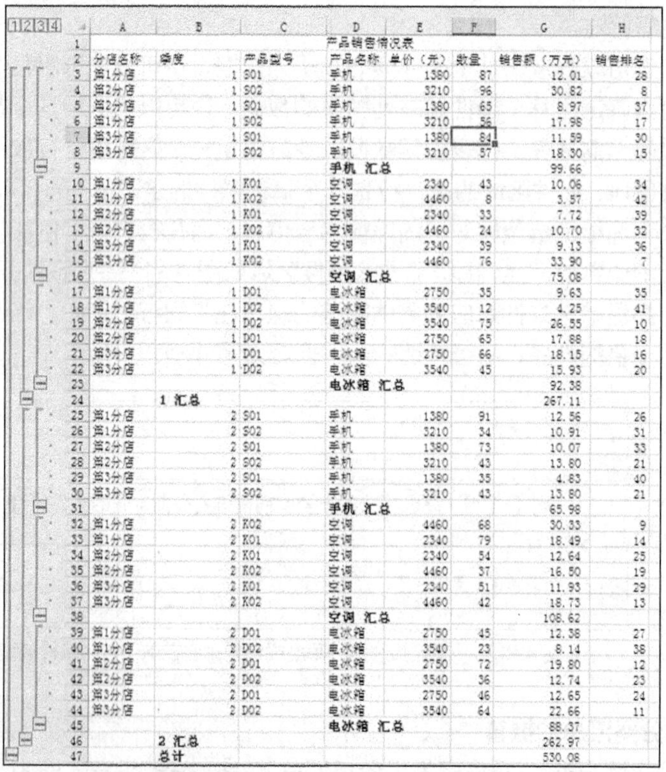

	A	B	C	D	E	F	G	H
1				产品销售情况表				
2	分店名称	季度	产品型号	产品名称	单价（元）	数量	销售额（万元）	销售排名
3	第1分店	1	S01	手机	1380	87	12.01	28
4	第2分店	1	S02	手机	3210	96	30.82	8
5	第2分店	1	S01	手机	1380	65	8.97	37
6	第1分店	1	S02	手机	3210	56	17.98	17
7	第3分店	1	S01	手机	1380	84	11.59	30
8	第3分店	1	S02	手机	3210	57	18.30	15
9				手机 汇总			99.66	
10	第1分店	1	K01	空调	2340	43	10.06	34
11	第1分店	1	K02	空调	4460	8	3.57	42
12	第2分店	1	K01	空调	2340	33	7.72	39
13	第2分店	1	K02	空调	4460	24	10.70	32
14	第3分店	1	K01	空调	2340	39	9.13	36
15	第3分店	1	K02	空调	4460	76	33.90	7
16				空调 汇总			75.08	
17	第1分店	1	D01	电冰箱	2750	35	9.63	35
18	第1分店	1	D02	电冰箱	3540	12	4.25	41
19	第2分店	1	D02	电冰箱	3540	75	26.55	10
20	第2分店	1	D01	电冰箱	2750	65	17.88	18
21	第3分店	1	D01	电冰箱	2750	66	18.15	16
22	第3分店	1	D02	电冰箱	3540	45	15.93	20
23				电冰箱 汇总			92.38	
24		1 汇总					267.11	
25	第1分店	2	S01	手机	1380	91	12.56	26
26	第1分店	2	S02	手机	3210	34	10.91	31
27	第2分店	2	S01	手机	1380	73	10.07	33
28	第2分店	2	S02	手机	3210	43	13.80	21
29	第3分店	2	S01	手机	1380	35	4.83	40
30	第3分店	2	S02	手机	3210	43	13.80	21
31				手机 汇总			65.98	
32	第1分店	2	K02	空调	4460	68	30.33	9
33	第1分店	2	K01	空调	2340	79	18.49	14
34	第2分店	2	K01	空调	2340	54	12.64	25
35	第2分店	2	K02	空调	4460	37	16.50	19
36	第3分店	2	K01	空调	2340	51	11.93	29
37	第3分店	2	K02	空调	4460	42	18.73	13
38				空调 汇总			108.62	
39	第1分店	2	D01	电冰箱	2750	45	12.38	27
40	第1分店	2	D02	电冰箱	3540	23	8.14	38
41	第2分店	2	D01	电冰箱	2750	72	19.80	12
42	第2分店	2	D02	电冰箱	3540	36	12.74	23
43	第3分店	2	D01	电冰箱	2750	46	12.65	24
44	第3分店	2	D02	电冰箱	3540	64	22.66	11
45				电冰箱 汇总			88.37	
46		2 汇总					262.97	
47		总计					530.08	

图 4-123　分类汇总的嵌套结果

> **知识词典**
>
> 分类汇总是把数据先按照某一标准进行分类，然后在分完类的基础上对各类别相关数据分别进行求和、求平均数、求个数、求最大值、求最小值等的汇总。在分类汇总前先要对"分类字段"进行排序，目的是分类，即把同类的数据放在一起，为汇总做准备。如果没有先排序，分类汇总的结果就没有意义。
>
> 在分类汇总数据表的基础上继续添加分类汇总，即分类汇总的嵌套。第二次分类汇总的分类字段是排序的次要关键字。在汇总的结果上继续汇总，可以得到更详细的汇总信息。如本例中，第一次分类汇总的分类字段是排序的主要关键字"季度"，汇总得出每一个季度所有产品的销售额总和；第二次分类汇总的分类字段是排序的次要关键字"产品名称"，汇总得出每一个季度每一种产品的销售额总和。第二次汇总得出的信息比第一次的更详细。
>
> 对于已经分类汇总的工作表，选中表中任意单元格或除表标题外的整个表格，在"数据"选项卡"分级显示"组中，单击"分类汇总"按钮，打开"分类汇总"对话框，单击"全部删除"按钮，可以删除创建的分类汇总。

7. 制作数据透视表

①复制"产品销售情况表"，把复制的工作表命名为"产品销售情况表（2）"。在"产品销售情况表（2）"表中，单击"插入"选项卡"表格"组中的"数据透视表"按钮，打开"创建数据透视表"对话框。

②在"请选择要分析的数据"中选择"选择一个表或区域"选项。在"表/区域"文本框中单击 ↥ 按钮，拖曳鼠标选中 A2:H38 单元格区域，单击文本框后面的 🔽 按钮，回到"创建数据透视表"对话框。

③在"选择放置数据透视表的位置"中选择"新工作表"选项，单击"确定"按钮，此时新建了一个名为"Sheet4"的工作表。

④在工作表名"Sheet4"上单击鼠标右键，在弹出的快捷菜单中选择"重命名"命令，将工作表名改为"数据透视表"，按"Enter"键或者用鼠标在任意单元格单击。

⑤在"数据透视表字段"窗格中，将"选择要添加到报表的字段"列表框中的"分店名称""季度"先后拖曳到"行"下拉列表框中，将"选择要添加到报表的字段"列表框中的"产品名称""产品型号"先后拖曳到"列"下拉列表框中，将"选择要添加到报表的字段"列表框中的"销售额（万元）"拖曳到"值"下拉列表框中，如图 4-124 所示。数据透视表的完成效果如图 4-125 所示。

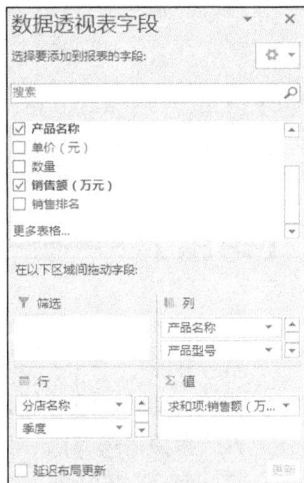

图 4-124 "数据透视表字段"窗格

求和项:销售额(万元)	列标签									
	⊟电冰箱		电冰箱 汇总	⊟空调		空调 汇总	⊟手机		手机 汇总	总计
行标签	D01	D02		K01	K02		S01	S02		
⊟第1分店	22	12.39	34.39	28.548	33.896	62.444	24.564	28.89	53.454	150.288
1	9.625	4.248	13.873	10.062	3.568	13.63	12.006	17.976	29.982	57.485
2	12.375	8.142	20.517	18.486	30.328	48.814	12.558	10.914	23.472	92.803
⊟第2分店	37.675	39.294	76.969	20.358	27.206	47.564	19.044	44.619	63.663	188.196
1	17.875	26.55	44.425	7.722	10.704	18.426	8.97	30.816	39.786	102.637
2	19.8	12.744	32.544	12.636	16.502	29.138	10.074	13.803	23.877	85.559
⊟第3分店	30.8	38.586	69.386	21.06	52.628	73.688	16.422	32.1	48.522	191.596
1	18.15	15.93	34.08	9.126	33.896	43.022	11.592	18.297	29.889	106.991
2	12.65	22.656	35.306	11.934	18.732	30.666	4.83	13.803	18.633	84.605
总计	90.475	90.27	180.745	69.966	113.73	183.696	60.03	105.609	165.639	530.08

图 4-125 数据透视表的完成效果

> **知识词典**
>
> 数据透视表是一种对大量数据快速汇总和建立交叉表的交互式表格，可以进行某些计算，如求和、计数与求平均值等。用户可以转换行来查看数据源的不同汇总结果，也可以显示不同页面来筛选数据，还可以根据要求显示区域中的明细数据。
>
> 之所以称为数据透视表，是因为可以动态地改变它们的版面布置，以便按照不同的方式分析数据，也可以重新安排行号、列号和页字段。每一次改变版面布置时，数据透视表会立即按照新的布置重新计算数据。另外，如果原始数据发生更改，则可以更新数据透视表。
>
> 单击"数据透视表工具–分析"选项卡"活动字段"组中的 字段设置 按钮，在弹出的"值字段设置"对话框中的"值汇总方式"选项卡中，可以修改"值字段汇总方式"的计算类型，如图 4-126 所示。也可以通过在"数据透视表字段"窗格中单击"值"下拉列表框中的"求和项：销售额（万元）"，在弹出的下拉菜单中选择"值字段设置"命令，也可以弹出"值字段设置"对话框，进行计算类型的修改，如图 4-126 所示。

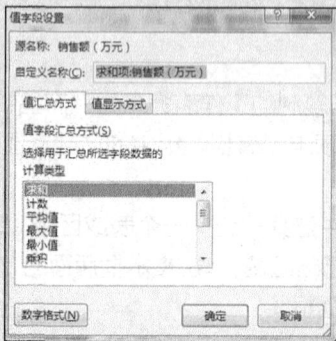

图 4-126　"值字段设置"对话框

◥【习题】

1. Excel 2016 一个工作簿中工作表个数的默认值是（　　）。

    A. 1　　　　　　　B. 16　　　　　　　C. 255　　　　　　D. 3

2. 在 Excel 2016 中输入公式时，如出现"#REF!"提示，表示（　　）。

    A. 运算符号有错　　　　　　　　　B. 没有可用的数值

    C. 某个数字出错　　　　　　　　　D. 引用了无效的单元格

3. 在 Excel 2016 中，文本数据包括（　　）。

    A. 汉字、短语和空格　　　　　　　B. 数字

    C. 其他可输入字符　　　　　　　　D. 以上全部

4. 在 Excel 2016 中，要使 B5 单元格中的数据为 A2 和 A3 单元格中数据之和，而且 B5 单元格中的公式被复制到其他位置时不改变这一结果，可在 B5 单元格中输入公式（　　）。

    A. =$A$2+$A$3　　B. =A2+A3　　　C. A:2+A:3　　　D. =SUM（A2:A3）

5. Excel 2016 的"文件"选项卡中"关闭"命令的作用是（　　）。

    A. 退出 Excel 2016　　　　　　　　B. 关闭当前工作簿

C. 关闭当前工作表 　　　　　　　D. 关闭所有工作簿

6. 在 Excel 2016 中，已知某单元格的格式为 000.00，值为 23.785，则单元格显示的内容为（　　）。

A. 23.78　　　　B. 23.79　　　　C. 23.785　　　　D. 023.79

7. 在 Excel 2016 中，以下操作中不能复制工作表的是（　　）。

A. 选择"开始"选项卡"单元格"组"格式"下拉菜单中的"移动或复制工作表"命令

B. 选择"复制"+"粘贴"命令

C. 按住"Ctrl"键，用鼠标拖曳

D. 用鼠标右键单击工作表，从快捷菜单中选择"移动或复制"命令

8. 在 Excel 2016 中，公式输入完后应按（　　）。

A. "Enter"键　　　　　　　　　B. "Ctrl+Enter"组合键

C. "Shift+Enter"组合键　　　　D. "Ctrl+Shift+Enter"组合键

9. 在 Excel 2016 中，冻结当前工作表的某些部分可使用的命令在（　　）。

A. "开始"选项卡中　　　　　　B. "数据"选项卡中

C. "插入"选项卡中　　　　　　D. "视图"选项卡中

10. 在 Excel 2016 中，如果只需要数据列表中的一部分，可以使用 Excel 2016 提供的（　　）功能。

A. 排序　　　　B. 自动筛选　　　　C. 分类汇总　　　　D. 以上全部

模块5
操作与应用
PowerPoint 2016

05

PowerPoint 2016 是一种功能完善、使用方便并且可塑性较强的演示文稿制作工具。它提供了在计算机中制作演示文稿的各项功能，可以在演示文稿中嵌入视频、音频，以及 Word 或 Excel 等其他应用程序对象，可以方便快捷地制作出图文并茂、有声有色、形象生动的演示文稿。用 PowerPoint 2016 制作的演示文稿可以使用计算机或者投影机直接播放，目前已被广泛应用于公司宣传、产品推介、职业培训及教育教学等领域。

5.1 认知 PowerPoint 2016

5.1.1 几个基本概念

演示文稿是由若干张幻灯片组成的，幻灯片是演示文稿的基本组成单位。以下是要熟悉的 PowerPoint 的几个基本概念。

1. 演示文稿

PowerPoint 文件又称为演示文稿，其扩展名为.pptx。演示文稿由一张张既独立又相互关联的幻灯片组成。

2. 幻灯片

幻灯片是演示文稿的基本组成元素，是演示文稿的表现形式。幻灯片的内容可以有文字、图像、表格、图表、视频和音频等。

3. 幻灯片对象

幻灯片对象是构成幻灯片的基本元素，是幻灯片的组成部分，包括文字、图像、表格、图表、视频和音频等。

4. 幻灯片版式

版式是指幻灯片中对象的布局方式，它包括对象的种类，以及对象和对象之间的相对位置。

5. 幻灯片模板

模板是指演示文稿整体上的外观风格，它包含预定的文字格式、颜色、背景图案等。系统提供了若干模板供用户选用，用户也可以自建模板，或者下载模板。

5.1.2 PowerPoint 2016 窗口的基本组成及其主要功能

1. PowerPoint 2016 窗口的基本组成

PowerPoint 2016 启动成功后，屏幕上会出现 PowerPoint 2016 窗口，该窗口主要由快速访问工具栏、标题栏、功能区、大纲/幻灯片浏览窗格、幻灯片窗格、备注区窗格、视图快捷方式切换按钮、状态栏等组成，如图 5-1 所示。

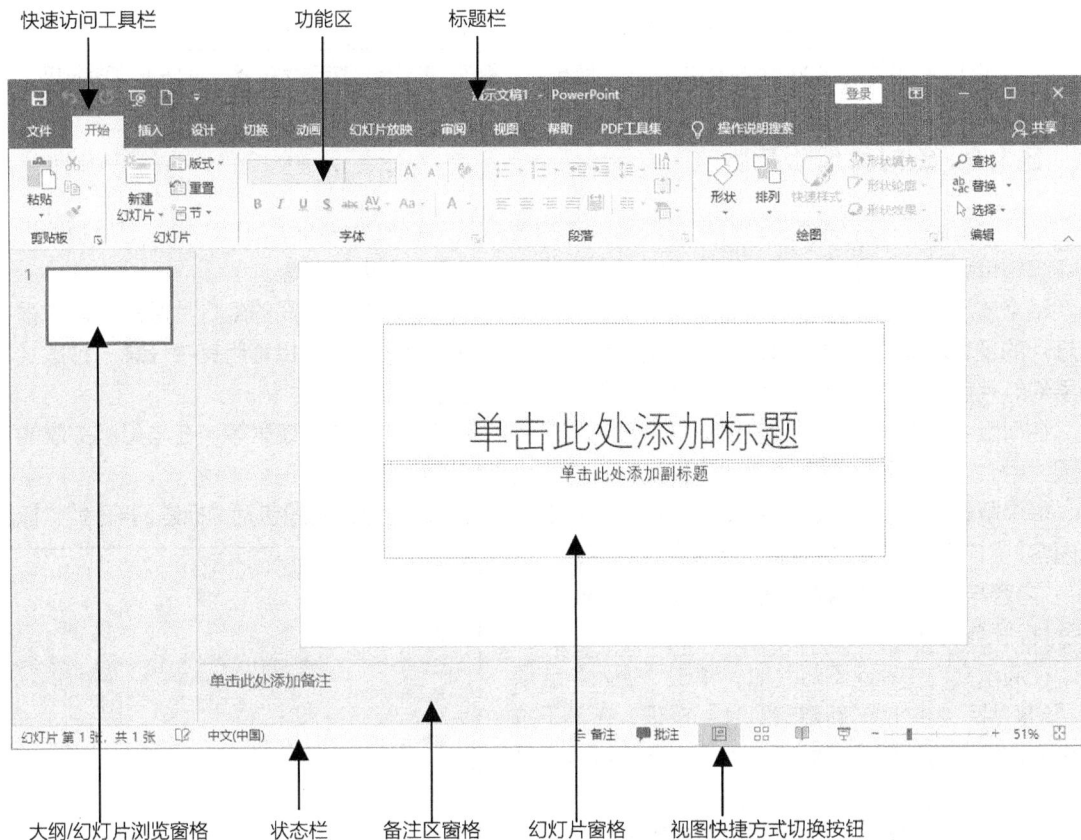

图 5-1　PowerPoint 2016 窗口的基本组成

2. PowerPoint 2016 窗口组成元素的主要功能

扫描二维码，熟悉电子活页中的内容。掌握 PowerPoint 2016 窗口的各个组成元素的主要功能。

5.1.3　PowerPoint 2016 演示文稿的视图类型与切换方式

视图是用户查看幻灯片的方式，PowerPoint 能够以不同的视图类型来显示演示文稿的内容，在不同视图下观察幻灯片的效果有所不同。PowerPoint 2016 提供了多种可用的显示演示文稿的方式，分别是普通、大纲视图、幻灯片浏览、备注页、阅读视图。PowerPoint 2016 窗口下方状态栏中的视图快捷方式如图 5-2 所示，从左至右依次为"普通视图"按钮、"幻灯片浏览"按钮、"阅读视图"按钮和"幻灯片放映"按钮。功能区"视图"选项卡"演示文稿视图"组的视图切换按钮如图 5-3 所示。

扫描二维码，熟悉电子活页中的内容。掌握 PowerPoint 演示文稿各种视图类型的特点和功能。

电子活页 5-1

PowerPoint 2016
窗口组成元素的
主要功能

电子活页 5-2

PowerPoint 2016
演示文稿的视图
类型

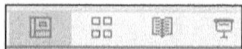
图 5-2 状态栏中的视图快捷方式

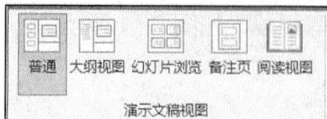
图 5-3 "视图"选项卡"演示文稿视图"组的视图切换按钮

5.1.4 幻灯片母版与版式

幻灯片母版用来存储有关幻灯片主题和版式的信息。在 PowerPoint 2016 中，对母版的设置包括编辑母版、母版版式设置、编辑主题、背景设置、幻灯片大小设置等。

每个演示文稿至少包含一个幻灯片母版，每个母版可能包含多个不同的幻灯片版式。可以根据幻灯片的逻辑功能和布局特点来选择适用的版式，每张幻灯片都可以选择套用其中任意一种版式。如果幻灯片包含多个母版，还可以选择不同母版下的幻灯片版式。

在母版中可以设定幻灯片整体的背景颜色、字体、背景样式、主题效果等。在与母版关联的不同版式中，可以设置结构样式、字体样式、占位符大小和相对位置等。

每个版式可以有不同的命名和适用对象，通常，默认母版的内置主题包括"标题幻灯片""标题和内容""节标题""两栏内容""比较""仅标题""空白""内容与标题""图片与标题""标题和竖排文字""竖排标题与文本"等。

在演示文稿中新建幻灯片时，单击"插入"选项卡"幻灯片"组中的"新建幻灯片"按钮，在其下拉列表中选择所需的版式，即可插入一张新幻灯片，并应用所选的版式。

对于已有的幻灯片，如果需要更新版式，可以先选中幻灯片，再单击鼠标右键，在弹出的快捷菜单中选择"版式"菜单项，在其级联菜单中选择所需的版式应用到当前幻灯片上，如图 5-4 所示，或者单击"开始"选项卡"幻灯片"组中的"版式"按钮，在其下拉列表中选择所需的版式。

1. 幻灯片占位符

图 5-4 在已有幻灯片上更新版式

占位符是版式中的容器，可容纳文本（包括标题、正文文本和项目符号列表等）、图片、图表、表格、SmartArt、媒体（包括音频、影片、动画及剪贴画等）、联机图像等内容，并规定了这些内容放置在幻灯片页面上的默认位置和大小。

基于不同布局形式、大小和位置的各类占位符的设置，构成了各种不同的母版版式。在新建空白幻灯片时，应用某种版式就可以在幻灯片页面上看到相应的占位符占位排版方式。

诸如"单击此处编辑母版标题样式"等文字并不是真实存在的文字内容，而是占位符中的提示信息，并不会在幻灯片播放或打印时显示。在幻灯片的编辑过程中，一旦在占位符里添加了实际内容，这些提示文字就会消失。

占位符是规范和统一幻灯片版式及字体的重要工具，有很多用户在编辑幻灯片时习惯把这些占位符删除，使用"重置"功能可以恢复版式中默认的占位符。单击"开始"选项卡"幻灯片"组中的"重置"按钮，可以恢复当前幻灯片中的占位符。占位符一旦确定，相关内容默认就自动填写在占位符中，并保持固定位置和大小。如使用文字占位符，当文字过多时，默认情况下会自动压缩文字的大小以适应占位符的尺寸大小。如果觉得不妥，可以手动调整占位符的位置和大小。

2. 快速设置版式字体

在幻灯片母版的版式中，可以通过设置主题字体来快速改变其中占位符的字体样式。主题字体中"标题字体"的应用对象是版式中的标题占位符，主题字体中"正文字体"的应用对象包括版式中的副标题、正文、页脚、日期、幻灯片编号等占位符元素。

3. 统一设置页脚信息

通过幻灯片母版中的页脚占位符，可以很方便地在幻灯片中生成统一样式的页脚信息，并且可以让页脚中的幻灯片页码随着幻灯片页数和位置的变化自动更新。

在幻灯片母版视图中，选中当前幻灯片所使用的母版，在页脚的位置会显示日期、页脚信息和代表页码的<#>符号，可以根据需要设定它们的位置、内容和外观样式。

在幻灯片母版中设置完成以后，关闭母版视图，返回幻灯片的编辑模式，单击"插入"选项卡"文本"组中的"页眉和页脚"按钮，在弹出的"页眉和页脚"对话框中，可以选择需要在幻灯片页脚部分显示的信息，包括日期和时间、幻灯片编号和页脚信息，如输入公司名称，如图 5-5 所示。如果不希望在标题幻灯片中显示页脚，还可以在"页眉和页脚"对话框下方勾选"标题幻灯片中不显示"复选框。

图 5-5 "页眉和页脚"对话框

5.2 PowerPoint 2016 基本操作

5.2.1 启动与退出 PowerPoint 2016

【操作 5-1】启动与退出 PowerPoint 2016

电子活页 5-3

启动与退出
PowerPoint 2016

扫描二维码，熟悉电子活页中的内容。选择合适的方法完成启动 PowerPoint 2016、退出 PowerPoint 2016 等操作。

5.2.2 演示文稿基本操作

【操作 5-2】演示文稿基本操作

电子活页 5-4

演示文稿基本
操作

扫描二维码，熟悉电子活页中的内容。选择合适的方法完成以下各项操作。

1. 创建演示文稿

启动 PowerPoint 2016，创建一个新演示文稿。

2. 保存演示文稿

将新创建的演示文稿以名称"【操作5-2】演示文稿基本操作"予以保存，保存位置为"模块5"。

3. 利用模板创建演示文稿

创建基于"水滴"模板的演示文稿，并以名称"利用模板创建演示文稿"予以保存。

4. 关闭演示文稿

关闭演示文稿"【操作5-2】演示文稿基本操作.pptx"。

5. 打开演示文稿

打开演示文稿"【操作5-2】演示文稿基本操作.pptx"。

5.2.3 幻灯片基本操作

【操作5-3】幻灯片基本操作

电子活页5-5

幻灯片基本操作

扫描二维码，熟悉电子活页中的内容。选择合适的方法完成以下各项操作。

1. 添加幻灯片

启动PowerPoint 2016，打开演示文稿"【操作5-3】幻灯片基本操作.pptx"。在该演示文稿第一张幻灯片之前、中间位置、最后一张幻灯之后添加多张空白幻灯片。

2. 选中幻灯片

完成选中单张幻灯片、选中多张连续的幻灯片、选中多张不连续的幻灯片、选中所有幻灯片等操作。

3. 移动幻灯片

采用不同的方法移动幻灯片。

4. 复制幻灯片

采用不同的方法复制幻灯片。

5. 删除幻灯片

采用不同的方法删除幻灯片。

5.3 在演示文稿中重用幻灯片

"重用幻灯片"是指在不打开源演示文稿的情况下，直接从其中导入所需的幻灯片。

【操作5-4】重用幻灯片

电子活页5-6

重用幻灯片

扫描二维码，熟悉电子活页中的内容。选择合适的方法完成以下操作。

1. 创建演示文稿

启动PowerPoint 2016，创建一个新演示文稿，并以名称"重用幻灯片"予以保存。

2. 重用幻灯片

在演示文稿"重用幻灯片.pptx"中以"重用幻灯片"方式插入演示文稿"感恩活动策划.pptx"中的全部幻灯片。

5.4 合并演示文稿

如果需要将另一个演示文稿中的所有幻灯片全部添加到当前演示文稿中，除了前面介绍的"重用幻灯片"的方法，还可以用更快捷的合并功能来实现。

单击"审阅"选项卡"比较"组中的"比较"按钮，在打开的"选择要与当前演示文档合并的文件"对话框中选中需要导入的源演示文档，然后单击下方的"合并"按钮，如图 5-6 所示。接下来单击"审阅"选项卡"比较"组中的"接受"按钮就可以显示导入当前文档中的所有幻灯片，导入的幻灯片会保留原有的样式。最后单击"审阅"选项卡"比较"组中的"结束审阅"按钮，确定修改并退出审阅模式。

图 5-6 "选择要与当前演示文稿合并的文件"对话框

5.5 在演示文稿中设置幻灯片版式与大小

演示文稿中的每张幻灯片都有一定的版式，版式是指幻灯片中对象的布局方式和格式设置。不同的版式拥有不同的占位符，构成了幻灯片的不同布局。PowerPoint 2016 预设多种文字版式、内容版式和其他版式。选择一种版式，就在幻灯片中预先设置了一些占位符。对于输入文字内容的占位符，其功能相当于文本框，在占位符框内可以输入与编辑文字。对于插入表格、图表、SmartArt 图形、图片、形状、视频、音频、图标等对象的占位符，占位符框包含插入这些对象的快捷按钮，可以根据需要单击相应按钮，然后插入对象。

5.5.1 设置幻灯片版式

演示文稿中的幻灯片可以应用某一种模板，模板控制幻灯片的整体外观风格、颜色搭配、字体设置和背景样式等。每一张幻灯片还可以独立使用合适的版式，版式控制每一张幻灯片的布局结构和格式设置。

可以在新建幻灯片时选用合适的版式，也可以重新设置幻灯片的版式，操作方法如下。

①在"普通视图"的幻灯片浏览窗格，或者在"幻灯片浏览视图"中，选中需要设置版式或改

变版式的幻灯片。

②单击"开始"选项卡"幻灯片"组中的"版式"按钮，打开其下拉列表，如图 5-7 所示，选择所需的版式即可。"两栏内容"版式如图 5-8 所示。

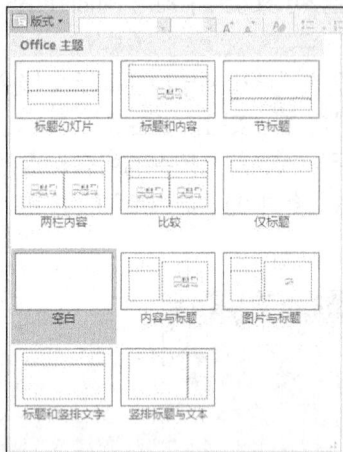

图 5-7　"版式"下拉列表　　　　　　图 5-8　"两栏内容"版式

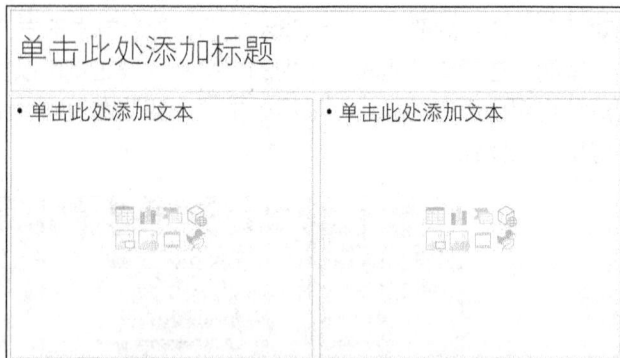

5.5.2　设置幻灯片大小

幻灯片常见的长宽比为标准 4：3 和宽屏 16：9，如果在拥有宽屏的计算机上放映标准 4：3 大小的幻灯片，会在屏幕两侧留下两条黑边。

在调整页面显示比例的同时，幻灯片中所包含的图片和图形等对象也会随比例拉伸变化。因此，通常在制作幻灯片之前就需要设置好幻灯片大小。

1. 自定义幻灯片大小

单击"设计"选项卡"自定义"组中的"幻灯片大小"按钮，在其下拉列表中包括"标准(4：3)" "宽屏(16：9)" "自定义幻灯片大小"选项。选择"自定义幻灯片大小"选项，如图 5-9 所示。

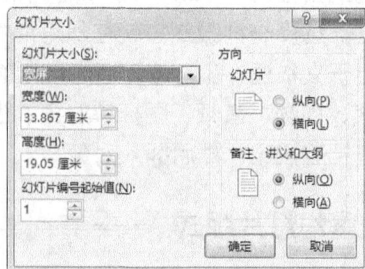

打开"幻灯片大小"对话框，在该对话框中可以分别设置幻灯片大小、宽度、高度、幻灯片编号起始值、方向等，如图 5-10 所示。

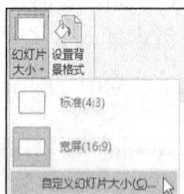

图 5-9　选择"自定义幻灯片大小"选项　　　　图 5-10　"幻灯片大小"对话框

2. 设置适合打印的尺寸

如果需要打印幻灯片，可以像使用 Word 2016 一样把幻灯片的页面调整成纸张的大小。如设置成 A4 纸（210mm×297mm）的大小，同时还可以调整幻灯片的宽度、高度和方向。

把幻灯片设置成纸张的版式，并在 PowerPoint 2016 中进行排版设计，充分利用 PowerPoint 2016 在图文编辑和布局上的便利，不需要借助专业的排版软件也可以轻松地设计出图文并茂的精彩页面。

除计算机屏幕显示、幕布投影以及打印以外，使用幻灯片还可以设计、制作横幅，可以在"幻灯片大小"对话框的"幻灯片大小"下拉列表框中选择"横幅"类型，如图 5-11 所示。

图 5-11 在"幻灯片大小"下拉列表中
选择"横幅"类型

5.6 演示文稿中的内容编辑与格式设置

在演示文稿的幻灯片中可以输入文字，插入表格、图表、SmartArt 图形、图片、形状、视频、音频、图标等媒体对象，还可以对文字和媒体对象进行格式设置，综合应用这些媒体对象可以增强幻灯片的视听效果。

5.6.1 在幻灯片中输入与编辑文字

【操作 5-5】在幻灯片中输入与编辑文字

扫描二维码，熟悉电子活页中的内容。选择合适的方法完成以下操作。

①创建并打开演示文稿"品经典诗词、悟人生哲理.pptx"，在该演示文稿中添加多张幻灯片，各张幻灯片的版式可以分别选择"标题幻灯片""标题和内容""仅标题""标题和竖排文字""空白"等。

②在各张幻灯片中输入"模块 3"中 Word 文档"品经典诗词、悟人生哲理.docx"中的名言名句。

电子活页 5-7

在幻灯片中输入
与编辑文字

5.6.2 在幻灯片中插入与设置媒体对象

在幻灯片中可以插入表格、图表、艺术字、SmartArt 图形、图片、形状、视频、音频等媒体对象，也可以对这些媒体对象进行编辑。

1. 在幻灯片中插入与设置图片

在幻灯片中可以插入多种格式的图片，包括.jpg、.bmp、.gif、.wmf、.png、.svg、.ico 等图片格式。

选中要插入图片的幻灯片，单击"插入"选项卡"图像"组中的"图片"按钮，打开"插入图片"对话框，在该对话框中选择合适的图像文件，然后单击"插入"按钮即可在当前幻灯片中插入图片。

接下来可以在幻灯片中调整图片的大小和位置，还可以使用"图片工具-格式"选项卡设置图片样式、图片边框、图片效果、图片版式，以及裁剪图片、旋转图片。

【操作 5-6】在幻灯片中插入与设置图片

选择合适的方法完成以下操作。

①创建并打开演示文稿"大美九寨沟.pptx"，在该演示文稿中添加多张幻灯片，各张幻灯片的版式可以分别选择"标题和内容""两栏内容""图片与标题""空白"等。

②在各张幻灯片中分别插入文件夹"模块3"中的图片"芦苇海.jpg""树正群海.jpg""五花海.jpg""夏日清凉绿意深.jpg""一湖平静倒影起.jpg"。

2. 在幻灯片中插入与设置形状

在PowerPoint 2016中，形状主要包括线条、矩形、基本形状、箭头总汇、公式形状、流程图、星与旗帜、标注等类，每一类都有多种不同的图形。

单击"插入"选项卡"插图"组中的"形状"按钮，从其下拉列表中选择所需形状，在幻灯片中拖曳鼠标指针绘制图形即可。

插入幻灯片中的形状，可以对其大小和位置进行调整，也可以进行删除，操作方法与Word文档相同。

【操作 5-7】在幻灯片中插入与设置形状

选择合适的方法完成以下操作。

①创建并打开演示文稿"在幻灯片中插入与设置形状.pptx"，在该演示文稿中添加多张幻灯片，各张幻灯片都采用"空白"版式。

②在各张幻灯片中分别插入线条、矩形、基本形状、箭头、公式形状、流程图、星与旗帜、标注，类型自选，数量不限。

3. 在幻灯片中插入与设置艺术字

【操作 5-8】在幻灯片中插入与设置艺术字

扫描二维码，熟悉电子活页中的内容。选择合适的方法完成以下操作。

①创建并打开演示文稿"夏日清凉绿意深.pptx"，在该演示文稿中添加一张幻灯片，该幻灯片采用"空白"版式。

②在幻灯片中插入艺术字"夏日清凉绿意深"。

③将艺术字的样式设置为"图案填充 – 蓝色，着色1，浅色下对角线，轮廓：着色1"。

④将艺术字的文本效果设置为"绿色，8pt发光，个性色6"。

插入艺术字"夏日清凉绿意深"的最终效果如图5-12所示。

图 5-12　插入艺术字"夏日清凉绿意深"的最终效果

4. 在幻灯片中插入与设置 SmartArt 图形

【操作 5-9】在幻灯片中插入与设置 SmartArt 图形

扫描二维码，熟悉电子活页中的内容。选择合适的方法完成以下操作。

①创建并打开演示文稿"活动方案目录.pptx"，在该演示文稿中添加一张幻灯片，该幻灯片采用"空白"版式。

②在幻灯片中插入"垂直图片重点列表"SmartArt图形，设置垂直图片重点列

表项数量为 4 项，颜色选择"彩色范围-个性色 2 至 3"，SmartArt 样式选择"强烈效果"样式。

③在"垂直图片重点列表"SmartArt 图形的各个编辑框中依次输入文字"活动主题""活动目的""活动过程""预期效果"。

④在 SmartArt 图形左侧小圆形中分别插入图片"图片 1.jpg""图片 2.jpg""图片 3.jpg""图片 4.jpg"。SmartArt 图形及其编辑状态如图 5-13 所示。

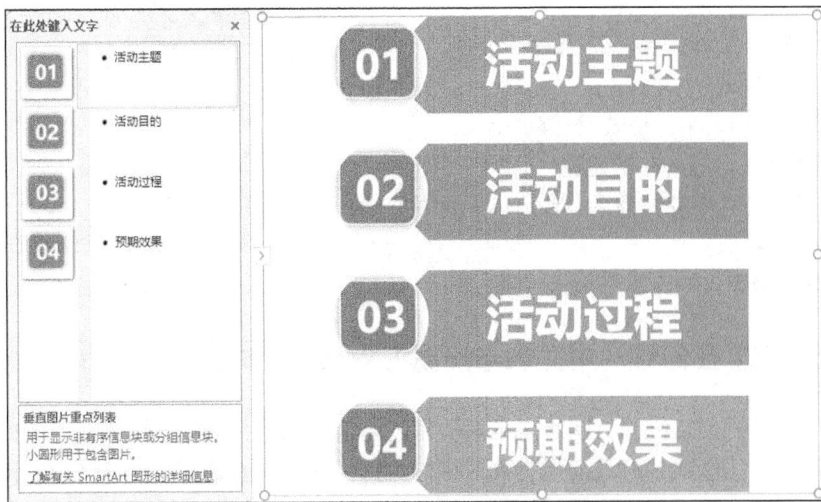

图 5-13　SmartArt 图形及其编辑状态

⑤调整 SmartArt 样式的大小和位置。在幻灯片中插入 SmartArt 图形的最终效果如图 5-14 所示。

图 5-14　在幻灯片中插入 SmartArt 图形的最终效果

5. 在幻灯片中插入与设置文本框

【操作 5-10】在幻灯片中插入与设置文本框

扫描二维码，熟悉电子活页中的内容。选择合适的方法完成以下操作。

①创建并打开演示文稿"在幻灯片中插入与设置文本框.pptx"，在该演示文稿中添加一张幻灯片，该幻灯片采用"空白"版式。

②绘制横排文本框，在文本框中输入文字"勿以恶小而为之，勿以善小而不为"。

③设置文本框中文字的格式。

6. 在幻灯片中插入与设置表格

【操作 5-11】在幻灯片中插入与设置表格

扫描二维码，熟悉电子活页中的内容。选择合适的方法完成以下操作。

（1）创建并打开演示文稿

创建并打开演示文稿"在幻灯片中插入与设置表格.pptx"，在该演示文稿中添加一张幻灯片，该幻灯片采用"空白"版式。

（2）插入表格

插入 6 行 4 列表格，在表格中的标题行分别输入标题文字"序号""图书名称"

电子活页 5-10
在幻灯片中插入与设置文本框

电子活页 5-11
在幻灯片中插入与设置表格

"ISBN""价格"，然后分别输入图书的对应内容。

（3）设置表格文字的格式

将表格中文字的字号设置为"12"，中文字体设置为"宋体"，表格各行都设置为"垂直居中"，表格标题行文字的对齐方式设置为"居中"，第 2 列除标题行之外所有行的对齐方式都设置为"左对齐"，其他列所有行的对齐方式设置为"居中"。

（4）调整表格的行高和列宽

用鼠标拖曳的方法调整表格的行高和列宽。

（5）设置表格样式

"表格样式"选择"中度样式 2-强调 5"。

（6）调整表格在幻灯片中的位置

调整表格在幻灯片中的位置后，6 行 4 列表格的最终效果如图 5-15 所示。

序号	图书名称	ISBN	价格
1	HTML5+CSS3移动Web开发实战	9787115502452	58.00
2	给Python点颜色 青少年学编程	9787115512321	59.80
3	零基础学Python（全彩版）	9787569222258	79.80
4	数学之美（第二版）	9787115373557	49.00
5	自然语言处理入门	9787115519764	99.00

图 5-15　6 行 4 列表格的最终效果

7. 在幻灯片中插入与设置 Excel 工作表

【操作 5-12】在幻灯片中插入与设置 Excel 工作表

电子活页 5-12

在幻灯片中插入与设置 Excel 工作表

扫描二维码，熟悉电子活页中的内容。选择合适的方法完成以下操作。

①创建并打开演示文稿"在幻灯片中插入与设置 Excel 工作表.pptx"，在该演示文稿中添加一张幻灯片，该幻灯片采用"空白"版式。

②在幻灯片中插入 Excel 文档"五四青年节系列活动经费预算.xlsx"。

8. 在幻灯片中插入音频和视频

为了增强演示文稿的效果，可以添加音频，以达到强调或实现特殊效果的目的。在幻灯片中插入音频后，将显示一个表示音频文件的图标。也可以将视频插入幻灯片中。

【操作 5-13】在幻灯片中插入音频和视频

电子活页 5-13

在幻灯片中插入音频和视频

扫描二维码，熟悉电子活页中的内容。选择合适的方法完成以下操作。

①创建并打开演示文稿"在幻灯片中插入音频和视频.pptx"，在该演示文稿中添加两张幻灯片，两张幻灯片都采用"空白"版式。

②在幻灯片中插入音频文件"欢快.mp3"，将音频的开始播放方式设置为"自动"。

③插入视频文件"九寨沟宣传视频.mp4"，将视频播放方式设置为"全屏播放""播放完毕返回开头"。

5.6.3　在幻灯片中插入与设置超链接

超链接用于从幻灯片快速跳转到链接的对象。

【操作 5-14】在幻灯片中插入与设置超链接

电子活页 5-14

在幻灯片中插入与设置超链接

扫描二维码，熟悉电子活页中的内容。打开演示文稿"在幻灯片中插入与设置超链接.pptx"，在该演示文稿中完成以下操作。

1. 连接到已有的 Word 文件

①打开演示文稿"在幻灯片中插入与设置超链接.pptx",选中"目录"幻灯片。

②在幻灯片中选中设置为超链接的文字"活动过程"。

③插入超链接,连接到"模块 5"中的 Word 文档"'五四'晚会活动过程.docx"。

④在幻灯片中设置超链接提示文字"'五四'晚会活动过程"。

2. 连接到同一文稿中的其他幻灯片

①打开演示文稿"感恩活动策划.pptx",选中"目录"幻灯片。

②为"目录"页中的文字"活动目的""活动安排""活动计划""活动过程""活动准备""经费预算"设置超链接,连接到本演示文稿中对应的幻灯片。

5.6.4 在幻灯片中插入与设置动作按钮

PowerPoint 2016 提供了多种实用的动作按钮,可以将这些动作按钮插入幻灯片并为之设置超链接来改变幻灯片的播放顺序。

【操作 5-15】在幻灯片中插入与设置动作按钮

扫描二维码,熟悉电子活页中的内容。选择合适的方法完成以下操作。

①打开演示文稿"感恩活动策划.pptx",选中幻灯片"活动安排"。

②在幻灯片中插入"动作按钮:前进或下一项"按钮▷。

③"单击鼠标时的动作"选择"超链接到",并设置为"下一张幻灯片","播放声音"选择"单击"。

④将动作按钮的外观形状设置为"细微效果-蓝色,强调颜色 1"。

电子活页 5-15

在幻灯片中插入与设置动作按钮

5.6.5 幻灯片中的对象格式设置

1. 文字方向设置

通常状态下看幻灯片的文字,人们习惯从左到右横着看,其实试试把文字竖着写、斜着写、十字交叉写、错位写,会让文字别具魅力。

①一般的幻灯片中,文字采用左右横置,符合阅读习惯。

②汉字是方块字,可以竖直排列。竖式阅读是从上到下,从右往左看,加上竖式线条修饰更有助于观看者保持阅读方向。

③无论是中文还是英文,都可以把文字斜向排列,斜向排列的文字往往打破了大家默认的阅读视野,有很强的冲击力。如果文字斜向排列,就不宜太多。斜向文字往往需要配图美化,配图的一个技巧是使图片和文字的角度呈 90°,让观看者顺着图片把注意力集中到斜向文字上。

2. 文字修饰与美化

幻灯片中常规的艺术修饰效果有加粗、斜体、划线、阴影、删除线、密排、松排、变色、艺术字等,艺术字样式有文本填充(填充文字内部的颜色)、文本轮廓(填充文字外框的颜色)和文本效果(设置文字阴影等特效)。艺术字特效里面还有一种特殊的转换特效,可以制作出各种弯曲的字体,配合拉伸调整和换行操作,可以呈现出非常有趣的效果。

在幻灯片中,将文字用各种形状包围,可获得更具修饰感的文字形状,利用形状组合和颜色遮挡可以获得一些特殊的效果。

①用轮廓线美化文本：添加轮廓线美化标题文字。

②使用精美的艺术字：为选择的文字添加艺术字效果。

③快速美化文本框：设置文本框边框与填充效果。

④格式刷引用文本格式：使用格式刷保证格式相同。

3. 幻灯片段落排版

单击"开始"选项卡"段落"组右下角的 按钮，打开"段落"对话框，在该对话框中可以设置对齐方式、缩进、行距和段间距。

电子活页 5-16

扫描二维码，熟悉电子活页中的内容。掌握设置行间距、段落间距、缩进和文字的对齐方式的方法。

幻灯片段落排版

4. 在幻灯片中使用默认样式

扫描二维码，熟悉电子活页中的内容。掌握在幻灯片中使用默认线条、形状、文本框样式的方法。

5.7 演示文稿主题选用与母版使用

电子活页 5-17

演示文稿的主题可以让演示文稿具有独特的外观，既与众不同，又风格统一。通过母版可以很方便设置幻灯片的版式，使人们在使用 PowerPoint 时更加得心应手。幻灯片母版是存储设计模板信息的幻灯片，包括字形、占位符大小或位置、背景设计和配色方案等。

在幻灯片中使用
默认样式

5.7.1 使用主题统一的幻灯片风格

扫描二维码，熟悉电子活页中的内容。掌握在幻灯片中使用主题统一的幻灯片风格的各种方法，包括用好 PowerPoint 主题、快速更换主题、新建自定义主题、设置背景样式等。

电子活页 5-18

5.7.2 幻灯片快速调整字体

1. 全局性快速更改字体

使用主题统一的
幻灯片风格

有时候幻灯片设计者希望将整个演示文稿中的所有文字统一成某类指定字体，这种全局性更改字体的需求在许多时候可以通过在"设计"选项卡"变体"组中选择"字体"级联选项中的某种字体来实现。

在默认情况下，使用占位符生成的文本或新插入的文本框、形状、图表等对象中的文字都会自动套用主题字体，这些统一使用主题字体的文字内容，其字体类型会随着"主题"中"字体"的更改而自动同步更新。因此，只要没有对文字对象设置过主题字体以外的其他自选字体，就可以通过这个功能快速地实现全局性的字体更改。

除了内置的主题字体以外，还可以创建自定义的主题字体方案，一个完整的主题字体方案包括西文和中文、标题字体和正文字体 4 种字体类型的组合。新建主题字体的方法为：在"设计"选项卡"变体"组中单击"其他"按钮 ，在其下拉菜单中选择"字体"级联菜单中最下方的"自定义字体"命令，打开"新建主题字体"对话框。西文标题字体选择"Arial Black"，西文正文字体选择

"Times New Roman"，中文标题字体选择"微软雅黑"，中文正文字体选择"黑体"，将名称设置为"我的主题字体 1"，如图 5-16 所示。

可以根据实际需要设置幻灯片中任意一种文字的字体，幻灯片文档中的文本内容会根据自身文字的类别自动改变字体。标题占位符的文本自动对应使用"标题"字体，其他文本则自动对应使用"正文"字体。

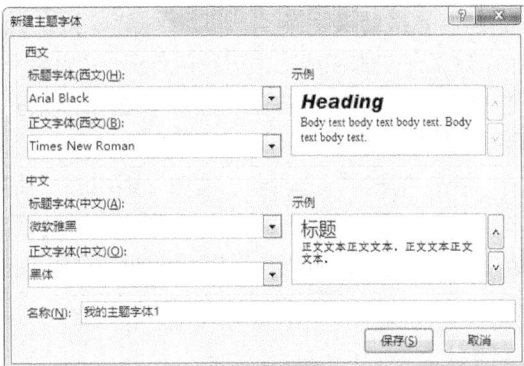

图 5-16　"新建主题字体"对话框

2. 通过大纲视图更改字体

如果在幻灯片的设计过程中，使用页面中的占位符进行内容和文字的编辑，那么还可以通过大纲视图来批量设置一页幻灯片或多页幻灯片中的文字字体。

①切换至大纲视图。

②在左侧大纲窗格选中需更改字体的文字。

- 选中某张幻灯片中的文字：单击左侧幻灯片的图标即可选中其中的文字。
- 区域选取：选中开头，然后按住"Shift"键，选中结尾。
- 不连续选取：按住"Ctrl"键，分别拖曳鼠标指针选择不连续的区域。
- 全部选中：按"Ctrl+A"组合键。

③在"开始"选项卡"字体"组中更改新字体。

使用大纲方式设置统一字体，不仅可以设置字体类型，还可以设置字体颜色和字号等，更加灵活方便。

更改段落文字以后单击鼠标右键，在弹出的快捷菜单中选择"升级"或"降级"命令即可调整大纲级别。

3. 通过母版版式更换字体

对于使用占位符编辑演示文稿中的文字内容的情况，在母版的版式中直接更改占位符的字体样式可以影响到整个演示文稿中使用此版式的所有幻灯片中的字体。比使用主题字体设置全局字体更有利的是，这种方法不仅可以设置字体类型，还可以设置字体大小和样式。

如果要对所有版式中的占位符字体进行统一修改，可以直接在母版视图中进行设置，而不需要单独对每一个版式进行操作。如想要整体设置标题的字体，可以直接在母版视图中设置标题占位符的字体。

如果想要知道某个版式的应用情况，可以在母版视图下将光标放置在这个版式上停留，系统就会自动弹出一个信息框，显示该版式正在被哪些幻灯片使用，如图 5-17 所示，"标题和内容"版式由幻灯片 2、4～5、8 使用。如果母版的某个版式正在被某些幻灯片使用，就无法对这个版式执行删除操作。

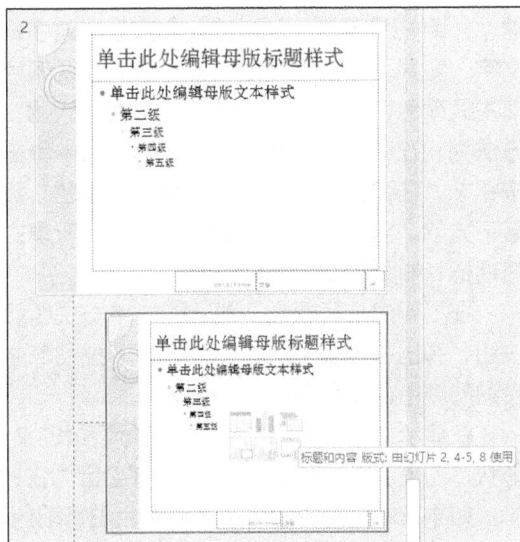

图 5-17　显示该版式正在被哪些幻灯片使用

4. 直接替换字体

除了在主题和母版上进行操作外，PowerPoint 2016 还支持直接根据现有字体的类型来进行一对一替换。使用这一方法进行字体替换比较有针对性，每次可以只对同一种字体的文字起作用，不会影响其他文字。

单击"开始"选项卡"编辑"组中的"替换"下拉按钮，在展开的下拉菜单中选择"替换字体"命令，如图 5-18 所示。在弹出的"替换字体"对话框中分别设置被替换的字体（如"华文行楷"）和替换的目标字体（如"微软雅黑"），如图 5-19 所示，单击"替换"按钮，即可完成字体替换操作。

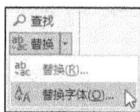

图 5-18　在"替换"下拉菜单中
选择"替换字体"命令

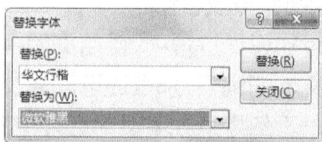

图 5-19　"替换字体"对话框

5.7.3　幻灯片更换与应用配色方案

1. 设置主题颜色

优秀的配色方案不仅能带来愉悦的视觉感受，还能起到调节页面视觉平衡，突出重点内容等作用。PowerPoint 2016 预置了数十种配色方案，以"主题颜色"的方式提供。

在"设计"选项卡"变体"组中单击"其他"按钮，可以在"颜色"级联选项中选择不同的内置配色方案，但内置的配色方案不能自行更改。

每一种配色方案由一组包含 12 种主题颜色（文字/背景-深色 1、文字/背景-浅色 1、文字/背景-深色 2、文字/背景-浅色 2、着色 1、着色 2、着色 3、着色 4、着色 5、着色 6、超链接、已访问的超链接）的配置组成，这 12 种主题颜色所构成的配色方案决定了幻灯片中的文字、背景、图形和超链接等对象的默认颜色。通过新建主题颜色可以自定义主题颜色方案。新建主题颜色的方法为：在"设计"选项卡"变体"组中单击"其他"按钮，在弹出的下拉菜单中选择"颜色"级联菜单中最下方的"自定义颜色"命令，打开"新建主题颜色"对话框，如图 5-20 所示。

在"新建主题颜色"对话框中单击主题颜色对应的按钮，弹出主题颜色下拉列表，在下拉列表中可以选择合适的颜色，如图 5-21 所示。

图 5-20　"新建主题颜色"对话框

在演示文稿中使用主题颜色进行设置的文字、线条、形状、图表、SmartArt 等对象，都会因为主题颜色的更换而随之改变它们的颜色。

如果在幻灯片中使用了主题颜色进行配色，那么当这个幻灯片被复制到其他演示文稿中时，就会自动被新演示文稿的主题颜色所替代。如果希望保留原来的颜色，可以在粘贴幻灯片时选择"保

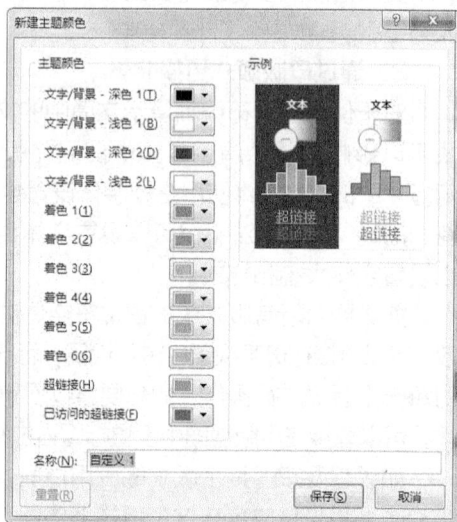

留源格式"选项 进行粘贴，如图 5-22 所示。如果在幻灯片中所使用的是自定义颜色，那么将幻灯片复制到别处以后仍能保留原来的颜色配置方案。

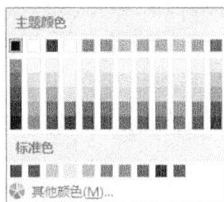

图 5-21　主题颜色下拉列表　　　　　图 5-22　粘贴幻灯片时选择"保留源格式"选项

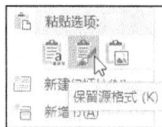

2. 屏幕取色

PowerPoint 2016 提供了"取色器"，可以在整个屏幕中鼠标指针能够到达的位置提取颜色，并填充到希望设置的形状、边框、底色等需要调整颜色的地方。

①在幻灯片中插入待设置颜色的形状。

②选中幻灯片中需要调整颜色的形状。

③在"绘图工具-格式"选项卡中单击"形状填充"按钮，在其下拉菜单中选择"取色器"命令，如图 5-23 所示。

④将鼠标指针 移至待取色的区域并单击，则已选择形状的填充颜色将自动设置为所取颜色。

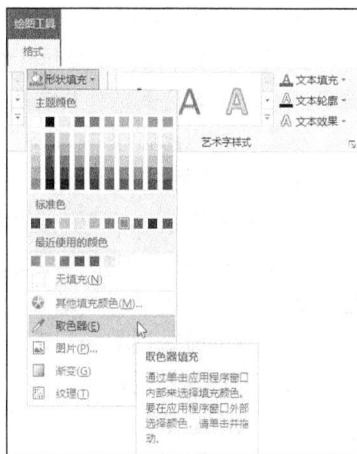

5.7.4　幻灯片设置与应用主题样式

在幻灯片中所使用到的图片、表格、图表、SmartArt 图形和形状等对象都可以通过快速样式库快速设置成不同的样式，幻灯片中形状的快速样式库如图 5-24 所示。这些样式可以应用在形状对象上的线条、填充、阴影效果、映像效果等方面，以形成不同外观。

图 5-23　在"形状填充"下拉菜单中选择"取色器"命令

使用同一个主题样式，可以在不同的形状、图表、SmartArt、图片等对象上形成风格一致的样式效果。如果选择的主题样式发生改变，这些幻灯片对象的外观样式也会随之发生相应的变化，但风格依然保持一致。

幻灯片通过更换不同的主题样式，可以变换快速样式库中的不同样式效果。每一个主题样式都分别对应了一组不同的样式效果，并且在形状、图表、SmartArt 等不同对象的快速样式库中具备一致的风格。

5.7.5　幻灯片模板设计

一套幻灯片模板通常包括以下基本组成要素：主题颜色、主题字体、封面版式、封底版式、目录版式、正文版式。还可以有选择地设置主题效果、背景色或背景图案及其他装饰元素。

对于企业的幻灯片模板，主题效果还需要考虑与企业的整体视觉形象方案匹配，装饰元素可以考虑加入企业标志或其他与企业文化相

图 5-24　形状的快速样式库

关的素材。

1．选择配色

设计幻灯片模板时，首先选择文字颜色和背景颜色，可以使用取色工具来获取所需颜色。

设置好主题颜色后，自定义一套新的主题色系，将选择的颜色添加到主题色系中，方便使用。

主题颜色中设置的颜色可以显示在"主题颜色"色板中，因此可以将经常需要用到的颜色添加到自定义的主题颜色方案中。

2．选择字体

通常使用非衬线体的微软雅黑字体作为主要字体。可以在主题中新建主题字体，设置标题和正文的字体方案。

3．封面页版式设计

封面页设计主要考虑封面标题的位置和样式，可以使用图形或图片加以修饰，但应注意不要喧宾夺主，适当留白有时候能显得更加大气。

在幻灯片母版视图中可以选中"标题幻灯片"版式进行封面页版式设计。

4．目录页版式设计

目录页从内容上来说主要用于放置幻灯片文档的标题。在幻灯片每部分的前后承接位置，一般情况下都需要重复出现目录页以便观众能够注意到当前即将进入的逻辑单元，因此目录页很多时候也称为转场页，用于不同逻辑段落之间的衔接和过渡。

在幻灯片母版视图中新建一个版式，命名为"目录页面"，进行目录页面版式设计。

5．正文版式设计

正文页面主要关注文字段落的样式和排版，页面布局上考虑更多留白，有时还要考虑幻灯片页码、页脚的设置。

在幻灯片母版视图中可以选中"标题和内容"版式进行正文版式设计。

6．封底版式设计

可以对封面页进行一些变换后得到与之相呼应的封底页面。在幻灯片母版视图中新建一个版式，命名为"封底页面"，然后进行封底版式设计。

除了上述几项基本要素以外，还可以增加表格类、图表类的版式设计，以及在模板中事先统一图形样式等。

7．保存模板

模板设置完成后，可以单击"文件"选项卡，显示"信息"界面，单击界面左侧的"另存为"命令，将模板保存为 PowerPoint 模板文件，便于分享和应用。

5.7.6　幻灯片和幻灯片页面元素复制

要在当前演示文稿中导入其他演示文稿中的幻灯片，可以采用"复制+粘贴"的方式实现。

1．采用单个命令复制幻灯片

在幻灯片浏览窗格中的幻灯片缩略图上单击鼠标右键，在弹出的快捷菜单中选择"复制幻灯片"命令，如图 5-25 所示，即可直接为当前选择

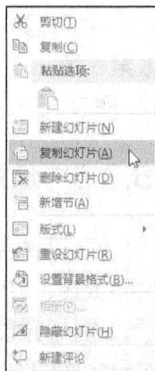

图 5-25　在快捷菜单中选择"复制幻灯片"命令

的幻灯片复制一个备份，相当于"复制+粘贴"两步操作。

2. 采用两个命令复制幻灯片

首先在幻灯片浏览窗格中选中需要复制的幻灯片缩略图，在"开始"选项卡"剪贴板"组中单击"复制"按钮，将所选幻灯片复制到剪贴板中。这一操作也可以通过在待复制幻灯片的缩略图上单击鼠标右键，在弹出的快捷菜单中选择"复制"命令来完成。

然后切换到当前演示文稿，在幻灯片浏览窗格中需要插入幻灯片的位置单击鼠标右键，在弹出的快捷菜单中有 3 个粘贴选项，分别是"使用目标主题""保留源格式""图片"，如图 5-26 所示，根据需要选择一个粘贴选项即可。

①使用目标主题：将当前幻灯片所使用的主题和版式应用到导入的幻灯片中。如果导入的幻灯片所使用的颜色和字体源于源主题字体，则会以当前主题中的相应设置进行替换，采用的版式中如果包含背景，也会被替换。

②保留源格式：会将源幻灯片所使用的幻灯片母版和整套版式一同导入当前的演示文稿中。粘贴后的幻灯片保留原有的背景、字体、颜色和其他外观样式。

③图片：在当前幻灯片上粘贴一张与源幻灯片外观完全一致的图片，但无法更改和编辑内容。

3. 复制幻灯片页面元素

如果需要从其他幻灯片中复制页面元素，则首先在源幻灯片中直接选中页面元素进行复制，然后切换到当前编辑的幻灯片页面，单击鼠标右键，弹出快捷菜单，在"粘贴选项"中同样包含 3 种粘贴方式："使用目标主题""保留源格式""图片"，如图 5-27 所示，根据需要选择一个粘贴选项即可。

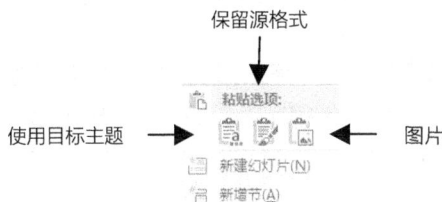

图 5-26　粘贴幻灯片时的 3 个粘贴选项

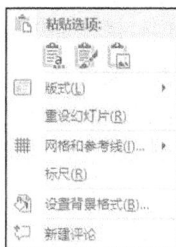

图 5-27　粘贴页面元素时的 3 个粘贴选项

> **说明**　如果复制的是纯文本，粘贴幻灯片或粘贴页面元素时还会多一个"只保留文本"粘贴选项，表示只将文本内容粘贴到当前幻灯片中，不再保留复制文本原有主题和版式对应的格式设置。

5.7.7　设置幻灯片背景

幻灯片的背景为演示文稿增添了个性化效果。幻灯片的背景包括纯色、渐变、图片、纹理和图案等类型。演示文稿中的每一张幻灯片可以具有相同的背景，也可以具有不同的背景。

选中一张或多张幻灯片，单击"设计"选项卡"自定义"组中的"设置背景格式"按钮，显示"设置背景格式"窗格，如图 5-28 所示。

【操作 5-16】设置幻灯片背景

扫描二维码，熟悉电子活页中的内容。打开演示文稿"设置幻灯片背景.pptx"，在该演示文稿中完成以下操作。

1. 设置背景纯色填充颜色

为第 2 张和第 3 张幻灯片的背景设置纯色填充颜色，颜色自行选择。

图 5-28 "设置背景格式"窗格

2. 设置背景渐变填充颜色

为第 4 张和第 5 张幻灯片的背景设置渐变填充颜色，预设颜色、类型、方向、角度、渐变光圈等选项自行确定。

3. 设置背景图片或纹理填充效果

为第 6 张幻灯片设置背景图片，在"插入图片"对话框中选择"模块 5"中的图片"感谢一路有你.jpg"作为背景图片。

为第 7 张幻灯片设置纹理填充效果，纹理类型自行选择。

4. 设置背景的图案填充效果

为第 8 张和第 9 张幻灯片设置不同的图案填充效果，图案类型、前景颜色、背景颜色自行确定。

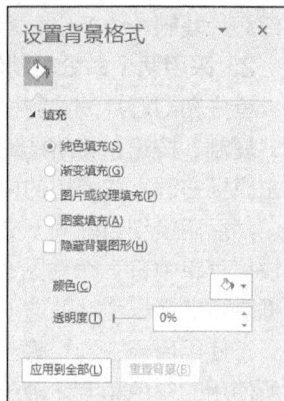

5.7.8　在演示文稿中使用母版

演示文稿可以通过设置母版来控制幻灯片的外观效果，幻灯片母版保存了幻灯片颜色、背景、字体、占位符大小和位置等项目，其外观直接影响到演示文稿中的每张幻灯片，并且以后新插入的幻灯片也会套用母版的风格。

PowerPoint 2016 中的母版分为幻灯片母版、讲义母版和备注母版 3 种类型。幻灯片母版用于控制幻灯片的外观，讲义母版用于控制讲义的外观，备注母版用于控制备注的外观。由于它们的设置方法类似，这里只介绍幻灯片母版的使用方法。

单击"视图"选项卡"母版视图"组中的"幻灯片母版"按钮可以进入母版视图，如图 5-29 所示。

幻灯片母版包含 5 个占位符（由虚线框所包围），分别为标题区、对象区、日期区、页脚区和数字区，可以利用"开始"选项卡"字体"组和"段落"组中的各个选项对标题、正文内容、日期、页脚和数字的格式进行设置，也可以改变这些占位符的大小和位置。在母版中进行的设置，会使所有幻灯片发生改变。

图 5-29 母版视图

将幻灯片母版设置完成后，单击"幻灯片母版"选项卡"关闭"组中的"关闭母版视图"按钮即可退出母版视图。

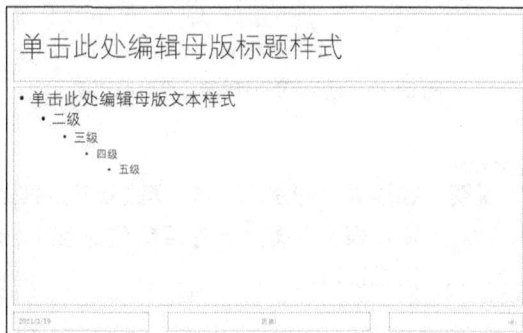

5.7.9　在幻灯片中制作备注页

演示文稿一般都为大纲性、要点性的内容，针对每张幻灯片可以添加备注，以便记忆某些内容，也可以将幻灯片和备注一同打印出来。

①选中需要添加备注的幻灯片。

②单击"视图"选项卡"演示文稿视图"组中的"备注页"按钮，切换到备注页视图，在幻灯片的下方出现占位符，单击占位符，输入备注内容即可。

③单击"视图"选项卡中的"普通视图"按钮，或者直接单击状态栏的"普通视图"快捷方式 ▣，切换到普通视图状态。

> **提示** 在"普通视图"或"大纲视图"下，单击"视图"选项卡"显示"组中的"备注"按钮，使其处于选中状态，或者直接单击状态栏的"备注"按钮 ≐ 备注，将在幻灯片窗格下方显示"备注"窗格。在"备注"窗格中单击就可以进入编辑状态，可以直接在其中输入备注内容。

5.8 演示文稿动画设置与放映操作

演示文稿通常使用计算机和投影仪联机播放，设置幻灯片中文本和对象的动画效果，以及幻灯片的切换效果，有助于增强趣味性、吸引观看者的注意力，实现更好的演示效果。

5.8.1 设置幻灯片中对象的动画效果

在演示文稿中进行幻灯片中对象动画效果的设置，可以使幻灯片中的文本、图像、自选图形和其他对象在播放幻灯片时具有动画效果。

【操作 5-17】设置幻灯片中对象的动画效果

扫描二维码，熟悉电子活页中的内容。打开演示文稿"演示文稿动画设置.pptx"，在该演示文稿中完成以下操作。

电子活页 5-20

设置幻灯片中对象的动画效果

①设置第 1 张幻灯片中主标题"五四青年节活动方案"的动画效果，动画类型选择"劈裂"，将效果选项设置为"左右向中央收缩"，将开始播放方式设置为"从上一项开始"。

②设置第 1 张幻灯片中艺术字"传承五四精神、焕发青春风采"的动画效果，动画类型选择"擦除"，将效果选项设置为"自底部"，将开始播放方式设置为"上一动画之后"，将持续时间设置为"02.50"。

③设置第 1 张幻灯片中文字"明德学院　团委、学生会"的动画效果，动画类型选择"缩放"，"效果选项"采用默认设置，将开始播放方式设置为"上一动画之后"，"持续时间"采用默认设置。

④调整动画效果的顺序。

⑤预览动画效果。如果选中幻灯片，"动画窗格"中的"播放自"按钮会变成"全部播放"按钮，单击该按钮可以播放一张幻灯片中设置的全部动画。

5.8.2 设置幻灯片切换效果

幻灯片切换是指在幻灯片放映时，从上一张幻灯片切换到下一张幻灯片的方式。为幻灯片切换设置切换效果同样可以提高演示文稿的趣味性，从而吸引观看者的注意力。

【操作 5-18】设置幻灯片切换效果

电子活页 5-21

设置幻灯片切换
效果

扫描二维码，熟悉电子活页中的内容。打开演示文稿"设置幻灯片切换效果.pptx"，在该演示文稿中完成以下操作。

1．为幻灯片添加切换效果

为第 1 张幻灯片设置"覆盖"切换效果，"效果选项"选择"自左侧"。

2．设置切换效果的计时与换片方式

将持续时间设置为"03.00"s。

3．设置切换效果的换片方式与切换声音

"换片方式"选择"单击鼠标时"，幻灯片切换时声音选择"照相机"。

5.8.3　幻灯片放映排练计时

幻灯片放映的排练计时是指在正式演示之前，对演示文稿进行放映，同时记录幻灯片之间切换的时间间隔。用户可以进行多次排练，以获得最佳的时间间隔。

幻灯片放映的排练计时操作方法如下。

单击"幻灯片放映"选项卡"设置"组中的"排练计时"按钮，打开"录制"工具栏，如图 5-30 所示，在"幻灯片放映时间"框中开始对演示文稿计时。

如果要播放下一张幻灯片，则单击"下一项"按钮 →，这时计时器会自动记录该幻灯片的放映时间；如果需要重新开始计时当前幻灯片的放映，则单击"重复"按钮 ↻；如果要暂停计时，则单击"暂停"按钮 ▮▮ 。

放映完毕后，打开确认保留排练时间的对话框，如图 5-31 所示，单击"是"按钮，就可以使记录的时间生效。

图 5-30　"录制"工具栏

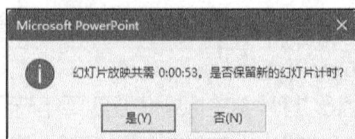

图 5-31　确认保留排练时间的对话框

5.8.4　幻灯片放映操作

在 PowerPoint 2016 中，放映演示文稿的方法有如下几种。

【方法 1】单击 PowerPoint 2016 窗口状态栏中的"幻灯片放映"按钮 ▭ 。

【方法 2】单击"幻灯片放映"选项卡"开始放映幻灯片"组中的"从头开始"按钮或者"从当前幻灯片开始"按钮，如图 5-32 所示。

【方法 3】按"F5"键从第一张幻灯片开始放映。

【方法 4】按"Shift+F5"组合键从当前幻灯片开始放映。

图 5-32　单击"幻灯片放映"选项卡
"开始放映幻灯片"组的按钮

1. 设置放映方式

单击"幻灯片放映"选项卡"设置"组中的"设置幻灯片放映"按钮,打开"设置放映方式"对话框,在该对话框中可以设置"放映类型""放映选项""放映幻灯片"。这里在"放映类型"区域选择"演讲者放映(全屏幕)"单选按钮,在"放映选项"区域勾选"放映时不加旁白"复选框,在"放映幻灯片"区域选择"全部"单选按钮,如图 5-33 所示,设置完成后单击"确定"按钮。

2. 观看放映

单击"幻灯片放映"选项卡"开始放映幻灯片"组中的"从头开始"按钮,从第一张幻灯片开始放映,中途要结束放映时,可以单击鼠标右键,在弹出的快捷菜单中选择"结束放映"命令,或者按"Esc"键终止放映。

图 5-33 "设置放映方式"对话框

3. 控制幻灯片放映

放映幻灯片时可以控制放映某一张幻灯片,其操作方法是在屏幕上单击鼠标右键,在弹出的快捷菜单中通过选择"下一张"命令或"上一张"命令切换幻灯片。也可以选择"查看所有幻灯片"命令,显示当前播放的演示文稿中所有的幻灯片,单击需要放映的幻灯片即可定位到该幻灯片进行播放。

4. 放映时标识重要内容

在放映过程中,演讲者可能希望对幻灯片中的重要内容进行强调,可以使用 PowerPoint 2016 提供的绘图功能,直接在屏幕上进行涂写。

放映幻灯片时在屏幕上单击鼠标右键,弹出快捷菜单,在"指针选项"级联菜单中选择"激光笔""笔"或者"荧光笔"命令,如图 5-34 所示,然后按住鼠标左键,可以在幻灯片上直接书写或绘画,但不会改变幻灯片本身的内容。

在"墨迹颜色"级联菜单中还可以进行笔颜色的设置,当不需要进行绘图笔操作时,在"指针选项"下级"箭头选项"的级联菜单中选择"自动"命令即可,如图 5-35 所示。

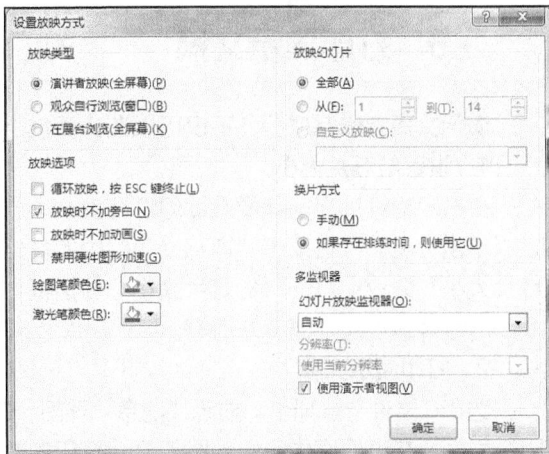

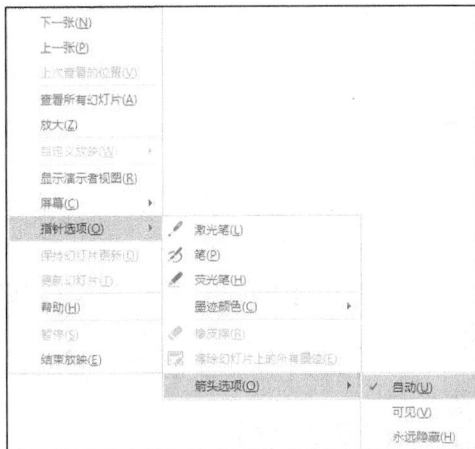

图 5-34 "指针选项"级联菜单　　图 5-35 在"指针选项"下级"箭头选项"的级联菜单中选择"自动"命令

5.9 打印演示文稿

演示文稿制作完成后，不仅可以在计算机上展示，还可以将幻灯片打印出来供浏览和保存。

1. 设置幻灯片大小

在打印幻灯片之前需要设置幻灯片大小，自定义幻灯片大小的方法如下。

单击"设计"选项卡"自定义"组中的"幻灯片大小"按钮，在其下拉菜单中选择"自定义幻灯片大小"命令，打开"幻灯片大小"对话框。在该对话框中可以分别设置幻灯片大小、宽度、高度、幻灯片编号起始值、方向等。

2. 打印演示文稿

选择"文件"选项卡，显示"信息"界面，选择左侧的"打印"命令，显示图 5-36 所示的"打印"界面，在该界面中可以预览幻灯片打印的效果，可以设置份数、打印范围、每页打印幻灯片张数等内容。

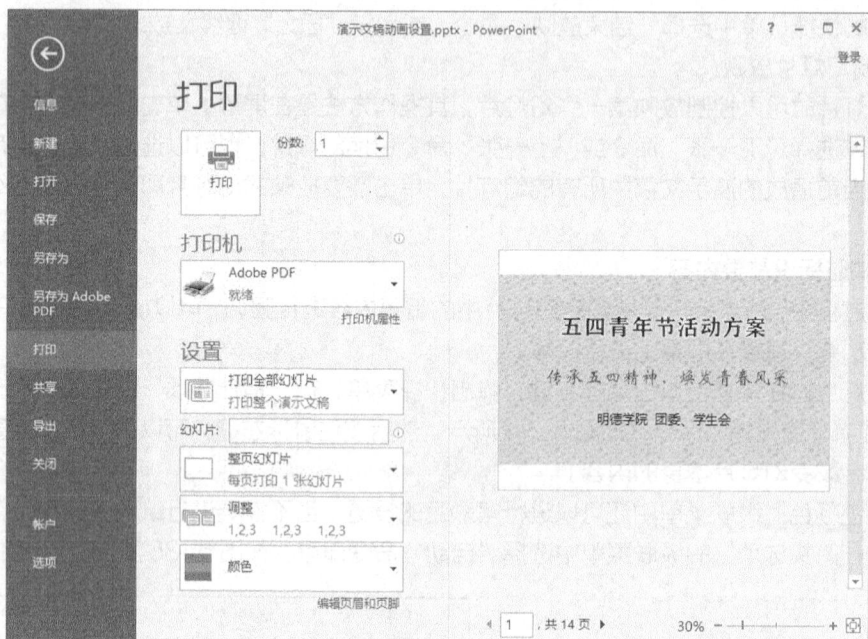

图 5-36 "打印"界面

单击"整页幻灯片"按钮，在其下拉列表的"打印版式"区域选择"整页幻灯片"选项，如图 5-37 所示。

在"整页幻灯片"下拉列表的"讲义"区域选择"2 张幻灯片"选项，同时勾选"幻灯片加框"复选框，如图 5-38 所示。

连接打印机后，单击"打印"按钮即可开始打印。

【任务 5-1】制作"五四青年节活动方案"演示文稿

【任务描述】

使用合适的方法创建文件名为"五四青年节活动方案.pptx"的演示文稿，保存

微课视频

【任务 5-1】制作"五四青年节活动方案"演示文稿

在文件夹"模块 5"中，该演示文稿包括 14 张幻灯片。为了观察多个不同主题的外观效果，第 2 张幻灯片"目录"的主题与其他幻灯片不同，其主题为"Office 主题"，其他幻灯片的主题为"水滴"。将第 1 张幻灯片的背景格式设置为"图片或纹理填充"，纹理选择"水滴"，第 2 张幻灯片的背景格式设置为"纯色填充"，其他幻灯片的背景格式设置为"渐变填充"。所有幻灯片的标题和正文内容源于 Word 文档"五四青年节活动方案.docx"。各张幻灯片中插入的对象及要求如下。

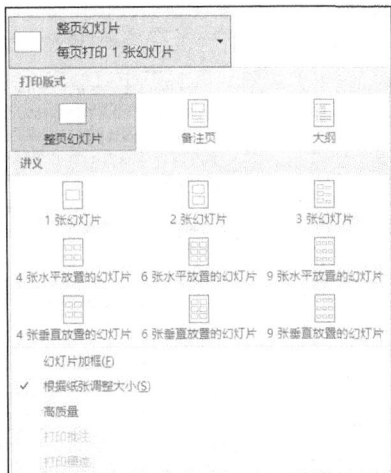

图 5-37 在"打印版式"区域选择"整页幻灯片"选项　　　图 5-38 在"讲义"区域选择"2 张幻灯片"选项

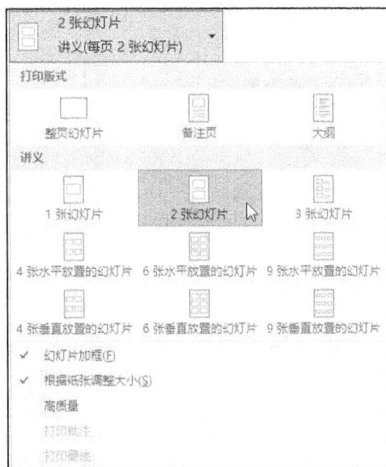

①第 1 张幻灯片为封面页，在该幻灯片中插入标题、活动策划部门，另外再插入"传承五四精神、焕发青春风采"的艺术字，其外观效果如图 5-39 所示。

②第 2 张幻灯片为目录页，在该幻灯片中插入"目录"标题和 SmartArt 图形，其外观效果如图 5-40 所示。

③第 3 张幻灯片包括标题"一、活动主题"和一张图片，其外观效果如图 5-41 所示。

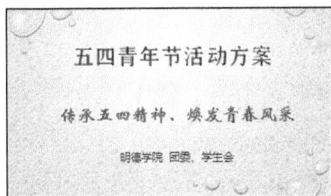

图 5-39 第 1 张幻灯片外观效果　　　图 5-40 目录页外观效果　　　图 5-41 第 3 张幻灯片外观效果

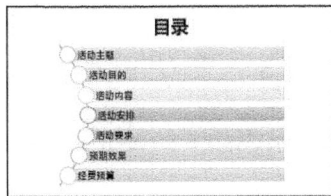

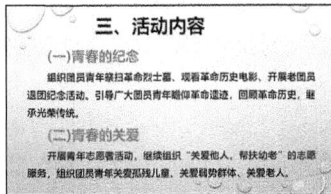

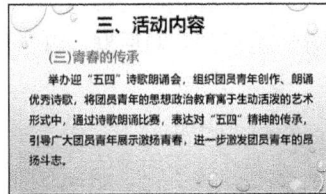

④第 4 张幻灯片包括标题"二、活动目的"及相关正文内容，其外观效果如图 5-42 所示。

⑤第 5、6、7 张幻灯片包括"三、活动内容"的 4 个方面，其外观效果如图 5-43、图 5-44 和图 5-45 所示。

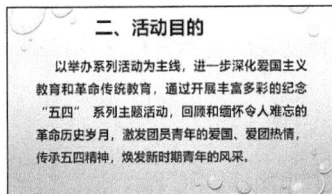

图 5-42 第 4 张幻灯片外观效果　　　图 5-43 第 5 张幻灯片外观效果　　　图 5-44 第 6 张幻灯片外观效果

⑥第 8 张幻灯片包括标题"四、活动安排"及其相关正文内容，并设置项目符号，其外观效果如图 5-46 所示。

⑦第 9、10、11 张幻灯片包括"五、活动要求"的 3 个方面，其外观效果如图 5-47、图 5-48 和图 5-49 所示。

⑧第 12 张幻灯片包括"六、预期效果"及相关正文内容，其外观效果如图 5-50 所示。

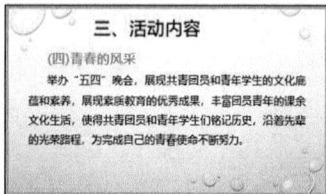

图 5-45　第 7 张幻灯片外观效果

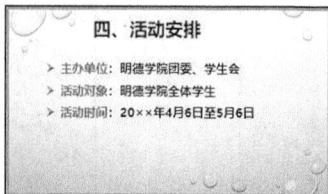

图 5-46　第 8 张幻灯片外观效果

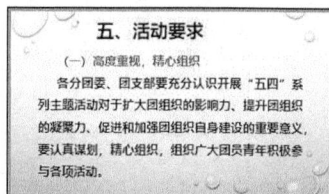

图 5-47　第 9 张幻灯片外观效果

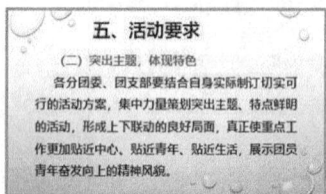

图 5-48　第 10 张幻灯片外观效果

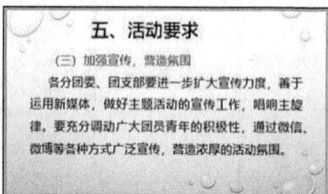

图 5-49　第 11 张幻灯片外观效果

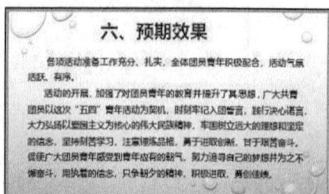

图 5-50　第 12 张幻灯片外观效果

⑨第 13 张幻灯片包括标题"七、经费预算"和一张表格，其外观效果如图 5-51 所示。

⑩第 14 张幻灯片为结束页，在该幻灯片中插入艺术字"请提宝贵意见或建议"和一张图片，其外观效果如图 5-52 所示。

图 5-51　第 13 张幻灯片外观效果

图 5-52　第 14 张幻灯片外观效果

【任务实现】

1. 创建并保存演示文稿

（1）创建新的演示文稿

启动 PowerPoint 2016，系统自动创建一个新的演示文稿，并且自动添加第 1 张幻灯片。

（2）保存演示文稿

单击快速访问工具栏中的"保存"按钮，显示"另存为"界面，在该界面单击"浏览"按钮，弹出"另存为"对话框，以"五四青年节活动方案.pptx"为文件名，将创建的演示文稿保存在文件夹"模块 5"中。

（3）应用主题

主题通过使用颜色、字体和图形来设置文稿的外观，使用预先设计的主题，可以轻松快捷地更改演示文稿的整体外观效果。

在"设计"选项卡"主题"组的主题列表中选择要应用的主题"水滴",如图 5-53 所示。

在"水滴"主题上单击鼠标右键,在弹出的快捷菜单中选择"应用于所有幻灯片"命令,如图 5-54 所示。

图 5-53　选择要应用的主题"水滴"

图 5-54　选择"应用于所有幻灯片"命令

在快速访问工具栏中单击"保存"按钮，保存主题。

2. 制作封面页幻灯片

（1）输入标题文字与设置标题格式

将系统自动添加的第 1 张幻灯片的版式设置为"仅标题"，在第 1 张幻灯片中单击"单击此处添加标题"占位符，在光标位置输入文字"五四青年节活动方案"作为演示文稿的总标题，然后选中标题文字，将字体设置为"方正粗黑宋简体"，将字号设置为"66"，将对齐方式设置为"居中"。

（2）插入艺术字

单击"插入"选项卡"文本"组中的"艺术字"按钮，从其下拉列表中选择一种合适的样式。单击幻灯片中的"请在此放置您的文字"艺术字占位符，输入文字"传承五四精神、焕发青春风采"。选中插入的艺术字，将字体设置为"华文新魏"，将字号设置为"54"，将字体样式设置为"加粗"，将字体颜色设置为"红色"。

（3）插入文本框

单击"插入"选项卡"文本"组中的"文本框"按钮，在其下拉列表中选择"横排文本框"命令。将鼠标指针移到幻灯片中，当鼠标指针变为形状 时，在幻灯片靠下方的位置按住鼠标左键并拖曳，绘制一个横排文本框。将光标置于该文本框中，输入文字"明德学院　团委、学生会"，然后将字体设置为"微软雅黑"，将字号设置为"32"。

（4）设置第 1 张幻灯片的背景格式

单击"设计"选项卡"自定义"组中的"设置背景格式"按钮，显示"设置背景格式"窗格，在该窗格中单击"填充"按钮 ，切换到"填充"选项卡。选择"图片或纹理填充"单选按钮，单击"纹理"选项右侧的"纹理"按钮 ，在其下拉列表中选择一种合适的纹理填充作为幻灯片背景，这里选择"水滴"纹理，如图 5-55 所示。

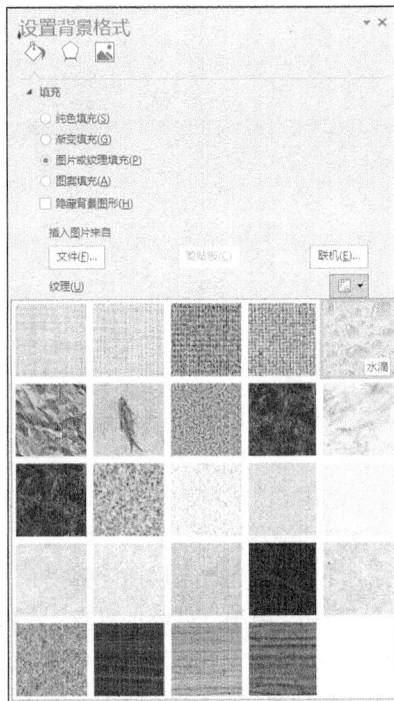

图 5-55　在"纹理"下拉列表中选择"水滴"纹理

（5）保存演示文稿

第 1 张封面页幻灯片的外观效果如图 5-39 所示。单击快速访问工具栏中的"保存"按钮，保存该演示文稿。

3. 制作目录页幻灯片

（1）添加幻灯片

切换到"开始"选项卡，单击"幻灯片"组中"新建幻灯片"按钮右侧的按钮，在其下拉列表中选择"标题和内容"版式，这样在当前幻灯片之后就新添加了一张幻灯片。

（2）应用主题

选中新添加的幻灯片，在"设计"选项卡"主题"组要应用的"Office 主题"上单击鼠标右键，在弹出的快捷菜单中选择"应用于选定幻灯片"命令。

（3）输入标题

在新插入的幻灯片中，单击"单击此处添加标题"占位符，输入文字"目录"。

（4）设置标题为艺术字效果

选中标题文字"目录"，在"绘图工具-格式"选项卡的"艺术字样式"组中单击"文本效果"按钮，弹出下拉列表，在"发光"级联选项的"发光变体"区域选择"发光：5 磅；蓝色，主题色1"选项，为标题文字设置艺术字效果，如图 5-56 所示。

图 5-56　为标题文字设置艺术字效果

选中"目录"艺术字，将字体设置为"微软雅黑"，字体样式设置为"加粗"，字号设置为"54"，对齐方式设置为"居中"。

（5）插入 SmartArt 图形

单击"单击此处添加文本"占位符中的"插入 SmartArt 图形"按钮，打开"选择 SmartArt 图形"对话框。在该对话框中单击左侧的"列表"选项，然后在右侧的列表框中选择"垂直曲形列表"选项，如图 5-57 所示。单击"确定"按钮，将在幻灯片中插入 SmartArt 图形。

（6）添加形状

选中幻灯片中的 SmartArt 图形，切换到"SmartArt 工具-设计"选项卡中，多次单击"创建图形"组中的"添加形状"按钮,将垂直曲形列表选项调整至 7 项。

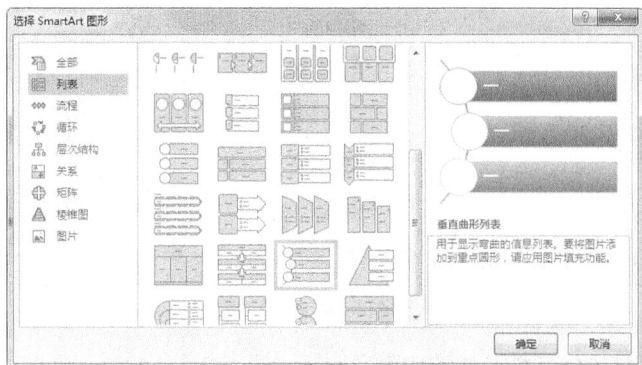

图 5-57　选择"垂直曲形列表"选项

（7）更改颜色

选中幻灯片中的 SmartArt 图形,单击"SmartArt 工具-设计"选项卡"SmartArt 样式"组中的"更改颜色"按钮,在其下拉列表的"彩色"区域选择"彩色 – 个性色"选项,如图 5-58 所示。

图 5-58　选择"彩色 – 个性色"选项

（8）设置 SmartArt 样式

选中幻灯片中的 SmartArt 图形,在"SmartArt 工具-设计"选项卡"SmartArt 样式"组中选择"白色轮廓"样式,如图 5-59 所示。

（9）调整 SmartArt 样式的位置和宽度

选中幻灯片中的 SmartArt 图形,向左拖曳调整其位置,并且缩小其宽度至合适大小。

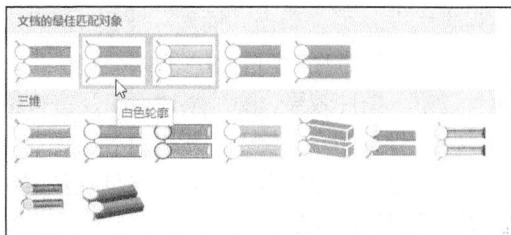

图 5-59　选择"白色轮廓"样式

（10）输入文字内容

在"在此处键入文字"提示文字的下方依次输入文字"活动主题""活动目的""活动内容""活动安排""活动要求""预期效果""经费预算",如图 5-60 所示。

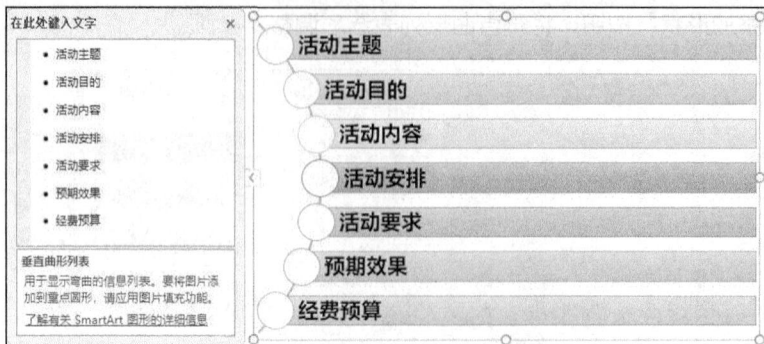

图 5-60　输入文字内容

（11）保存演示文稿中的新增及修改内容

第 2 张目录页幻灯片的外观效果如图 5-40 所示。单击快速访问工具栏中的"保存"按钮⊟，保存该演示文稿。

4. 制作"活动主题"幻灯片

（1）添加幻灯片

单击"开始"选项卡"幻灯片"组"新建幻灯片"按钮右侧的▼按钮，在弹出的下拉列表中选择"空白"版式，这样在目录页幻灯片之后就新添加了一张幻灯片。在"设计"选项卡"主题"组主题列表中的"水滴"主题上单击鼠标右键，在弹出的快捷菜单中选择"应用于选定幻灯片"命令。

（2）绘制横排文本框

单击"插入"选项卡"文本"组中的"文本框"按钮，在弹出的下拉菜单中选择"横排文本框"命令，在幻灯片中合适的位置按住鼠标左键并拖曳，绘制一个横排文本框。将光标置于文本框中，输入"一、活动主题"文字。

（3）设置文本框中文字的格式

单击文本框的边框选中文本框，在"开始"选项卡的"字体"组将字体设置为"微软雅黑"，字号设置为"54"，字体样式设置为"加粗"。

单击"段落"组右下角的"段落"按钮 ⌐，打开"段落"对话框。在该对话框"缩进和间距"选项卡中，将对齐方式设置为"居中"，单击"确定"按钮完成段落格式设置。

（4）在幻灯片中插入图片

选中要插入图片的"活动主题"幻灯片，单击"插入"选项卡"图像"组中的"图片"按钮，打开"插入图片"对话框。在该对话框中选择文件夹"模块 5"中的图像文件"传承五四精神、焕发青春风采.jpg"，单击"插入"按钮，在当前幻灯片中插入图片。

然后在幻灯片中调整图片的大小和位置，还可以使用"图片工具-格式"选项卡设置图片样式、图片边框、图片效果、图片版式，以及进行裁剪图片、旋转图片等操作。

（5）保存演示文稿中的新增及修改内容

第 3 张"活动主题"幻灯片的外观效果如图 5-41 所示。单击快速访问工具栏中的"保存"按钮⊟，保存该演示文稿。

5. 制作"活动目的"幻灯片

（1）添加幻灯片

单击"开始"选项卡"幻灯片"组"新建幻灯片"按钮右侧的▼按钮，在弹出的下拉列表中选择"仅标题"版式，这样在"活动主题"幻灯片之后就新添加了一张幻灯片。

（2）输入标题文字

单击"单击此处添加标题"占位符，在光标位置输入文字"二、活动目的"，并将该标题的字体设置为"微软雅黑"，字号设置为"54"，字体样式设置为"加粗"，对齐方式设置为"居中"。

（3）绘制横排文本框

单击"插入"选项卡"文本"组中的"文本框"按钮，在弹出的下拉列表中选择"横排文本框"命令，在幻灯片中的合适位置按住鼠标左键并拖曳，绘制一个横排文本框。将光标置于文本框中，从Word 文档"五四青年节活动方案.docx"中复制关于"活动目的"的一段文字至幻灯片文本框中。

（4）设置文本框中文字的格式

单击文本框的边框选中文本框，在"开始"选项卡的"字体"组中将字体设置为"微软雅黑"，字号设置为"36"，字体样式设置为"加粗"。

单击"开始"选项卡"段落"组右下角的"段落"按钮，打开"段落"对话框。在该对话框的"缩进和间距"选项卡中，将对齐方式设置为"两端对齐"，特殊格式设置为"首行缩进"，其度量值设置为"2 厘米"，行距设置为"1.5 倍行距"，如图5-61 所示，单击"确定"按钮完成段落格式设置。

（5）保存演示文稿的新增及修改内容

第 4 张"活动目的"幻灯片的外观效果如图 5-42 所示。单击快速访问工具栏中的"保存"按钮，保存该演示文稿。

图 5-61　"段落"对话框

6. 制作 3 张"活动内容"幻灯片

（1）复制"活动目的"幻灯片

在"普通视图"的"幻灯片"窗格中，选中待复制的"活动目的"幻灯片，单击"开始"选项卡"剪贴板"组的"复制"按钮。

（2）粘贴幻灯片

将光标定位到左侧幻灯片浏览窗格中的当前幻灯片下方，单击"开始"选项卡"剪贴板"组中的"粘贴"按钮。

（3）修改幻灯片的标题内容

将幻灯片中的标题内容修改为"三、活动内容"。

（4）修改幻灯片的正文内容

先删除该幻灯片中原来的关于"活动目的"的文字，然后输入两个小标题"（一）青春的纪念""（二）青春的关爱"。接着在两个小标题下方粘贴从 Word 文档"五四青年节活动方案.docx"中复制的对应的正文内容。

（5）设置"活动内容"页中小标题的格式

将两个小标题"（一）青春的纪念""（二）青春的关爱"的字体设置为"微软雅黑"，字号设置为"40"，字体样式设置为"加粗"，字体颜色设置为"绿色"。

将对应的正文内容的字体设置为"微软雅黑"，字号设置为"28"，字体样式设置为"加粗"，字体颜色设置为"黑色"。

（6）复制已添加的"活动内容"的第 1 张幻灯片并修改内容

在左侧幻灯片浏览窗格的"活动内容"的第 1 张幻灯片缩略图上单击鼠标右键，在弹出的快捷菜单中选择"复制幻灯片"命令，即将该幻灯片复制并生成一张相同的幻灯片备份。

先将幻灯片备份中的"（二）青春的关爱"及其正文内容删除，将文字"（一）青春的纪念"替换为"（三）青春的传承"，删除关于"青春的纪念"的正文内容，然后粘贴从 Word 文档"五四青年节活动方案.docx"中复制的关于"青春的传承"的正文内容。小标题和正文内容格式保持不变。

（7）复制已添加的"活动内容"的第 2 张幻灯片并修改内容

在左侧幻灯片浏览窗格的"活动内容"的第 2 张幻灯片缩略图上单击鼠标右键，在弹出的快捷菜单中选择"复制幻灯片"命令，即将该幻灯片复制并生成一张相同的幻灯片备份。

将幻灯片备份中的文字"（三）青春的传承"替换为"（四）青春的风采"，删除关于"青春的传承"的正文内容，粘贴从 Word 文档"五四青年节活动方案.docx"中复制的关于"青春的风采"的正文内容，小标题和正文内容格式保持不变。

（8）保存演示文稿的新增及修改内容

第 5、6、7 张"活动内容"幻灯片的外观效果分别如图 5-43、图 5-44 和图 5-45 所示。单击快速访问工具栏中的"保存"按钮，保存该演示文稿。

7．制作"活动安排"幻灯片

（1）添加幻灯片

单击"开始"选项卡"幻灯片"组"新建幻灯片"按钮右侧的按钮，在弹出的下拉列表中选择"标题和内容"版式，这样在第 7 张"活动内容"幻灯片之后就新添加了一张幻灯片。

（2）输入标题文字

单击"单击此处添加标题"占位符，在光标位置输入文字"四、活动安排"，并将该标题的字体设置为"微软雅黑"，字号设置为"54"，字体样式设置为"加粗"，对齐方式设置为"居中"。

（3）输入"活动安排"文字内容

单击"单击此处添加文本"占位符，粘贴从 Word 文档"五四青年节活动方案.docx"中复制的关于"活动安排"的文字内容，包括"主办单位""活动对象""活动时间"3 个方面。

（4）设置"活动安排"文字内容为项目列表

选中幻灯片中的"活动安排"3 个方面的文字内容，单击"开始"选项卡"段落"组"项目符号"按钮右侧的按钮，在其下拉列表中选择"箭头项目符号"选项，如图 5-62 所示。

（5）设置项目列表文字的格式

将项目列表文字的字体设置为"微软雅黑"，字号设置为"36"，字体样式设置为"加粗"，行距设置为"1.5 倍行距"。

（6）保存演示文稿的新增及修改内容

第 8 张"活动安排"幻灯片的外观效果如图 5-46 所示。单击快速访问工具栏中的"保存"按钮，保存该演示文稿。

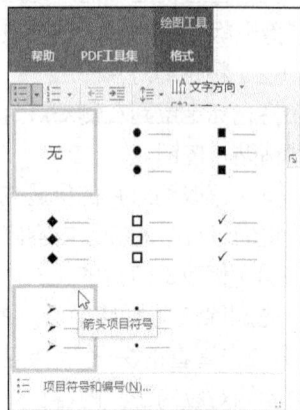

图 5-62　在"项目符号"下拉列表中选择"箭头项目符号"选项

8．制作 3 张"活动要求"幻灯片

（1）复制第 3 张"活动内容"幻灯片

在"普通视图"的幻灯片窗格中，选中待复制的第 3 张"活动内容"幻灯片，单击"开始"选项卡"剪贴板"组中的"复制"按钮。

（2）粘贴幻灯片

将光标定位到左侧幻灯片浏览窗格的第 8 张幻灯片后面，单击"开始"选项卡"剪贴板"组中的"粘贴"按钮。

（3）修改幻灯片的标题内容

将幻灯片中的标题内容修改为"五、活动要求"。

（4）修改幻灯片的正文内容

将幻灯片中关于"活动内容"的正文内容删除，粘贴从 Word 文档"五四青年节活动方案.docx"中复制的关于"活动要求"的内容。

（5）设置"活动要求"对应小标题的格式

将第 1 张"活动要求"幻灯片的小标题"（一）高度重视，精心组织"的字体设置为"微软雅黑"，字号设置为"36"，字体样式设置为"加粗"，字体颜色设置为"紫色"，行距设置为"1.5 倍行距"。

（6）设置"活动要求"对应的正文内容的格式

将第 1 张"活动要求"幻灯片对应的正文内容的字体设置为"微软雅黑"，字号设置为"36"，字体样式设置为"加粗"，字体颜色设置为"黑色"。

将对齐方式设置为"两端对齐"；将特殊格式设置为"首行缩进"，其度量值设置为"2 厘米"；将行距设置为"1.5 倍行距"。

（7）复制已添加的"活动要求"的第 1 张幻灯片并修改内容

在左侧幻灯片浏览窗格的"活动要求"的第 1 张幻灯片缩略图上单击鼠标右键，在弹出的快捷菜单中选择"复制幻灯片"命令，即将该幻灯片复制并生成一张相同的幻灯片备份。

将幻灯片备份中的小标题"（一）高度重视，精心组织"替换为"（二）突出主题，体现特色"，删除关于"（一）高度重视，精心组织"的正文内容，粘贴从 Word 文档"五四青年节活动方案.docx"中复制的关于"（二）突出主题，体现特色"的正文内容，小标题和正文内容格式保持不变。

（8）复制已添加的"活动要求"的第 2 张幻灯片并修改内容

在左侧幻灯片浏览窗格的"活动要求"的第 2 张幻灯片缩略图上单击鼠标右键，在弹出的快捷菜单中选择"复制幻灯片"命令，即将该幻灯片复制并生成一张相同的幻灯片备份。

将幻灯片备份中的小标题"（二）突出主题，体现特色"替换为"（三）加强宣传，营造氛围"，删除关于"（二）突出主题，体现特色"的正文内容，粘贴从 Word 文档"五四青年节活动方案.docx"中复制的关于"（三）加强宣传，营造氛围"的正文内容，小标题和正文内容格式保持不变。

（9）保存演示文稿的新增及修改内容

第 9、10、11 张"活动内容"幻灯片的外观效果如图 5-47、图 5-48 和图 5-49 所示。单击快速访问工具栏中的"保存"按钮，保存该演示文稿。

9. 制作"预期效果"幻灯片

（1）复制"活动目的"幻灯片

在幻灯片浏览窗格中的"活动目的"幻灯片缩略图上单击鼠标右键，然后在弹出的快捷菜单中选择"复制"命令。

（2）粘贴幻灯片

将光标定位到幻灯片浏览窗格的第 11 张幻灯片"活动要求"之后，单击鼠标右键，在弹出的快捷菜单中选择"粘贴"命令。

（3）修改幻灯片的标题内容

将幻灯片中的标题内容修改为"六、预期效果"。

（4）修改幻灯片的正文内容

将幻灯片中关于"活动目的"的正文内容删除，粘贴从 Word 文档"五四青年节活动方案.docx"

中复制的关于"预期效果"的正文内容。

（5）设置"预期效果"内容的格式

将关于"预期效果"正文内容的字体设置为"微软雅黑"，字号设置为"26"，字体样式设置为"加粗"，字体颜色设置为"黑色"。

将对齐方式设置为"两端对齐"；将特殊格式设置为"首行缩进"，其度量值设置为"2厘米"；将行距设置为"1.5倍行距"。

（6）保存演示文稿的新增及修改内容

第 12 张"预期效果"幻灯片的外观效果如图 5-50 所示。单击快速访问工具栏中的"保存"按钮，保存该演示文稿。

10．制作"经费预算"幻灯片

（1）添加幻灯片

在第 12 张幻灯片"六、预期效果"之后添加一张版式为"空白"的幻灯片。

（2）复制第 12 张幻灯片标题

在第 12 张幻灯片"六、预期效果"中复制标题（包括占位符及其标题文字），在新添加的第 13 张幻灯片中粘贴刚才复制的标题。将第 13 张幻灯片的标题文字修改为"七、经费预算"。

（3）插入表格

选中第 13 张幻灯片，单击"插入"选项卡"表格"组中的"表格"按钮，在其下拉菜单中选择"插入表格"命令，打开"插入表格"对话框。

在弹出的"插入表格"对话框中将列数和行数分别设置为"3""15"，如图 5-63 所示。单击"确定"按钮关闭该对话框，这样在幻灯片中就会插入一张 15 行 3 列的表格。

图 5-63 "插入表格"对话框

> **说明** 将光标定位在幻灯片含有文字"单击此处添加文本"的占位符中，单击"插入表格"按钮，也可以打开"插入表格"对话框。

（4）在表格中输入文字内容

在表格中的标题行分别输入标题文字"序号""费用支出项目""金额（元）"，并分别输入各项费用支出项目的对应内容。

（5）设置表格文字的格式

选中表格中的内容，将表格中文字的中文字体设置为"微软雅黑"，字号设置为"20"，表格各行都设置为"垂直居中"，表格标题行文字的对齐方式设置为"居中"，第 2 列所有行的对齐方式都设置为"左对齐"，其他列所有行的对齐方式都设置为"居中"。

（6）调整表格的行高和列宽

拖曳鼠标调整表格的高度，然后根据表格中的文字内容将各列的列宽调整至合适的宽度。

（7）调整表格在幻灯片中的位置

拖曳表格至幻灯片中的合适位置。

（8）保存演示文稿的新增及修改内容

第 13 张"经费预算"幻灯片的外观效果如图 5-51 所示。单击快速访问工具栏中的"保存"按钮，保存该演示文稿。

11. 制作结束页幻灯片

（1）添加幻灯片

在第 13 张幻灯片"七、经费预算"之后添加一张版式为"空白"的幻灯片。

（2）在幻灯片中插入艺术字

在"空白"版式的幻灯片中插入艺术字"请提宝贵意见或建议"。

（3）设置艺术字的"文本效果"

在幻灯片中选中艺术字，单击"绘图工具-格式"选项卡"艺术字样式"组中的"文本效果"按钮，在其下拉列表中设置"发光"效果和"转换"效果。

（4）在幻灯片中插入图片

选中要插入图片的第 14 张幻灯片，单击"插入"选项卡"图像"组中的"图片"按钮，打开"插入图片"对话框。在该对话框中选择文件夹"模块 5"中的图像文件"新时代新青年新作为.jpg"，单击"插入"按钮，在当前幻灯片中插入图片。

在幻灯片中调整图片的大小和位置，还可以使用"图片工具-格式"选项卡设置图片样式、图片边框、图片效果、图片版式，以及进行裁剪图片、旋转图片等操作。

（5）保存演示文稿的新增及修改内容

第 14 张结束页幻灯片的外观效果如图 5-52 所示。单击快速访问工具栏中的"保存"按钮，保存该演示文稿。

【任务 5-2】设置演示文稿的动画效果与幻灯片放映方式

微课视频

【任务 5-2】设置演示文稿的动画效果与幻灯片放映方式

【任务描述】

打开文件夹"模块 5"中的 PowerPoint 演示文稿"五四青年节活动方案.pptx"，按照以下要求完成相应的操作。

①将第 1 张幻灯片中的标题文字"五四青年节活动方案"的进入动画设置为"劈裂"，方向设置为"左右向中央收缩"，开始方式设置为"从上一项开始"。

②将第 1 张幻灯片中的艺术字"传承五四精神、焕发青春风采"的进入动画设置为"擦除"，方向设置为"自左侧"，持续时间设置为"2"秒，开始方式设置为"上一动画之后"。

③将第 1 张幻灯片中的文字"明德学院　团委、学生会"的进入动画设置为"形状"，方向设置为"切出"，形状设置为"菱形"，开始方式设置为"单击时"。

④如果所设置的动画效果的顺序有误，则借助于"动画窗格"的"上移"按钮和"下移"按钮调整其顺序。

⑤为其他各张幻灯片中的对象设置动画效果。

⑥将幻灯片的切换效果设置为"翻转"，效果采用默认选项，持续时间设置为"02.00"，换片方式设置为"单击鼠标时"。

⑦从第 1 张幻灯片开始放映幻灯片。

【任务实现】

1. 设置第 1 张幻灯片中文本和对象的动画效果

（1）打开演示文稿

打开演示文稿"五四青年节活动方案.pptx"，切换到"动画"选项卡。

（2）选中幻灯片

选中需要设置动画效果的第 1 张幻灯片。

（3）设置主标题"五四青年节活动方案"的动画效果

在幻灯片中选中含有主标题"五四青年节活动方案"的占位符，在"动画"选项卡"动画"组的动画列表中选择"劈裂"效果，单击动画列表右侧的"效果选项"按钮，在其下拉列表中选择"左右向中央收缩"效果。

单击"动画"选项卡"高级动画"组中的"动画窗格"按钮，使其处于选中状态，打开"动画窗格"。单击"动画窗格"动画行右侧的 ▼ 按钮，在其下拉列表中选择"从上一项开始"选项。

（4）设置艺术字"传承五四精神、焕发青春风采"的动画效果

在幻灯片中选中艺术字"传承五四精神、焕发青春风采"，在"动画"选项卡"动画"组的动画列表中选择"擦除"效果，单击动画列表右侧的"效果选项"按钮，在其下拉列表中选择"自左侧"选项。

在"动画"选项卡"计时"组的"开始"下拉列表框中选择"上一动画之后"选项，在"持续时间"数值微调框中输入"02.00"。

（5）设置文字"明德学院　团委、院学生会"的动画效果

在幻灯片中选中文字"明德学院　团委、学生会"的文本框，在"动画"选项卡"动画"组的动画列表中选择"形状"效果，单击动画列表右侧的"效果选项"按钮，在其下拉列表中的"形状"区域选择"菱形"选项，"方向"区域选择"切出"选项，如图 5-64 所示。

（6）调整动画效果的顺序

添加了多项动画效果的"动画窗格"如图 5-65 所示，在该窗格中以列表方式列出了顺序排列的动画效果，并且在幻灯片窗格中，对应的幻灯片对象也会出现动画效果的标记。如果需要调整动画效果的排列顺序，可以先选中需要调整顺序的动画效果，然后单击"上移"按钮 ▲ 或者"下移"按钮 ▼ 来改变动画顺序。

2. 为其他各张幻灯片中的对象设置动画效果

参考第 1 张幻灯片动画的设置方法，灵活地为其他各张幻灯片中的对象设置动画效果。

3. 设置幻灯片的切换效果

（1）给幻灯片添加切换效果

选中要设置切换效果的幻灯片，在"切换"选项卡"切换到此幻灯片"组中选择"翻转"效果，如图 5-66 所示。

图 5-64　设置"效果选项"

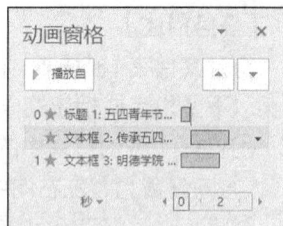

图 5-65　添加了多项动画效果的"动画窗格"

图 5-66　选择"翻转"效果

（2）设置切换效果的计时

在"切换"选项卡"计时"组的"持续时间"数值微调框中输入或选择所需的持续时间，这里输入"02.00"。在"换片方式"区域勾选"单击鼠标时"复选框。

如果幻灯片切换时需要添加声音，则在"声音"下拉列表框中选择一种合适的声音即可。

单击"计时"组中的"应用到全部"按钮，则将当前幻灯片的切换效果应用到全部幻灯片，否则只应用到当前幻灯片。

4. 保存演示文稿的动画设置和切换效果设置

单击快速访问工具栏中的"保存"按钮 ，保存该演示文稿。

5. 从第 1 张幻灯片开始放映幻灯片

切换到"幻灯片放映"选项卡，在"开始放映幻灯片"组中单击"从头开始"按钮即可从第 1 张幻灯片开始放映幻灯片，依次单击播放下一张幻灯片。

【习题】

1. 将 PowerPoint 2016 演示文稿储存以后，默认的文件扩展名是（　　）。

    A．.pptx　　　　　　B．.ppsx　　　　　　C．.ppt　　　　　　D．.pot

2. PowerPoint 2016 "视图"这个名词表示（　　）。

    A．一种图形　　　　　　　　　　B．显示幻灯片的方式

    C．编辑演示文稿的方式　　　　　D．一张正在修改的幻灯片

3. 在 PowerPoint 2016 中，不能完成对个别幻灯片进行设计或修饰的对话框是（　　）。

    A．背景　　　　　B．幻灯片版式　　　C．配色方案　　　D．应用设计模板

4. 幻灯片中占位符的作用是（　　）。

    A．表示文本长度　　　　　　　　B．限制插入对象的数量

    C．表示图形大小　　　　　　　　D．为文本或图形预留位置

5. 在幻灯片中可以插入（　　）多媒体信息。

    A．声音和图片　　　　　　　　　B．音频和影片

    C．声音和动画　　　　　　　　　D．图片、音频和视频

6. 在 PowerPoint 2016 中，不能对个别幻灯片内容进行编辑修改的视图方式是（　　）。

    A．大纲视图　　　　　　　　　　B．幻灯片浏览视图

    C．普通视图　　　　　　　　　　D．以上三项均不能

7. PowerPoint 2016 中的"超级链接"命令可实现（　　）。

    A．幻灯片之间的跳转　　　　　　B．演示文稿幻灯片的移动

    C．中断幻灯片的放映　　　　　　D．在演示文稿中插入幻灯片

8. 在（　　）模式下可以对幻灯片进行插入、编辑对象的操作。

    A．普通视图　　　　　　　　　　B．大纲视图

    C．幻灯片浏览视图　　　　　　　D．备注页视图

9. 在（　　）模式下能实现在一屏显示多张幻灯片。

    A．普通视图　　　　　　　　　　B．大纲视图

    C．幻灯片浏览视图　　　　　　　D．备注页视图

10. 在（　　）视图下，可以方便地对幻灯片进行移动、复制、删除等编辑操作。

    A．幻灯片浏览　　　B．大纲　　　　　C．幻灯片放映　　　D．普通

模块6
应用互联网与认知新一代信息技术

06

互联网正改变着人们的工作、学习与生活方式，并促进信息产业的发展，人们应学会在信息海洋中遨游，从网上获取各种资源，利用网络进行学习和交流。

云计算、大数据、物联网、人工智能、区块链、"互联网＋"等新一代信息技术的发展，正加速推进全球产业分工和经济结构调整，重塑全球经济格局。我国正抓住全球信息技术和产业新一轮分化和重组的重大机遇，全力打造核心技术产业生态，进一步推动前沿技术突破，实现产业链、价值链和创新链等各环节协调发展，推动经济发展迈上新台阶。

互联网与制造业融合发展，促使各相关产业发生巨大变革。十大重点产业融合创新，产生新的发展方向。在信息领域，新一代信息技术产业——"大""物""智""云"将改变人们的生活和生产方式。

6.1 认识计算机网络

计算机网络是计算机技术和通信技术相结合的产物，是利用通信线路和通信设备，将分布在不同地理位置的具有独立功能的若干台计算机连接起来形成的计算机的集合。建立计算机网络的主要目的是实现资源共享和数据通信。

1. 计算机网络的组成

计算机网络基本上包括计算机、网络操作系统、传输介质（包括有形介质和无形介质，如无线网络的传输介质就是空气）、应用软件 4 部分。

2. 计算机网络的分类

虽然网络类型的划分标准不尽相同，但是根据地理范围划分是一种公认的通用网络划分标准。按这种标准可以把网络类型划分为局域网、城域网和广域网 3 种。局域网一般来说只能在一个较小区域内，城域网是不同地区的网络互连，广域网可以实现多个地区、城市和国家的网络互连。不过在此要说明的一点是，这里的网络划分并不是严格意义上的地理范围区分，只是一个大致的概念。

（1）局域网（Local Area Network，LAN）

常见的 LAN 就是指局域网，这是一种十分常见、应用极广的网络。局域网随着整个计算机网络技术的发展得到了充分的应用和普及，几乎每个单位都有自己的局域网，有的家庭中甚至都有自己的小型局域网。很明显，所谓局域网，就是在局部地区范围内的网络，它所覆盖的范围较小。局域网在计算机数量配置上没有太多的限制，少的可以只有两台，多的可达几百台。一般来说，在企业局域网中，工作站的数量在几十台到两百台左右。在网络所涉及的地理距离上，一般来说可以是几米至十千米左右。局域网一般位于一个建筑物或一个单位内，不存在寻址问题，不包括网络层的应用。

局域网的特点是：连接范围窄、用户数少、配置容易、连接速率高。IEEE 的 802 标准委员会定义了多种主要的局域网：以太网（Ethernet）、令牌环网（Token Ring Network）、光纤分布式数据接口（Fiber Distributed Data Interface，FDDI）、异步传输模式（Asynchronous Transmission Mode，ATM），以及无线局域网（Wireless LAN，WLAN）。

（2）城域网（Metropolitan Area Network，MAN）

城域网一般来说是指在一个城市，但不在同一小区范围内的计算机组成的网络。这种网络的连接距离可以在 10 千米～100 千米，它采用的是 IEEE 802.6 标准。城域网与局域网相比，扩展的距离更长，连接的计算机数量更多，在地理范围上可以说是局域网的延伸。在一个大城市，一个城域网通常连接着多个局域网。如连接政府机构的局域网、医院的局域网、电信的局域网、公司企业的局域网等。由于光纤连接的引入，城域网中高速的局域网互连成为可能。

城域网多采用 ATM 技术作为骨干网。ATM 是一个用于数据、语音、视频，以及多媒体应用程序的高速网络传输方法。ATM 包括一个接口和一个协议，该协议能够在一个常规的传输信道上，在不变的比特率及变化的通信量之间进行切换。ATM 也包括硬件、软件，以及与 ATM 协议标准一致的介质。ATM 提供一个可伸缩的主干基础设施，以便能够适应不同规模、速度，以及寻址技术的网络。ATM 的最大缺点就是成本太高，所以一般在政府机构城域网中应用，如邮政、银行、医院等。

（3）广域网（Wide Area Network，WAN）

广域网也称为远程网，所覆盖的范围比城域网更广，它一般是指在不同城市之间的局域网或者城域网互连形成的网络，地理范围可从几百千米到几千千米。因为距离较远，信息衰减比较严重，所以这种网络一般要租用专线，通过 IMP（Interface Message Processor，接口信息处理）协议和线路连接起来，构成网状结构，解决寻址问题。广域网因为所连接的用户多，总出口带宽有限，所以用户的终端连接速率一般较低，通常为 9.6Kbit/s～45Mbit/s，如中国公用计算机互联网（ChinaNet）、中国公用分组交换数据网（China Public Packet Switched Data Network，ChinaPAC）和中国公用数字数据网（China Digital Data Network，ChinaDDN）。

上面讲了网络的几种分类，其实在现实生活中，人们接触得最多的还是局域网，因为它可大可小，无论单位还是在家庭实现起来都比较容易，是十分广泛的一种网络，所以下面有必要对局域网及局域网中的接入设备有一个更深入的认识。

随着笔记本电脑和个人数字助理等便携式计算机的日益普及和发展，人们经常要在路途中接听电话、发送传真和电子邮件，阅读网上信息，以及登录到远程计算机等。然而在汽车或飞机上是不可能通过有线介质与单位的网络相连接的，这时候就需要无线网（Wireless Network）了。虽然无线网与移动通信经常是联系在一起的，但这两个概念并不完全相同。如当便携式计算机通过 PCMCIA 卡接入电话插口，它就变成有线网的一部分。此外，有些通过无线网连接起来的计算机的位置可能又是固定不变的，如在不便于通过有线电缆连接的大楼之间就可以通过无线网将两栋大楼内的计算机连接在一起。

无线网（特别是无线局域网）有很多优点，如易于安装和使用。但无线网也有许多不足：它的数据传输率一般比较低，远低于有线网；它的误码率也比较高，而且站点之间相互干扰比较厉害。无线网的实现有不同的方法。国外的某些大学在它们的校园内安装许多天线，允许学生们坐在树底下查看图书馆的资料。这种情况下，两台计算机之间是直接通过无线局域网以数字方式进行通信的。还有一种可能的方式是利用传统的模拟调制解调器，通过蜂窝电话系统进行通信。在国外的许多城市已能提供蜂窝数字式信息分组数据（Cellular Digital Packet Data，CDPD）的业务，因而可以通过 CDPD 系统直接建立无线局域网。无线网是当前国内外的研究热点，无线网的研究是由巨大的市场需求驱动的。无线网的特点是使用户可以在任何时间、任何地点接入计算机网络，而这一特性使其具有强大的应用前景。当前已经出现了许多基于无线网的产品，如个人通信系统（Personal Communication System，PCS）电话、无线数据终端、便携式可视电话、个人数字助理等。无线网络的发展依赖于无线通信技术的支持。无线通信系统主要有低功率的无绳电话系统、模拟蜂窝系统、数字蜂窝系统、移动卫星系统、无线局域网和无线广域网等。

3. 计算机与网络信息安全

计算机与网络信息安全是指为数据处理系统提供的技术的和管理的安全保护，保护计算机硬件、软件、数据不因偶然的或恶意的原因而遭到破坏、更改或显露。这里面既包含了层面的概念，其中计算机硬件可以看作物理层面，软件可以看作运行层面，另外还有数据层面；又包含了属性的概念，其中破坏涉及的是可用性，更改涉及的是完整性，显露涉及的是机密性。

计算机与网络信息安全的内容主要有以下几个方面。

①硬件安全，即计算机与网络硬件和存储媒体的安全。硬件安全是指要保护这些硬件设施不受损害，能够正常工作。

②软件安全，即计算机及其网络的各种软件不被篡改或破坏，不被非法操作或误操作，功能不会失效，不被非法复制。

③运行服务安全，即计算机与网络中的各个信息系统能够正常运行并能正常地通过网络交流信息。运行服务安全是指通过对网络系统中的各种设备运行状况的监测，发现不安全因素能及时报警并采取措施以改变不安全状态，保障网络系统正常运行。

④数据安全，即计算机与网络中存在的流通数据的安全。数据安全是指要保护网络中的数据不被篡改、非法增删、复制、解密、显示、使用等，它是保障网络安全最根本的目的。

6.2 认识与应用互联网

Internet 是世界上规模最大、覆盖范围最广的计算机网络，通常被称为"因特网"。Internet 是将全世界不同国家、不同地区、不同部门的计算机通过网络互联设备连接在一起构成的一个国际性的资源网络。Internet 就像是在计算机与计算机之间架起的一条条信息高速公路，各种信息在上面传输，使人们得以在全世界范围内共享资源和交换信息。

6.2.1 认识 Internet 服务

Internet 服务是指通过互联网为用户提供的各类服务，通过 Internet 服务可以进行互联网访问，获取需要的信息。Internet 服务采用 TCP/IP，即传输控制协议/网际协议。

6.2.2 认识 Internet 地址

为了实现 Internet 中不同计算机之间的通信，每台计算机都必须有一个唯一的地址，称为 Internet 地址。Internet 地址有两种表示形式，分别为 IP 地址和域名地址，用数字表示的地址称为 IP 地址，用字符表示的地址称为域名地址。

Internet 地址由网络号和主机号构成，其中网络号用于标识某个网络，主机号用于标识在网络上的某台计算机。

1. IP 地址

IP 地址包含 4 个字节，即 32 个二进制位。为了书写方便，通常每个字节使用一个 0～255 之间的十进制数字表示，每个十进制数字之间使用点号"."分隔，这种表示方法称为"点分十进制"表示法。如"192.168.1.18"表示某个网络上某台主机的 IP 地址。

2. 域名地址

域名地址是使用字符表示的 Internet 地址，并由域名系统（Domain Name System，DNS）将其解释成 IP 地址。如"www.baidu.com"表示百度的域名地址，它和 IP 地址相对应。

3. DNS 服务

DNS 是域名系统的缩写。DNS 服务是将域名与 IP 对应的网络服务，让用户在访问网站时，不再需要输入冗长难记的 IP 地址，只需输入域名即可访问，DNS 服务会自动将域名转换成正确的 IP 地址，DNS 协议使用了 TCP 和 UDP（User Datagram Protocol，用户数据报协议）的53 端口。

6.2.3　认识 TCP/IP

TCP/IP 是 Internet 所使用的通信协议，它是 Internet 上计算机之间进行通信所必须遵守的规则集合。其中 TCP（Transmission Control Protocol）为传输控制协议，它提供传输层服务，负责管理数据包的传递过程，并有效地保证数据传输的正确性；IP（Internet Protocol）为网际协议，它提供网际层服务，负责将需要传输的数据分割成许多数据包，并将这些数据包发往目的地，每个数据包中包含了部分要传输的数据和传输目的地的地址等重要信息。

6.2.4　认识浏览器

浏览器是用来检索、展示和传递 Web 信息资源的应用程序，使用者可以借助超链接（Hyperlinks），通过浏览器浏览互相关联的信息，实现从 Web 服务器中搜索信息、浏览网页、收发电子邮件等功能。Web 信息资源由统一资源标识符（Uniform Resource Identifier，URI）所标识，它可以是一个网页、一张图片、一段视频或者任何在 Web 上所呈现的内容。

主流的浏览器包括 IE（Internet Explorer）浏览器、Chrome 浏览器、火狐（Firefox）浏览器、Safari 浏览器等，其中 IE 浏览器是微软公司开发的一种 Web 浏览器。

6.2.5　认识搜索引擎

搜索引擎是指 Internet 中的信息搜索工具，目前比较著名的搜索引擎有百度、搜狐、谷歌等。当用户想访问某网站时，可以在搜索框中输入要查找的关键词，提交后搜索引擎就会在数据库中检索，并将检索结果返回页面。

6.2.6　认识电子邮件

电子邮件是指在 Internet 中用于通信的电子形式的信件，简称 E-Mail。E-Mail 具有速度快、信息形式多样、收发方便、交流范围广等优点，目前已成为人们常用的通信方式。

使用 Internet 提供的电子邮件服务时，首先要申请电子邮箱，每个邮箱都有一个唯一的标识，该标识也就是人们常说的 E-Mail 地址，其格式为"用户名@域名"，其中"用户名"是用户申请的账号，"域名"是电子邮件服务器域名，如"good@163.com"表示一个 E-Mail地址。

【任务 6-1】使用百度网站搜索信息

【任务描述】

使用 Chrome 浏览器打开百度网站首页，完成以下任务。

①搜索"区块链的定义"。

②搜索"张家界景点图片"。

③搜索"阿坝州旅游宣传片"。

④利用百度翻译将中文短句"纸上得来终觉浅，绝知此事要躬行"翻译为英文。

【任务实施】

在 Chrome 浏览器的搜索框中输入网址"www.baidu.com"，打开百度首页。

1. 搜索"区块链的定义"

在百度首页的搜索框中输入"区块链的定义"，然后单击"百度一下"按钮，即可获取搜索结果。单击搜索结果中的超链接，打开"区块链的定义"对应的网页，将所需内容复制到计算机的文档中即可。

2. 搜索"张家界景点图片"

在百度首页的搜索框中输入"张家界景点图片"，然后单击"百度一下"按钮，即可获取搜索结果。单击导航按钮"图片"，切换到"图片"页面，找到所需的景点图片，然后保存至计算机中即可。

3. 搜索"阿坝州旅游宣传片"

在百度首页单击导航按钮"视频"，切换到"视频"页面，然后在搜索框中输入"阿坝州旅游宣传片"，单击"百度一下"按钮，即可获取搜索结果。选择所需的视频在线观看或下载到计算机中。

4. 将中文短句翻译为英文

打开百度首页，在顶部导航中单击"更多"超链接，打开百度"产品大全"页面。在"搜索服务"区域，单击"百度翻译"超链接，打开"百度翻译"网页，在左侧文本框中输入"纸上得来终觉浅，绝知此事要躬行"，右侧的文本框中会自动显示对应英文。

【任务 6-2】使用电子邮箱收发电子邮件

【任务描述】

①申请注册一个 163 邮箱，也可以申请注册其他电子邮箱。

②登录申请成功的邮箱。

③通过该邮箱撰写并发送一封邮件。

④查看收件箱中已收到的邮件。

⑤阅读邮件内容。

【任务实施】

1. 申请网易 163 邮箱

（1）打开网易邮箱的注册页面

打开浏览器，在地址栏中输入"mail.163.com"，按"Enter"键，打开"163 网易免费邮"网页，在页面单击右下方导航栏的超链接"注册网易邮箱"，切换到网易邮箱的注册页面。

（2）创建账号

在网易邮箱的注册页面输入邮箱地址、密码、手机号码等用户信息，如图 6-1 所示。

注意，如果输入的用户名已经被他人先占用了，就会弹出提示信息，要求重新输入用户名。

接下来进行安全信息设置，如果填写的信息不符合系统安全要求，系统会在下方显示相应的提示信息。输入完成后一定要记住自己所填写的信息，特别是用户名和登录密码，方便以后登录使用。单击"立即注册"按钮，显示图 6-2 所示注册成功的提示信息。

邮箱注册成功后，单击"进入邮箱"按钮，即可直接进入163 网易免费邮的首页。

2．登录网易 163 邮箱

打开浏览器，在地址栏中输入地址"mail.163.com"，按"Enter"键，打开 163 网易免费邮的登录页面。在 163 邮箱登录页面输入用户名和密码，如图 6-3 所示，然后单击"登录"按钮即可登录。

登录成功后打开 163 网易邮箱的首页，如图 6-4 所示。

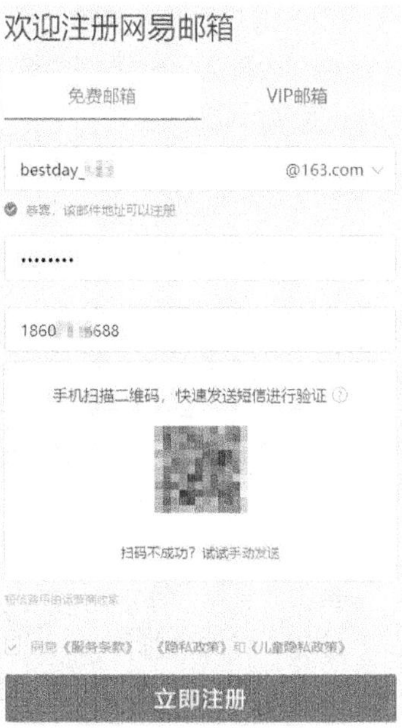

3．撰写和发送邮件

（1）打开写信页面

单击左侧的"写信"按钮，打开邮件撰写页面。

图 6-1　输入用户信息

图 6-2　注册成功的提示信息

图 6-3　登录 163 网易免费邮

图 6-4　163 网易免费邮首页

（2）填写收件人邮箱地址

在"收件人"文本框中填写对方的邮箱地址，这里输入"happyday_123@163.com"。

（3）输入邮件主题

在邮件主题文本框中输入主题文字，这里输入"新年问候"。

（4）撰写邮件正文内容

在邮件正文文本框中输入邮件正文内容，这里输入"祝您在新的一年万事如意！一切顺利！"。

> **提示** 邮件正文文本框中不仅可以输入文字，还可以设置输入内容的格式，如设置字体、字号、对齐方式、文字颜色等格式，也可以完成复制、剪切和粘贴等操作，还具有设置超链接、增加图片、添加表情、添加信封等功能。

（5）添加附件

单击超链接"添加附件"，弹出"打开"对话框，在该对话框中选择要上传的文件，然后单击"打开"按钮，完成添加附件操作。附件文件可以添加多个，如果要删除添加的附件文件，单击附件文件名称后面的"删除"按钮即可。

（6）设置邮件状态

在邮件撰写页面下方勾选"紧急""已读回执""纯文本""定时发送""邮件加密"等复选框，还可以设置邮件状态。

邮件撰写完成后的页面如图 6-5 所示。

图 6-5　邮件撰写完成后的页面

（7）发送邮件或存至草稿箱

邮件撰写完成后，可以直接单击"发送"按钮发送邮件，也可以单击"存草稿"按钮将写好的邮件保存到草稿箱，以后再发送邮件。

4．查看收件箱中的邮件

首先登录已成功注册的电子邮箱，为查看刚才从电子邮箱 bestday_123@163.com 发给 happyday_123@163.com 的邮件，需要登录电子邮箱 happyday_123@163.com。每次登录邮箱时，邮件系统会自动收取邮件，收到的邮件都会存放在"收件箱"中，如果有未读的邮件，在页面中会有提示信息。只需单击 163 邮箱页面左侧导航栏中的"收件箱"按钮即可查看收件箱中的邮件，如图 6-6 所示。

图 6-6　查看收件箱中的邮件

5. 阅读邮件内容

如果需要阅读邮件的内容，只需在收件箱的邮件列表中单击邮件主题即可。

6.3　云计算技术与应用

云计算（Cloud Computing）的概念起源于大规模分布式计算技术，云计算又称网络计算。如今，各种云计算技术在网络服务中随处可见，如搜索引擎、网络信箱等，用户只要输入简单的指令就能得到大量的信息。

6.3.1　云计算的定义

"云"实质上是一个网络，狭义的云计算是指一种提供资源的网络，使用者可以随时获取"云"上的资源，按需求量使用，按使用量付费，并且可以将资源看成无限扩展的。"云"就像自来水厂一样，人们可以随时接水，并且不限量，按照自己家的用水量，付费给自来水厂即可。从广义上来说，云计算是与信息技术、软件、互联网相关的服务，这种计算资源共享池叫作"云"。云计算把许多计算资源集合起来，通过软件实现自动化管理，只需要很少的人参与，就能快速提供资源。也就是说，计算能力作为一种商品，可以在互联网上流通，就像水、电、天然气一样，可以方便地取用，且价格较为低廉。总之，云计算不是一种全新的网络技术，而是一种全新的网络应用概念，云计算的核心就是以互联网为中心，为网站提供快速且安全的计算与数据存储服务，让每一个使用互联网的人都可以使用网络上的庞大计算资源与数据中心。

云计算是一种基于并高度依赖 Internet 的计算资源交付模型，集合了大量服务器、应用程序、数据和其他资源，通过 Internet 以服务的形式向用户提供这些资源，并且采用按使用量付费的模式。用户可以根据需要从诸如 Amazon Web Services（AWS）之类的云服务提供商那里获得技术支持，如数据计算、存储和数据库，而无须购买、拥有和维护物理数据中心及服务器。

云计算是分布式计算技术的一种，其工作原理是通过网络"云"将庞大的计算处理程序自动拆分成无数个较小的子程序，再交由多部服务器所组成的庞大系统搜寻、计算、分析，然后将处理结果回传给用户。通过这项技术，网络服务提供者可以在很短的时间内（数秒之内），完成对数以千万计（甚至亿计）数据的处理，提供和"超级计算机"同样强大的网络服务。现阶段所说的云服务已经不单单是一种分布式计算，而是分布式计算、效用计算、负载均衡、并行计算、网络存储、热备份冗杂和虚拟化等计算机技术混合演进的结果。

6.3.2　云计算的优势与特点

云计算的可贵之处在于其具有高度的灵活性、可扩展性，以及高性价比，与传统的网络应用模式相比，其具有以下优势与特点。

1. 虚拟化技术

虚拟化突破了时间、空间的界限，是云计算最为显著的特点，虚拟化技术包括应用虚拟和资源虚拟两种。物理平台与应用部署的环境在空间上是没有任何联系的，云计算正是通过虚拟平台对相应终端操作完成数据备份、迁移和扩展等。

2. 动态可扩展

云计算具有高效的运算能力，在原有服务器基础上增加云计算功能能够使计算速度迅速提高，最终实现动态扩展虚拟化要求，达到对应用进行扩展的目的。

用户可以利用应用软件的快速部署条件来为简单、快捷地将自身的已有业务和所需的新业务进行扩展。例如，云计算系统中出现设备的故障，对于用户来说，无论是在计算机层面上，还是在具体应用上都不会受到阻碍，可以利用云计算具有的动态扩展功能来对其他服务器开展有效扩展，这样就能确保任务有序完成。在对虚拟化资源进行动态扩展的情况下，同时能够高效扩展应用，提高云计算的操作水平。

3. 按需部署

计算机包含了许多应用、程序软件等，不同的应用对应的数据资源库不同，所以用户运行不同的应用需要较强的计算能力对资源进行部署，而云计算平台能够根据用户的需求快速配备计算能力及资源。

4. 灵活性高

目前市场上大多数信息技术资源、软件、硬件都支持虚拟化，如存储网络、操作系统和开发软、硬件等。虚拟化要素统一放在云系统资源虚拟池中进行管理，可见云计算的兼容性非常强，可以兼容低配置机器、不同厂商的硬件产品，并获得更高性能的计算。

5. 可靠性高

云计算即使出现服务器故障也不会影响计算与应用的正常运行，因为一旦单点服务器出现故障，可以通过虚拟化技术将分布在不同物理服务器上面的应用进行恢复，或利用动态扩展功能部署新的服务器进行计算。

6. 性价比高

将资源放在虚拟资源池中统一管理的方式在一定程度上优化了物理资源，用户不再需要昂贵、存储空间大的主机，可以选择相对廉价的计算机组成"云"，这样一方面减少了费用，另一方面这样的计算性能也不逊于大型主机。

6.3.3　云计算的服务类型

大多数云计算服务都可归为四大类：适用于对存储和计算能力进行基于 Internet 的访问的基础设施即服务（Infrastructure as a Service，IaaS）、能够为开发人员提供用于创建和托管 Web 应用程序工具的平台即服务（Platform as a Service，PaaS）、适用于基于 Web 的应用程序的软件即服务（Software as a Service，SaaS）和无服务器计算。每种类型的云计算都提供不同级别的控制、灵活性和管理服务，因此用户可以根据需要选择合适的服务集。

1. 基础设施即服务

基础设施即服务是最主要的服务类别之一，云计算服务提供商以即用即付的方式向用户提供虚拟化计算资源，如服务器、虚拟机、存储空间、网络和操作系统。基础设施即服务包含云 IT 的基本构建块，它通常提供对网络功能、计算机（虚拟或专用硬件）和数据存储空间的访问。基础设施即服务为用户提供最高级别的灵活性，并使用户可以对 IT 资源进行管理控制，它与许多 IT 部门和开发人员熟悉的现有 IT 资源最为相似。

2. 平台即服务

平台即服务为开发人员提供通过全球互联网构建应用程序和服务的平台。可以为开发、测试、交付和管理软件应用程序提供按需开发环境，让开发人员能够更轻松地快速创建 Web 或移动应用，而无需考虑开发所必需的服务器、存储空间、网络和数据库基础结构的设置和管理，从而可以将更多精力放在应用程序的部署和管理上面。这有助于提高效率，因为用户不用操心资源购置、容量规划、软件维护、补丁安装或与应用程序运行有关的任何无差别的繁重工作。

3. 软件即服务

软件即服务通过互联网提供按需付费应用程序，云服务提供商托管和管理软件应用程序，并允许其用户连接到应用程序并通过互联网访问应用程序。

使用软件即服务时，云服务提供商托管并管理软件应用程序和基础结构。用户通过 Internet（通常使用电话、平板计算机或 PC 上的 Web 浏览器）连接到应用程序。

软件即服务提供了一种完善的产品，其运行、管理、软件升级和安全修补等维护工作皆由云服务提供商负责。使用软件即服务产品，用户无需考虑如何维护服务或管理基础设施，只需要考虑如何使用该特定软件即可。

4. 无服务器计算

无服务器计算侧重于构建应用功能，无需花费时间继续管理要求管理的服务器和基础结构。云服务提供商可为用户进行设置、容量规划和服务器管理。无服务器体系结构具有高度可缩放和事件驱动的特点，且仅在出现特定函数或事件时才使用资源。

6.3.4 云计算的应用领域

如今，云计算技术已经融入社会生活的方方面面。

1. 云存储

云存储是在云计算技术上发展起来的一种新的存储技术，是一个以数据存储和管理为核心的云计算系统。用户将本地的资源上传至云端后，可以在任何地方连入互联网来获取云端的资源。人们熟知的谷歌、微软等大型网络公司均提供云存储服务，在国内，百度云和微云则是市场占有量较大的云存储服务提供商。云存储向用户提供了存储容器服务、备份服务、归档服务和记录管理服务等，大大方便了使用者对资源的管理。

2. 医疗云

医疗云，是指在云计算、移动技术、多媒体、5G 通信、大数据，以及物联网等新技术基础上，结合医疗技术，使用"云计算"来创建医疗健康服务云平台，实现医疗资源的共享和医疗范围的扩大。医疗云运用云计算技术，提高医疗机构的效率，方便居民就医。如现在医院的预约挂号、电子病历、医保等都是云计算与医疗领域结合的产物，医疗云还具有数据安全、信息共享、动态扩展、布局全国的优势。

3. 金融云

金融云，是指利用云计算的模型，将信息、金融和服务等功能分散到庞大分支机构构成的互联网"云"中，旨在为银行、保险和基金等金融机构提供互联网处理和运营服务，同时共享互联网资源，从而解决现有问题，并且达到高效、低成本的目标。现在，金融与云计算的结合使快捷支付得以普及，只需要在手机上简单操作，就可以完成银行存款、保险购买和基金买卖。

4. 教育云

教育云可以将所需要的任何教育硬件资源虚拟化，并将其传入互联网中，以向教育机构和学生、教师提供一个方便快捷的平台。

5. 服务云

用户使用在线服务来发送邮件、编辑文档、看电影或电视、听音乐、玩游戏或存储图片和其他文件，这些都属于服务云的范畴。

6.3.5 如何选择云服务提供商

云服务提供商是指提供基于云端的平台、基础结构、应用程序或存储等服务并收取费用的公司。当企业决定使用云端服务时，首先就要选择云服务提供商。选择云服务提供商应考虑以下事项。

1. 业务运行状况和流程

业务运行状况和流程应考察以下方面。

①财务运行状况。提供商应对稳定性进行跟踪记录，并且应保证财务状况良好，具有长期顺利运营所需的充足资本。

②组织、监管、规划和风险管理。提供商应具有正式的管理结构、已确立的风险管理策略，以及访问第三方服务提供商的正式流程。

③对提供商的信任度。客户应认同提供商及其理念，了解提供商的声誉及其合作伙伴，查看其云经验级别，阅读相关评论，并咨询境况相似的其他客户。

④业务知识和技术专长。提供商应了解客户的业务和计划，并能够将其技术专业知识应用到这些业务和计划中。

⑤符合性审核。提供商应能够经第三方审核机构验证，符合客户的所有要求。

2. 管理支持

管理支持应考察以下方面。

①服务级别协议（Service Level Agreement，SLA）。提供商应能够保证提供令客户满意的基础级服务。

②性能报告。提供商应能够提供性能报告。

③资源监视和配置管理。提供商应具有足够的控制权，来跟踪和监视提供给客户的服务及对其系统所做的任何更改。

④计费与记账。提供商应能自动进行计费与记账操作，让客户能够监视所用资源及其费用，避免产生超出预期之外的费用，还应提供对计费相关问题的支持。

3. 技术能力和流程

技术能力和流程应考察以下诸方面。

①部署、管理和升级。确保提供商拥有便于客户配置、管理和升级软件和应用程序的机制。

②标准接口。提供商应使用标准应用程序接口（Application Programming Interface，API）

和数据转换方式，让客户能够轻松连接到云端。

③事件管理。提供商应具有与其监视管理系统集成的正式事件管理系统。

④变更管理。提供商应具有请求、记录、批准、测试和接受更改的正式流程文件。

⑤混合能力。即使客户起初不计划使用混合云，也应确保提供商能够支持该模式。

4. 安全性准则

安全性准则应考察以下诸方面。

①安全基础结构。应有用于所有级别和类型云服务的综合性安全基础结构。

②安全策略。应备有综合性安全策略和规程，用于管理对提供商和客户系统的访问权限。

③身份管理。对任何应用程序服务或硬件组件进行的更改，应以个人或组角色为基础进行授权，还应要求对应用程序或数据进行更改的任何人进行身份验证。

④数据备份和保留。应备有可操作的用于确保客户数据完整性的策略和规程。

⑤物理安全性。应备有确保物理安全性的控制权，包括对共存硬件的访问权限。此外，数据中心应采取环境保护措施来保护设备和数据免受破坏，应有冗余网络和电源，以及灾难恢复和业务连续性计划文件。

6.4 大数据技术与应用

随着计算技术的发展与互联网的普及，信息的积累已经达到了非常庞大的程度，信息的增长也在不断地加快，随着互联网、物联网建设的加快，信息更是爆炸式增长，收集、检索、统计这些信息越发困难，必须使用新的技术来解决这些问题。

6.4.1 大数据的定义

大数据本身是一个抽象的概念。从一般意义上讲，大数据指无法在一定时间范围内用常规软件工具进行获取、存储、管理和处理的数据集合，是需要新处理模式才能具有更强的决策力、洞察力和流程优化能力的海量、高增长率和多样化的信息资产。大数据由巨型数据集组成，这些数据集的大小超出了常人在可接受时间下的收集、使用、管理和处理能力。

大数据技术是指从各种各样类型的数据中，快速获得有价值信息的能力。适用于大数据的技术包括大规模并行处理（Massively Parallel Processor，MPP）数据库、数据挖掘电网、分布式文件系统、分布式数据库、云计算平台、互联网和可扩展的存储系统。

6.4.2 大数据的特点

高德纳集团于 2012 年修改了对大数据的定义：大数据是大量、高速及/或多变的信息资产，它需要新型的处理方式去促成更强的决策能力、洞察力与最优化处理。目前，业界对大数据还没有一个统一的定义，但是大家普遍认为，大数据具备 Volume（规模性）、Velocity（高速性）、Variety（多样性）和 Value（价值性）4 个特征，简称"4V"，即数据体量巨大、数据速度快、数据类型繁多和数据价值密度低，如图 6-7 所示。

（1）Volume（规模性）

大数据的数据体量巨大。数据集合的规模不断扩大，已经从 GB 级增加到 TB 级，再增加到 PB 级，近年来，数据量甚至开始以 EB 和 ZB 来计数。

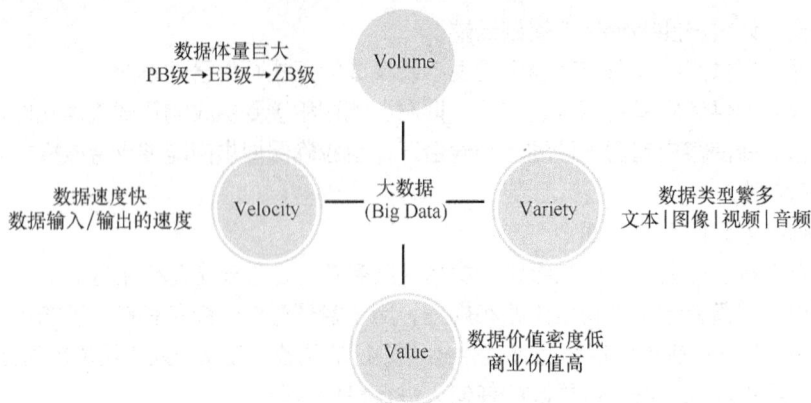

图6-7　大数据的"4V"特征

例如，一个中型城市的视频监控信息一天就能达到几十 TB 的数据量。百度首页导航每天需要提供的数据超过 1.5PB（1PB=1024TB），如果将这些数据打印出来，会超过 5 千亿张 A4 纸。有资料证实，到目前为止，人类生产的所有印刷材料的数据量仅为 200PB。

（2）Velocity（高速性）

大数据的数据产生、处理和分析的速度在持续加快。加速的原因是数据创建的实时性特点，以及将流数据结合到业务流程和决策过程中的需求。由于数据处理速度快，处理模式已经开始从批处理转向流处理。

很多大数据需要在一定的时间内得到及时处理，业界对大数据的处理能力有一个称谓——"1秒定律"，即可以从各种类型的数据中快速获得高价值的信息。大数据的快速处理能力充分体现出它与传统数据处理技术的本质区别。

（3）Variety（多样性）

大数据的数据类型、格式和形态繁多。传统 IT 产业产生和处理的数据类型较为单一，大部分是结构化数据。随着传感器、智能设备、社交网络、物联网、移动计算、在线广告等新的渠道和技术不断涌现，产生的数据类型数不胜数。

现在的数据类型不再只是格式化数据，更多的是半结构化或者非结构化数据，如 XML、邮件、博客、即时消息、视频、音频、图片、点击流、日志文件、地理位置等多类型的数据。企业需要整合、存储和分析来自复杂的传统和非传统信息源的数据，包括企业内部和外部的数据。

（4）Value（价值性）

大数据的数据价值密度低。大数据由于体量不断加大，单位数据的价值密度在不断降低，然而数据的整体价值在提高，大数据包含很多深度的价值，大数据的挖掘和利用将带来巨大的商业价值。以监控视频为例，在 1 小时的不间断的监控视频中，有用的数据可能只有一两秒，却非常重要。

中商产业研究院发布的《2018—2023 年中国大数据产业市场前景及投资机会研究报告》显示，2017 年我国大数据产业规模达到 4700 亿元，同比增长 30%。通过对大数据进行处理，找出其中潜在的商业价值，将会产生巨大的商业利润。

6.4.3　大数据的作用

大数据来自信息通信技术，但它对社会、经济、生活产生的影响绝不限于技术层面。本质上，它为人们看待世界提供了一种全新的方法，即决策行为将日益基于数据分析，而不是像过去更多凭借经验和直觉。

具体来讲，大数据有以下作用。

（1）对大数据的处理分析正成为新一代信息技术融合应用的节点

移动互联网、物联网、社交网络、数字家庭、电子商务等是新一代信息技术的应用形态，这些应用不断产生大数据。云计算为这些海量、多样化的大数据提供存储和运算平台。通过对不同来源数据的管理、处理、分析与优化，将结果反馈到上述应用中，将创造出巨大的经济和社会价值。

（2）大数据是信息产业持续高速增长的新引擎

面向大数据市场的新技术、新产品、新服务、新业态会不断涌现。在硬件与集成设备领域，大数据将对芯片、存储产业产生重要影响，还将催生一体化数据存储处理服务器、内存计算等市场。在软件与服务领域，大数据将引发数据快速处理分析技术、数据挖掘技术和软件产品的发展。

（3）大数据的利用将成为提高核心竞争力的关键因素

各行各业的决策正在从"业务驱动"向"数据驱动"转变。企业和组织利用相关数据分析帮助自身降低成本、提高效率、开发新产品、做出更明智的业务决策，把数据集合并后进行分析得出的信息和数据相关性，可以用来探索商业趋势、判定研究质量、避免疾病扩散、打击犯罪或测定即时交通路况等。在商业领域，对大数据的分析可以使零售商实时掌握市场动态并迅速做出应对，可以为商家制订更加精准有效的营销策略提供决策支持，可以帮助企业为消费者提供更加及时和个性化的服务；在医疗领域，大数据可以提高诊断准确性和药物有效性；在公共事业领域，大数据也开始发挥促进经济发展、维护社会稳定等重要作用。

（4）大数据时代科学研究的方法手段将发生重大改变

例如，抽样调查是社会科学的基本研究方法。在大数据时代，可通过实时监测、跟踪研究对象在互联网上产生的海量行为数据，进行挖掘分析，揭示出规律性的东西，提出研究结论和对策。

6.4.4 大数据技术的主要应用行业

经过近几年的发展，大数据技术已经慢慢渗透到各个行业。不同行业大数据应用进程的速度，与行业的信息化水平、行业与消费者的距离、行业的数据拥有程度有着密切的关系。总体来看，应用大数据技术的行业可以分为以下四大类。

1．互联网和营销行业

互联网行业是离消费者距离最近的行业之一，其拥有大量实时产生的数据。业务数据化是互联网企业运营的基本要素，因此，互联网行业大数据应用的程度是最高的。与互联网行业相伴的营销行业，是围绕着互联网用户行为分析，以为消费者提供个性化营销服务为主要目标的行业。在营销行业中，大数据应用得也非常广泛。

2．金融、电信等行业

金融、电信等行业比较早就进行了信息化建设，其内部业务系统的信息化相对比较完善，对内部数据有大量的历史积累，并且有一些深层次的分析分类应用，目前正处于将内外部数据结合起来共同为业务服务的阶段。

3．政府及公用事业行业

不同部门的信息化程度和数据化程度差异较大，例如，交通行业目前已经有了不少大数据应用案例，但有些行业还处在数据采集和积累阶段。政府将会是未来整个大数据产业快速发展的关键，通过政府及公用数据开放可以使政府数据在线化发展得更快，从而激发大数据应用的大发展。

4．制造业、物流、医疗、农业等行业

制造业、物流、医疗、农业等行业的大数据应用水平还处在初级阶段，但未来消费者驱动的 C2B（Customer to Business，消费者到企业）模式会促使这些行业的大数据应用进程逐步加快。

据统计，2019 年我国大数据 IT 应用投资规模最高的五大行业中，互联网行业占比最高，占大数据 IT 应用投资规模的 28.9%，其次是电信领域（19.9%），第三为金融领域（17.5%），政府和医疗分别为第四和第五。

国际知名咨询公司麦肯锡在《大数据的下一个前沿：创新、竞争和生产力》报告中指出，在大数据应用综合价值潜力方面，信息技术、金融保险、政府及批发贸易四大行业的潜力最高，信息、金融保险、计算机及电子设备、公用事业 4 类的数据量最大。

6.4.5　大数据预测及其典型应用领域

大数据预测是大数据最核心的应用之一，它将传统意义的预测拓展到"现测"。大数据预测的优势体现在，它把一个非常困难的预测问题，转化为一个相对简单的描述问题，而这是传统小数据集无法企及的。从预测的角度看，大数据预测所得出的结果不仅是能用来处理现实业务的简单、客观的结论，更是能帮助企业经营的决策。

1．预测是大数据的核心价值

大数据的本质是解决问题，大数据的核心价值就在于预测，而企业经营的核心也是基于预测做出正确判断。在谈论大数据应用时，最常见的应用案例便是"预测股市""预测流感""预测消费者行为"等。

大数据预测基于大数据和预测模型去预测未来某件事情发生的概率。让分析从"面向已经发生的过去"转向"面向即将发生的未来"是大数据分析与传统数据分析的最大不同。

大数据预测的逻辑基础是：每一种非常规的变化，事前一定有征兆，每一件事情都有迹可循，如果找到了征兆与变化之间的规律，就可以进行预测。大数据预测无法确定某件事情必然会发生，它只能给出一个事件会发生的概率。

实验的不断反复、大数据的日积月累让人类不断发现各种规律，从而能够预测未来。利用大数据预测可能的灾难，利用大数据分析癌症可能的引发原因并找出治疗方法，都是未来能够惠及人类的事业。

例如，谷歌流感趋势利用搜索关键词预测禽流感的分布；麻省理工学院利用手机定位数据和交通数据进行城市规划；气象局通过整理近期的气象情况和卫星云图，更加精确地判断未来的天气状况。

2．大数据预测的思维改变

在过去，人们的决策主要是依赖 20% 的结构化数据（如公司的销售数据、员工的基本信息等），而大数据预测则可以利用另外 80% 的非结构化数据（如图像、影像、电子邮件等数据）来做决策。大数据预测具有更多的数据维度，更高的数据频率和更广的数据宽度。与小数据时代相比，大数据预测的思维大大改变：全样而非抽样、预测侧重效率而非精确、研究相关性而非因果关系。

（1）全样而非抽样

在小数据时代，由于缺乏获取全体样本的手段，人们发明了"随机调研数据"的方法。理论上，抽取样本越随机，就越能代表整体样本。但问题是获取一个随机样本的代价极高，而且很费时。人口调查就是一个典型例子，一个国家很难做到每年都完成一次人口调查，因为随机调研实在是太费时费力，然而云计算和大数据技术的出现，使得获取足够大量的样本数据乃至全体数据成为可能。

（2）预测侧重效率而非精确

小数据时代由于使用抽样的方法，因此需要在数据样本的具体运算上非常精确，否则就会"差之毫厘，失之千里"。例如，在一个总样本为 1 亿的人口库中随机抽取 1000 人进行人口调查，如果 1000 人的调查出现错误，那么放大到 1 亿时，偏差将会很大。但在全样本的情况下，有多少偏差就是多少偏差，而不会被放大。

在大数据时代，快速获得一个大概的轮廓和发展脉络，比严格的精确性要重要得多。有时候，当掌握了大量新型数据时，精确性就不那么重要了，因为人们仍然可以掌握事情的发展趋势。大数据基础上的简单算法比小数据基础上的复杂算法更加有效。数据分析的目的并非就是数据分析，而是用于决策，故而时效性也非常重要。

（3）研究相关性而非因果关系

大数据研究不同于传统的逻辑推理研究，它需要对数量巨大的数据做统计性的搜索、比较、聚类、分类等分析归纳，并关注数据的相关性（或称关联性）。相关性是指两个或两个以上变量的取值之间存在某种规律性。相关性没有绝对，只有可能性。

相关性可以帮助人们捕捉现在和预测未来。如果 A 和 B 经常一起发生，则只需要注意到 B 发生了，就可以预测 A 也发生了。

根据相关性，理解世界不再需要建立在假设的基础上，这个假设是指针对现象建立的有关其产生机制和内在机理的假设。因此，也不需要建立这样的假设，如哪些检索词条可以表示流感在何时何地传播，航空公司怎样给机票定价，顾客的烹饪喜好是什么。取而代之的是，可以对大数据进行相关性分析，从而知道哪些检索词条是最能显示流感的传播的，飞机票的价格是否会飞涨，哪些食物是台风期间待在家里的人最想吃的。

数据驱动的关于大数据的相关性分析法，取代了基于假想的易出错的方法。大数据的相关性分析法更准确、更快，而且不易受偏见的影响。建立在相关性分析法基础上的预测是大数据的核心。

相关性分析本身的意义重大，同时它也为研究因果关系奠定了基础。通过找出可能相关的事物，可以在此基础上进行进一步的因果关系分析。如果存在因果关系，则再进一步找出原因。这种便捷的机制通过严格的实验降低了因果分析的成本。也可以从相关性中找到一些重要的变量，这些变量可以用到验证因果关系的实验中去。

3. 大数据预测的典型应用领域

互联网给大数据预测应用的普及带来了便利条件，结合国内外案例来看，以下 10 个领域是最有前景的大数据预测应用领域。

（1）天气预报

天气预报是典型的大数据预测应用领域。天气预报粒度已经从天缩短到小时，有严苛的时效要求。如果基于海量数据通过传统方式进行计算，则得出结论时明天早已到来，预测并无价值，而大数据技术的发展则提供了高速计算能力，大大提高了天气预报的实效性和准确性。

（2）体育赛事预测

2014 年世界杯期间，谷歌、百度、微软、高盛等公司都推出了比赛结果预测平台。百度公司的预测结果最为亮眼，全程 64 场比赛的预测准确率为 67%，进入淘汰赛后准确率为 94%。这意味着未来的体育赛事结果可能会被大数据提前预测。

（3）股票市场预测

英国华威商学院和美国波士顿大学物理系的研究发现，用户通过谷歌搜索的金融关键词或许可以预测金融市场的走向，相应的投资战略收益高达 326%。此前则有专家尝试通过 Twitter 博文情绪来预测股市波动。

（4）市场物价预测

单个商品的价格预测更加容易，尤其是机票这样的标准化产品，去哪儿网提供的"机票日历"就是价格预测，它能告知用户几个月后机票的大概价位。

由于商品的生产、渠道成本和大概毛利在充分竞争的市场中是相对稳定的，与价格相关的变量是相对固定的，商品的供需关系在电子商务平台上可实时监控，因此价格可以预测。基于预测结果可提供购买时间建议，或者指导商家进行动态价格调整和营销活动以实现利益最大化。

（5）用户行为预测

基于用户搜索行为、浏览行为、评论历史和个人资料等数据，互联网业务可以洞察消费者的整体需求，进而进行针对性的产品生产、改进和营销。如百度公司基于用户喜好进行精准广告营销，阿里巴巴公司根据天猫用户特征包下生产线定制产品，亚马逊公司预测用户行为提前发货等，均是受益于互联网用户行为预测。

受益于传感器技术和物联网的发展，线下的用户行为预测正在酝酿。免费商用 Wi-Fi、iBeacon 技术、摄像头影像监控、室内定位技术、NFC（Near Field Communication，近场通信）传感器网络、排队叫号系统，可以探知用户线下的移动、停留、出行规律等数据，从而进行精准营销或者产品定制。

（6）人体健康预测

中医可以通过望闻问切的手段发现一些人体内隐藏的慢性病，甚至通过查看体征便可知晓一个人将来可能会出现什么症状。人体体征变化有一定规律，而慢性病发生前人体已经会有一些持续性异常。从理论上来说，如果大数据掌握了这样的异常情况，便可以进行慢性病预测。

智能硬件使慢性病的大数据预测变为可能，可穿戴设备和智能健康设备可收集人体健康数据，如心率、体重、血脂、血糖、运动量、睡眠量等状况。如果这些数据足够精准、全面，并且有可以形成算法的慢性病预测模式，或许未来这些设备就会提醒用户身体罹患某种慢性病的风险。

（7）疾病疫情预测

疾病疫情预测是指基于人们的搜索情况、购物行为预测大面积疫情暴发的可能性，最经典的"流感预测"便属于此类。如果来自某个区域的"流感""板蓝根"搜索需求越来越多，自然可以推测该处有流感趋势。

（8）灾害灾难预测

气象预测是最典型的灾害灾难预测。地震、洪涝、高温、暴雨这些自然灾害如果可以利用大数据进行提前预测和告知，便有助于减灾、防灾、救灾、赈灾。与以往不同的是，过去的数据收集方式存在有死角、成本高等问题，而在物联网时代，人们可以借助传感器摄像头和无线通信网络，进行实时的数据监控收集，再利用大数据预测分析，做到更精准的自然灾害预测。

（9）环境变迁预测

除了进行短时间微观的天气、灾害预测之外，还可以进行更加长期和宏观的环境和生态变迁预测。森林和农田面积缩小、野生动植物濒危、海岸线上升、温室效应等问题是地球面临的"慢性问题"。获取越多地球生态系统和天气形态变化的数据，就越容易模型化未来环境的变迁，进而阻止不好的转变发生。大数据可帮助人类收集、储存和挖掘更多的地球数据，同时还提供了预测的工具。

（10）交通行为预测

交通行为预测是指基于用户和车辆的基于位置的服务（Location Based Services，LBS）定位数据，分析人车出行的个体和群体特征，进行交通行为的预测。交通部门可通过预测不同时间点、不同道路的车流量，来进行智能车辆调度或应用潮汐车道（可变车道）；用户则可以根据预测结果选择拥堵概率更低的道路。

百度基于地图应用的 LBS 预测涵盖范围更广，在春运期间可预测人们的迁徙趋势来指导火车线路和航线的设置，在节假日可预测景点的人流量来指导人们选择景区，平时还有百度热力图来告诉用户城市商圈、动物园等地点的人流情况，从而指导用户的出行选择和商家的选址。

除了上面列举的 10 个领域之外，大数据预测还可被应用于能源消耗预测、房地产预测、就业情况预测、高考分数线预测、选举结果预测、奥斯卡大奖预测、保险投保者风险评估、金融借贷者还款能力评估等领域，让人类具备可量化、有说服力、可验证的洞察未来的能力，大数据预测的魅力正在显现。

6.5 人工智能技术与应用

人工智能（Artificial Intelligence，AI）是计算机科学的一个分支，在 20 世纪 70 年代被称为世界三大尖端技术（空间技术、能源技术、人工智能）之一，也被认为是 21 世纪三大尖端技术（基因工程、纳米科学、人工智能）之一。近几十年，它获得了迅速发展，在很多学科领域都获得了广泛应用，并取得了丰硕的成果，人工智能已逐步成为一个独立的分支，在理论和实践上都已自成系统。

6.5.1 人工智能的定义

人工智能是研究、开发用于模拟、延伸和扩展人的智能的理论、方法、技术及应用系统的一门新的技术科学。

人工智能较早的定义，是由麻省理工学院的约翰·麦卡锡（John McCarthy）在 1956 年的达特茅斯会议上提出的：人工智能就是要让机器的行为看起来就像是人所表现出的智能行为一样。美国斯坦福国际咨询研究所人工智能中心主任 N.J 尼尔逊博士对人工智能下了这样一个定义：人工智能是关于知识的学科——是怎样表示知识以及怎样获得知识并使用知识的科学。而美国麻省理工学院的温斯顿教授认为：人工智能就是研究如何使计算机去做过去只由人才能做的智能工作。这些说法反映了人工智能学科的基本思想和基本内容，即人工智能是研究人类智能活动的规律，构造具有一定智能的人工系统，研究如何让计算机去完成以往需要人的智力才能胜任的工作，也就是研究如何应用计算机的软硬件来模拟人类某些智能行为的基本理论、方法和技术。总体来讲，目前对人工智能的定义大多可划分为 4 类，即机器"像人一样思考""像人一样行动""理性地思考""理性地行动"。这里的"行动"应广义地理解为采取行动，或制订行动的决策，而不是肢体动作。

人工智能是研究使用计算机来模拟人的某些思维过程和智能行为（如学习、推理、思考、规划等）的学科，主要包括计算机实现智能的原理、制造类似于人脑智能的计算机，使计算机能实现更高层次的应用。人工智能涉及计算机科学、心理学、哲学和语言学等学科，几乎涵盖自然科学和社会科学的所有学科，其范围已远远超出了计算机科学的范畴。人工智能与思维科学的关系是实践和理论的关系，人工智能处于思维科学的技术应用层次，是它的一个应用分支。从思维观点看，人工智能不仅限于逻辑思维，还要考虑形象思维、灵感思维，这样才能促进人工智能的突破性的发展。数学常被认为是多种学科的基础科学。数学不仅在标准逻辑、模糊数学等范围发挥作用，还进入人工智能学科，它们将互相促进而更快地发展。

人工智能企图了解智能的实质，并生产出一种新的能以人类智能相似的方式做出反应的智能机器，该领域的研究包括机器人、语言识别、图像识别、自然语言处理和专家系统等。人工智能从诞生以来，理论和技术日益成熟，应用领域也不断扩大，可以设想，未来人工智能带来的科技产品，将会是人类智慧的"容器"。

6.5.2 人工智能的主要研究内容

人工智能的研究是高度技术性和专业性的，各分支领域都是深入且相对独立的，因而涉及范围极广。人工智能学科研究的主要内容包括知识表示、自动推理、智能搜索、机器学习、知识处理系统、自然语言处理、智能机器人、计算机视觉等方面，主要应用领域有智能控制、专家系统、语言和图像理解、遗传编程机器人、自动程序设计等。

1. 知识表示

知识表示是人工智能的基本问题之一，推理和搜索都与知识表示方法密切相关。常用的知识表示方法有逻辑表示法、产生式表示法、语义网络表示法和框架表示法等。

2. 自动推理

逻辑推理是人工智能研究中最持久的领域之一，问题求解中的自动推理是知识的使用过程，由于有多种知识表示方法，相应地也有多种推理方法。推理过程一般可分为演绎推理和非演绎推理，谓词逻辑是演绎推理的基础，结构化表示下的继承性能推理是非演绎性的。由于知识处理的需要，近年来提出了多种非演绎的推理方法，如连接机制推理、类比推理、基于示例的推理、反绎推理和受限推理等。

3. 智能搜索

信息获取和精化技术已成为当代计算机科学与技术研究中迫切需要研究的课题，将人工智能技术应用于这一领域的研究是人工智能走向广泛实际应用的契机与突破口。智能搜索是人工智能的一种问题求解方法，搜索策略决定着问题求解的一个推理步骤中知识被使用的优先关系，可分为无信息导引的盲目搜索和利用经验知识导引的启发式搜索。启发式知识常由启发式函数来表示，启发式知识利用得越充分，求解问题的搜索空间就越小。典型的启发式搜索方法包括 A*、AO*算法等。近几年搜索方法的研究开始注意那些具有百万节点的超大规模的搜索问题。

4. 机器学习

机器学习是人工智能的一个重要课题。机器学习是指在一定的知识表示意义下获取新知识的过程，按照学习机制的不同，主要有归纳学习、分析学习、连接机制学习和遗传学习等。

5. 知识处理系统

知识处理系统主要由知识库和推理机组成。知识库存储系统所需要的知识，当知识量较大而又有多种表示方法时，知识的合理组织与管理就显得尤为重要。推理机在问题求解时，规定使用知识的基本方法和策略，推理过程中为记录结果或通信需要使用数据库或采用黑板机制。如果在知识库中存储的是某一领域（如医疗诊断）的专家知识，则这样的知识系统称为专家系统。为适应复杂问题的求解需要，单一的专家系统向多主体的分布式人工智能系统发展，这时知识共享、主体间的协作、矛盾的出现和处理将是研究的关键问题。

专家系统是目前人工智能中最活跃、最有成效的一个研究领域，它是一种具有特定领域内大量知识与经验的程序系统。近年来，在"专家系统"或"知识工程"的研究中已出现了成功和有效应用人工智能技术的趋势。人类专家由于具有丰富的知识，因此才能拥有优异的解决问题的能力。那么计算机程序如果能体现和应用这些知识，也应该能解决人类专家所解决的问题，而且能帮助人类专家发现推理过程中出现的差错，现在这一点已被证实，如在矿物勘测、化学分析、规划和医学诊断方面，专家系统已经达到了人类专家的水平。

6. 自然语言处理

自然语言的处理是人工智能技术应用于实际领域的典型范例，经过多年艰苦的努力，这一领域已获得了大量令人瞩目的成果。目前该领域的主要课题是计算机系统如何以主题和对话情境为基础，生成和理解自然语言，这是一个极其复杂的编码和解码问题。

6.5.3　人工智能对人们生活的积极影响

就人类科技发展的历史来看，从"蒸汽时代"到"电力时代"，再到"信息时代"，人们从自然中不断获得全新的动力，其结果是相同的——使人们的工作变得"省劲"。人们也必须意识到，"为省劲而费的劲是技术"。人工智能就是这样的技术，它对人们生活的积极影响是多方面的，主要体现如下。

1. 更好地满足人类需求

人工智能具有思维推理和行为实践的双重功能，可以更好地在物质上和精神上满足人的需求。

2. 使人类劳动和工作方式趋于简单，并提高效率

人工智能技术不仅可以在工作中大大减轻人类的体力劳动，甚至人工智能的一些机器学习、记忆、自动推理的功能，还可以极大地降低人类脑力劳动的强度，并辅助人类进行数据分析或事务决策。人工智能的目的就是用无机物构成的机器来取代人类有机大脑的部分功能，可以在体力和脑力上双重性地帮助人类减轻劳动负担。人类拥有更多可自由支配的时间来完成其余事务，这无疑都使得人类的生活效率更高，人类更加自由。例如，机器人和专家系统分别帮助人解放体力和脑力劳动。

3. 使人类的衣食住行等基本生活方式丰富化发展

人工智能技术与人类衣食住行等各种用具的结合，将彻底改变人类的生活方式。

（1）智能服装

智能服装是在传统服装的基础上，加入电子智能设备，使之能够读出人体心跳和呼吸频率，能够自动播放音乐，能够在胸前显示文字与图像。一件衣服可以成为能同时播放音乐、视频、调节温度，甚至上网冲浪的"聪明衣衫"。

（2）智能餐具

在餐具上植入智能设备，有两种用途：一是公用智能餐具，如智能餐盘，适用于食堂等公共场所，便于顾客结账算账；二是家用智能餐具，如智能筷子，可以快速分析食物成分和能量比例，便于用户判断食物优劣。

（3）智能家电

智能冰箱、智能电视等智能家电现在已经进入了千家万户，利用语音识别、图像识别等技术，这些家电在便利操控和安全性能上无疑更具优势。

（4）智能汽车

智能汽车的无人驾驶技术正在如火如荼地发展，相信在不久的将来，人类将不必为交通堵塞、驾驶疲劳等问题烦心，而可以利用交通时间更好地学习和工作。

4. 提高人类生活安全保障性

目前的安全防盗技术，主要是利用数字密码和电磁密码等安全保障措施，这些密码保障方式虽然足够先进，但依然有漏洞和破绽，容易被破解盗取。而人工智能领域的图像识别和计算机视觉等

技术，提供了人脸识别、指纹识别、虹膜识别等保密方式，能够使人们生活中的秘密、隐私，以及人身财产安全得到更多的保障。

5. 使人类的社会交往与娱乐方式发生变革

智能手机的社交功能与体感游戏机的娱乐功能，是人工智能在社交和娱乐方面应用的典范。智能手机可使得与陌生人的联系变得更加容易，社交活动更容易展开，当然，这其中有一定风险性，需要谨慎对待。体感游戏机在使人得到娱乐放松的同时，也在一定程度上帮助人锻炼体魄，从而变得更加健康，并培养了身体的协调性与互助协作精神。

6.5.4　人工智能的应用领域

近年来，人工智能迅速融入经济、社会、生活等各行各业，在全世界形成了燎原之势。在金融、物流等多个领域，人工智能也将发挥更大的作用，如支付、结算、保险、个人财富管理、仓库选址、智能调度等众多方面已经开始与人工智能融合。人工智能未来的发展方向将更为广阔，未来的人工智能将更多地进入人们生活的方方面面。

1. 金融领域

银行使用人工智能系统组织运作，包括金融投资和财产管理。银行使用协助顾客服务系统帮助顾客核对账目、发行信用卡和恢复密码等。

2. 医疗和医药领域

随着技术的成熟，人工智能越来越被应用到医疗领域，如能够"读图"识别影像，还能"认字"读懂病历，甚至出具诊断报告，给出治疗建议。这些曾经在想象中的画面逐渐变成现实，对解决医疗资源供需失衡及地域分配不均等问题意义重大。此外，人工神经网络可以用来做临床诊断决策支持系统。

3. 顾客服务领域

人工智能是自动上线的好助手，可减少操作，使用的主要是自然语言加工系统，呼叫中心的回答机器也使用类似技术。

4. 运输领域

汽车的变速箱已使用模糊逻辑控制器。

5. 传媒领域

2019 年我国"两会"圆满落幕之后，一位声音动听的 AI 女主播参与到"两会"的播报中，迅速走红网络，这位由科大讯飞研发的 AI 女主播精通汉语、英语、日语等多门语言。科大讯飞股份有限公司作为我国首批新一代人工智能开放创新平台之一，通过语音合成技术研发的 AI 女主播具有形象逼真、口音自然、口型精准等优点。未来，人工智能在传媒领域将发挥更大的作用。

6. 语音识别领域

在语音识别领域，在具有语音识别功能的科大讯飞输入法之后，又出现了云知声智能科技股份有限公司开发的智能医疗语音录入系统。该系统采用了国内面向医疗领域的智能语音识别技术，能实时、准确地将语音转换成文本。这项应用不但能避免复制粘贴操作，提升病历输入安全性，而且可以节省医生的时间。目前，一些医院已应用了这一技术。

7. 金融智能投资领域

所谓智能投顾（投资顾问），即利用计算机的算法优化理财资产配置。目前，国内开展智能投顾业务的企业已经超过 20 家。

6.5.5　人工智能的趋势与展望

经过 60 多年的发展，人工智能在算法、算力（计算能力）和算料（数据）"三算"方面取得了重要突破，正处于从"不能用"到"可以用"的技术拐点，但是距离"很好用"还有很长的距离。那么在可以预见的未来，人工智能将会呈现怎样的发展趋势与特征呢？

1. 从专用智能向通用智能发展

实现从专用人工智能向通用人工智能的跨越式发展，这既是下一代人工智能发展的必然趋势，也是研究与应用领域的重大挑战。2016 年 10 月，美国国家科学研究委员会发布《国家人工智能研究与发展战略计划》，提出在美国的人工智能中长期发展策略中要着重研究通用人工智能。阿尔法狗（AlphaGo）系统开发团队创始人戴密斯·哈萨比斯提出朝着"创造解决世界上一切问题的通用人工智能"这一目标前进。微软在 2017 年成立了通用人工智能实验室，众多感知、学习、推理、自然语言理解等方面的科学家参与其中。

2. 从人工智能向人机混合智能发展

借鉴脑科学和认知科学的研究成果是人工智能的一个重要研究方向。人机混合智能旨在将人的作用或认知模型引入人工智能系统中，提升人工智能系统的性能，使人工智能成为人类智能的自然延伸和拓展，通过人机协同更加高效地解决复杂问题。

3. 从"人工 + 智能"向自主智能系统发展

当前人工智能领域的大量研究集中在深度学习，但是深度学习的局限是需要大量人工干预，如人工设计深度神经网络模型、人工设定应用场景、人工采集和标注大量训练数据、用户人工适配智能系统等，非常费时费力。因此，科研人员开始关注减少人工干预的自主智能方法，提高机器智能对环境的自主学习能力。如阿尔法狗系统的后续版本阿尔法元（Alpha Zero）从零开始，通过自我对弈强化学习实现围棋、国际象棋、日本将棋的"通用棋类人工智能"。在人工智能系统的自动化设计方面，2017 年谷歌提出的自动化学习系统（AutoML）试图通过自动创建机器学习系统降低人工成本。

4. 人工智能将加速与其他学科领域交叉渗透

人工智能本身是一门综合性的前沿学科，也是一门高度交叉的复合型学科，研究范畴广泛而又异常复杂，其发展需要与计算机科学、数学、认知科学、神经科学和社会科学等学科深度融合。随着超分辨率光学成像、光遗传学调控、透明脑、体细胞克隆等技术的突破，脑与认知科学的发展开启了新时代，能够大规模、更精细解析大脑的神经环路基础和机制，人工智能将进入生物启发的智能阶段，依赖于生物学、脑科学、生命科学和心理学等学科的发展，将机理变为可计算的模型。同时人工智能也会促进脑科学、认知科学、生命科学甚至化学、物理学、天文学等传统科学的发展。

5. 人工智能产业将蓬勃发展

随着人工智能技术的进一步成熟，以及政府和产业界投入的日益增长，人工智能应用的云端化将不断加速，全球人工智能产业规模在未来 10 年将进入高速增长期。例如，2016 年 9 月，咨询公司埃森哲发布报告指出，人工智能技术的应用将为经济发展注入新动力，可在现有基础上将劳动生产率提高 40%。

6. 人工智能将推动人类进入普惠型智能社会

"人工智能 + X"的创新模式将随着技术和产业的发展日趋成熟，对生产力和产业结构产生革命性影响，并推动人类进入普惠型智能社会。2017 年，国际数据公司（International Data Corporation，IDC）在《信息流引领人工智能新时代》人工智能白皮书中指出，未来 5 年人工智能将提升各行业运转效率。我国经济社会转型升级对人工智能有重大需求，在消费场景和行业应用的需求牵引下，需要打破人工智能的感知瓶颈、交互瓶颈和决策瓶颈，促进人工智能技术与社会各行各业的融合提升，建设若干标杆性的应用场景创新，实现成本低、效益高、范围广的普惠型智能社会。

7. 人工智能领域的国际竞争将日益激烈

当前，人工智能领域的国际竞赛已经拉开帷幕，并且将日趋白热化。2018 年 4 月，欧盟委员会计划 2018～2020 年在人工智能领域投资 240 亿美元；法国在 2018 年 5 月发布法国人工智能战略，目的是迎接人工智能发展的新时代，使法国成为人工智能强国；2018 年 6 月，日本发布《未来投资战略 2018》，重点推动物联网建设和人工智能的应用。

8. 人工智能的社会学将提上议程

为了确保人工智能的健康可持续发展，使其发展成果造福于民，需要从社会学的角度系统全面地研究人工智能对人类社会的影响，制定完善人工智能法律法规，规避可能的风险。2017 年 9 月，联合国区域间犯罪和司法研究所决定在海牙成立第一个联合国人工智能和机器人中心，规范人工智能的发展。

6.6　物联网技术与应用

通过在物品上嵌入电子标签、条形码等能够存储物体信息的标识，以无线网络的方式将物品的即时信息发送到后台信息处理系统，而各大信息系统可互联形成一个庞大的网络，从而达到对物品进行实时跟踪、监控等智能化管理的目的。这个网络就是物联网（Internet of Things）。通俗来讲，物联网可以实现人与物之间的信息沟通。

6.6.1　物联网的定义

国际电信联盟 2005 年的一份报告曾描绘了"物联网"时代的图景：当司机出现操作失误时汽车会自动报警，公文包会"提醒"主人忘带了什么东西，衣服会"告诉"洗衣机对水温的要求等。物联网把新一代 IT 技术充分运用到各行各业之中，具体地说，就是把感应器嵌入和装备到电网、铁路、桥梁、隧道、公路、建筑、供水系统、大坝、油气管道等各种物体中，然后将"物联网"与现有的互联网整合起来，实现人类社会与物理系统的整合。在这个整合的网络当中，存在能力超级强大的中心计算机群，能够对整合网络内的人员、机器、设备和基础设施实施实时的管理和控制，在此基础上，人类可以以更加精细和动态的方式管理生产和生活，达到"智慧"状态，提高资源利用率和生产力水平，改善人与自然间的关系。毫无疑问，如果"物联网"时代来临，人们的日常生活将发生翻天覆地的变化。

物联网的概念是在 1999 年提出的，物联网早期的定义很简单：把所有物品通过射频识别等信息传感设备与互联网连接起来，实现智能化识别和管理。物联网被视为互联网的应用拓展，应用创新是物联网发展的核心，以用户体验为核心的创新 2.0 是物联网发展的灵魂。物联网是指通过信息传感设备，按约定的协议将任何物品与互联网相连接进行信息交换和通信，以实现智能化识别、定位、跟踪、监控和管理的网络。物联网主要实现物品与物品、人与物品、人与人之间的互联。

6.6.2　物联网的工作原理

物联网是在计算机互联网的基础上，利用射频识别（Radio Frequency Identification，RFID）、无线数据通信等技术，构造一个覆盖世界上万事万物的"Internet of Things"。在这个网络中，物品（商品）能够彼此进行"交流"，而无需人的干预。其实质是利用 RFID 技术，通过计算机互联网实现物品（商品）的自动识别和信息的互联与共享。

而 RFID，正是能够让物品"开口说话"的一种技术。在物联网的构想中，RFID 标签中存储着规范而具有互用性的信息，通过无线数据通信网络把它们自动采集到中央信息系统，实现物品（商品）的识别，进而通过开放性的计算机网络实现信息交换和共享，实现对物品的"透明"管理。

"物联网"概念的问世，打破了之前的传统思维。过去的思路一直是将物理基础设施和 IT 基础设施分开：一方面是机场、公路、建筑物，而另一方面是数据中心，包括个人计算机、宽带等。而在"物联网"时代，钢筋混凝土、电缆将与芯片、宽带整合为统一的基础设施，在此意义上，基础设施更像是一块新的"地球工地"，世界的运转就在它上面进行，其中包括经济管理、生产运行、社会管理乃至个人生活。

6.6.3　物联网的主要特征

物联网具有以下主要特征。

①全面感知，即利用 RFID、传感器、二维码等随时随地获取物体的信息。

②可靠传递，通过各种电信网络与互联网的融合，将物体的信息实时准确地传递出去。

③智能处理，利用云计算、模糊识别等各种智能计算技术，对海量的数据和信息进行分析和处理，对物体实施智能化的控制。

6.6.4　物联网的体系结构

目前，物联网还没有一个被广泛认同的体系结构，但是，可以根据物联网对信息感知、传输、处理的过程将其划分为 3 层结构，即感知层、网络层和应用层。

①感知层：主要用于对物理世界中的各类物理量、标识、音频、视频等数据的采集与感知。数据采集主要涉及传感器、RFID、二维码等技术。

②网络层：主要用于实现更广泛、更快速的网络互连，从而对感知到的数据信息可靠、安全地进行传输。目前能够用于物联网的通信网络主要有互联网、无线通信网、卫星通信网与有线电视网。

③应用层：主要包含应用支撑平台子层和应用服务子层。应用支撑平台子层用于支撑跨行业、跨应用、跨系统之间的信息协同、共享和互通。应用服务子层包括智能交通、智能家居、智能物流、智能医疗、智能电力、数字环保、数字农业、数字林业等领域。

6.6.5　物联网的应用案例

1. 物联网在农业中的应用

（1）农业标准化生产监测

将农业生产中最关键的温度、湿度、二氧化碳含量、土壤温度、土壤含水率等数据信息实时采集，实时掌握农业生产的各种数据。

（2）动物标识溯源

实现各环节一体化全程监控，实现动物养殖、防疫、检疫、监督的有效结合，对动物疫情和动物产品的安全事件进行快速、准确的溯源和处理。

（3）水文监测

将传统近岸污染监控、地面在线检测、卫星遥感和人工测量融为一体，为水质监控提供统一的数据采集、数据传输、数据分析、数据发布平台，为湖泊观测和成灾机理的研究提供实验与验证途径。

2．物联网在工业中的应用

（1）电梯安防管理系统

通过安装在电梯外围的传感器采集电梯正常运行、冲顶、蹲底、停电、关人等数据，并经无线传输模块将数据传输到物联网的业务平台。

（2）输配电设备监控、远程抄表

基于移动通信网络，实现所有供电点及受电点的电力电量信息、电流电压信息、供电质量信息及现场计量装置状态信息实时采集，以及用电负荷远程控制。

（3）一卡通系统

基于 RFID-SIM 卡的企事业单位的门禁、考勤及消费管理系统、校园一卡通及学生信息管理系统等。

3．物联网在服务产业中的应用

（1）个人保健

在人身上安装不同的传感器，对人的健康参数进行监控，并且实时发送到相关的医疗保健中心。如果有异常，保健中心通过手机提醒用户。

（2）智能家居

以计算机技术和网络技术为基础，包括各类消费电子产品、通信产品、信息家电及智能家居等，实现家电控制和家庭安防功能。

（3）智能物流

通过网络提供的数据传输通路，实现物流车载终端与物流公司调度中心的通信，实现远程车辆调度，实现自动化货仓管理。

（4）移动电子商务

实现手机支付、移动票务、自动售货等功能。

（5）机场防入侵

铺设多个传感节点，覆盖地面、栅栏和低空探测，防止人员的翻越、偷渡、恐怖袭击等攻击性入侵。

4．物联网在公共事业中的应用

（1）智能交通

通过连续定位系统（Continuous Positioning System，CPS）、监控系统，可以查看车辆运行状态，关注车辆预计到达时间及车辆的拥挤状态。

（2）平安城市

利用监控探头，实现图像敏感性智能分析，并与 110、119、112 等交互，从而构建和谐安全的城市生活环境。

（3）城市管理

运用地理编码技术，实现城市部件的分类、分项管理，可实现对城市管理问题的精确定位。

（4）环保监测

将传统传感器所采集的各种环境监测信息，通过无线传输设备传输到监控中心，实现实时监控和快速反应。

（5）医疗卫生

物联网在医疗卫生领域的应用包括远程医疗、药品查询、卫生监督、急救及探视视频监控等。

5. 物联网在物流领域中的应用

物流领域是物联网相关技术最有现实意义的应用领域之一。物联网的建设，会进一步提升物流智能化、信息化和自动化水平，推动物流功能整合。对物流服务各环节运作将产生积极影响。具体来讲，主要有以下几个方面。

（1）生产物流环节

基于物联网的物流体系可以实现整个生产线上原材料、零部件、半成品和产成品的全程识别与跟踪，降低人工识别成本和出错率。通过应用产品电子代码（Electronic Product Code，EPC）技术，就能通过识别电子标签来快速从种类繁多的库存中准确地找出工位所需的原材料和零部件，并能自动预先形成详细补货信息，从而实现流水线均衡、稳步生产。

（2）运输环节

物联网能够使物品在运输过程中的管理更透明，可视化程度更高。通过给在途的货物和车辆贴上 EPC 标签，给运输线上的一些检查点安装 RFID 接收转发装置，企业能实时了解货物目前所处的位置和状态，实现运输货物、线路、时间的可视化跟踪管理。此外，物联网还能帮助实现智能化调度，提前预测和安排最优的行车路线，缩短运输时间，提高运输效率。

（3）仓储环节

将物联网技术（如 EPC 技术）应用于仓储管理，可实现仓库的存货、盘点、取货的自动化操作，从而提高作业效率，降低作业成本。入库储存的商品可以实现自由放置，提高了仓库的空间利用率。通过实时盘点，能快速、准确地掌握库存情况，及时进行补货，提高库存管理能力，降低库存水平。同时按指令准确高效地拣取多样化的货物，可以缩短出库作业时间。

（4）配送环节

在配送环节，采用 EPC 技术能准确了解货物存放位置，大大缩短拣选时间，提高拣选效率，提高配送的速度。通过读取 EPC 标签，与拣货单进行核对，能提高拣货的准确性。此外，可以确切了解目前有多少货箱处于转运途中、转运的始发地和目的地，以及预期的到达时间等信息。

（5）销售物流环节

当贴有 EPC 标签的货物被客户提取，智能货架会自动识别并向系统报告，物流企业可以实现敏捷反应，并通过历史记录预测物流需求和服务时机，从而使物流企业更好地开展主动营销和主动式服务。

◤ 【习题】

1. IP 地址由（　　）位二进制数组成。
   A. 16　　　　　　　B. 8　　　　　　　C. 32　　　　　　　D. 64
2. 下列电子邮件地址中，（　　）是正确的。
   A. http://www.sina.com　　　　　B. good@163.com
   C. abc.edu.com　　　　　　　　　D. www.baidu.com
3. 云计算是一种基于并高度依赖（　　）的计算资源交付模型。
   A. 服务器　　　B. Internet　　　C. 应用程序　　　D. 服务

4. 能为开发人员提供通过互联网构建应用程序和服务平台的云计算服务类型是（   ）。

    A. IaaS   B. PaaS   C. SaaS   D. 无服务器计算

5. 使用（   ）服务类型，云提供商托管并管理软件应用程序和基础结构。用户（通常使用电话、平板计算机或 PC 上的 Web 浏览器）通过 Internet 连接到应用程序。

    A. IaaS   B. PaaS   C. SaaS   D. 无服务器计算

6. 大数据具有"4V"特点，即 Volume、Velocity、Variety、Value，其中 Value 表示的是（   ）。

    A. 数据价值密度高   B. 数据价值密度低

    C. 数据量大   D. 数据类型多

7. 大数据预测具有更多的数据维度、更快的数据频度和更广的数据宽度。主要利用另外 80% 的（   ）数据来做决策。

    A. 非结构化   B. 结构化   C. 关系型   D. 所有数据

8. 与小数据时代相比，大数据预测更加关注（   ）。

    A. 抽样   B. 预测效率   C. 精确度   D. 因果关系

9. 20 世纪 70 年代被称为世界三大尖端技术的是空间技术、能源技术和（   ）。

    A. 纳米科学   B. 量子通信   C. 人工智能   D. 基因工程

10. 人工智能是研究使用（   ）来模拟人的某些思维过程和智能行为（如学习、推理、思考、规划等）的学科。

    A. 计算机   B. 云计算   C. 物联网   D. 大数据

11. 人们可以根据物联网对信息感知、传输、处理的过程将其划分为 3 层结构，即感知层、（   ）和应用层。

    A. 硬件层   B. 网络层   C. 传输层   D. 处理层

参考文献

[1] 高林，陈承欢. 计算机应用基础（Windows 7+Office 2010）[M]. 北京：高等教育出版社，2014.

[2] 陈承欢，聂立文，杨兆辉. 办公软件高级应用任务驱动教程（Windows 10+Office 2016）[M]. 北京：电子工业出版社，2018.

[3] 眭碧霞，张静. 信息技术基础[M]. 北京：高等教育出版社，2019.

[4] 伦洪山，钟林. 计算机应用基础工作页[M]. 北京：电子工业出版社，2017.

[5] 朱凤明，郭静. 信息技术[M]. 北京：人民邮电出版社，2019.